Linux操作系统安全与运维

主　编：员志超

副主编：刘宁波　王德晓　徐延发
　　　　陈秀峰　董　良　宁方明

中国石油大学出版社
CHINA UNIVERSITY OF PETROLEUM PRESS

山东·青岛

图书在版编目(CIP)数据

Linux 操作系统安全与运维 / 员志超主编. --青岛：
中国石油大学出版社，2021.12
ISBN 978-7-5636-7311-7

Ⅰ．①L… Ⅱ．①员… Ⅲ．①Linux 操作系统 Ⅳ.
①TP316.85

中国版本图书馆 CIP 数据核字(2021)第 228132 号

书　　名：Linux 操作系统安全与运维
　　　　　Linux CaoZuo XiTong AnQuan Yu YunWei
主　　编：员志超
责任编辑：安　静(电话　0532—86981535)
封面设计：蓝海设计工作室
出　版　者：中国石油大学出版社
　　　　　　(地址：山东省青岛市黄岛区长江西路 66 号　邮编：266580)
网　　址：http://cbs.upc.edu.cn
电子邮箱：anjing8408@163.com
排　版　者：青岛天舒常青文化传媒有限公司
印　刷　者：沂南县汇丰印刷有限公司
发　行　者：中国石油大学出版社(电话　0532—86983437)
开　　本：787 mm×1 092 mm　1/16
印　　张：15.25
字　　数：412 千字
版　印　次：2021 年 12 月第 1 版　2021 年 12 月第 1 次印刷
书　　号：ISBN 978-7-5636-7311-7
印　　数：1—2 000 册
定　　价：37.80 元

前 言
Preface

  Linux 诞生于 1991 年,是基于 UNIX 发展而来的多用户、多任务的网络操作系统。它不仅稳定可靠,而且具有良好的兼容性和可移植性。由于 Linux 具有免费、开放源代码的特性,其市场竞争力日渐增强,经过约 30 年的发展,目前已成为全球最受欢迎的网络操作系统之一。

  本书采用 CentOS 7 作为基础,详细介绍了 Linux 操作系统的安全配置。全书分为 4 个篇章,共 18 个学习任务,循序渐进地介绍了 Linux 系统安全管理的相关知识。具体内容安排如下:

  第一篇 Linux 基本安全主要介绍 Linux 基本安全知识,包括 Linux 系统部署、系统账号安全、文件安全权限设置、引导与登录安全控制、服务进程安全控制、弱口令检测、日志分析与安全及 SELinux 共 8 个任务。

  第二篇 Linux 服务安全配置主要介绍 Linux 的服务安全管理,包括 SSH 服务安全配置、FTP 服务安全配置、Apache 服务安全配置及 Samba 服务安全配置共 4 个任务。

  第三篇 Linux 防火墙安全配置主要介绍 Linux 的防火墙安全管理,包括防火墙的基本配置及防火墙的复杂安全策略管理共 2 个任务。

  第四篇 Linux 日常安全运维主要介绍 Linux 的日常安全运维,包括 OPenVAS 部署、Cacti 部署、Zabbix 部署及 Ansible 部署共 4 个任务。

  本书根据高等职业教育的特点,基于任务驱动的教学方式编写而成,每个学习任务按照"任务描述"→"学习指导"→"知识链接"→"任务实施"四个步骤展开,体现"教、学、做"一体化的教学理念。以学到实用技能、提高职业能力为出发点,以"做"为中心,"教"和"学"都围绕着"做",在学中做,在做中学,从而完成知识学习、技能训练和提高职业素养的教学目标。任务的内容体现了实用性和可操作性。在讲解上力求深入浅出,让学生感到易学、乐学,在宽松的环境中理解知识、掌握技能。

  本书既适合各高等院校计算机、信息安全管理及相关专业的学生使用,又适合 Linux 操作系统的爱好者和学员自学掌握,还可以作为 1+x 培训 Linux 操作系统部分的参考用书。通过学习,读者能够全面掌握 Linux 操作系统安全管理的相关技能。

  本书由山东科技职业学院员志超主编并统稿,参加编写的还有山东瑞和云图科技有限公司陈秀峰,济南博赛网络技术有限公司董良、宁方明,山东科技职业学院刘宁波、王德晓、徐延发等。在本书的编写过程中,参阅了大量的书籍和互联网上的资料,在此,谨向这些书籍和资料的作者表示感谢。

为了便于教学,本书提供了 PPT 课件等教学资源,如有需要,请从 http://edu.ibossay.com 上本教材对应的下载区免费下载。

限于编者水平,书中难免存在疏漏,敬请读者批评指正。联系方式 yunzhichao@126.com。

编　者

2021 年 8 月

目 录
Contents

第一篇
Linux基本安全

Linux JIBEN ANQUAN

任务一　Linux系统部署

任务描述

除了 Windows NT 系统外，Linux 系统是近年来唯一保持市场份额增长的服务器操作系统。Linux 系统被公认为是一种与 UNIX 兼容的，符合 POSIX 标准且性能卓越的高度可靠的操作系统。Linux 系统是可移植的，它是个人计算机、工作站和其他计算机上使用的最具潜力的操作系统，具有 UNIX 原始性能和核心功能的全部优点，可以与任何商业 UNIX 系统相匹敌。由于 Linux 的基础系统对硬件的要求很低，获取费用低廉，运行稳定可靠，可免费获取的应用软件资源较丰富，在因特网和 Intranet 应用以及教学和科研领域中具有明显优势，因此成为深受计算机爱好者喜爱的操作系统，更是中小企业、小型中间服务商（ISP）与内容服务商（ICP）理想的网络操作系统。

企业根据业务需求搭建部署网络服务器。作为系统管理员，首先要针对企业的实际应用需求，选择合适的网络操作系统类型及版本，在虚拟化环境下进行模拟安装；然后对服务器的硬件、安装的网络服务进行设置及安全性配置与测试；最后在企业网络中对相应的服务器或PC 终端进行部署。

学习指导

1. 掌握 Linux 系统的功能和特性。
2. 掌握 CentOS 的规划与安装。
3. 掌握虚拟机 VMware Workstation 的安装与使用。
4. 掌握 CentOS 在虚拟机上的应用。
5. 掌握终端网络连接的配置。
6. 掌握镜像的挂载和 YUM 服务的配置。

知识链接

1. Linux 系统的功能

在核心部分，用户有 Linux 系统内核（kernel），它装备了在大多数 UNIX 系统版本中见到的网络和安全功能。Linux系统有如下功能：

（1）IP网络互联功能，这是构筑因特网所采用的网络互联标准。

（2）支持各种局域网（LAN）接口。

（3）支持拨号上网、综合业务数字网（ISDN）和其他广域网（WAN）系统，包括对进入的数据进行呼叫。

（4）分组转发的路由器功能，可以使Linux系统作为与因特网连接的网关。

（5）分组过滤、记账和伪装的防火墙功能，可以把Linux系统转化为复杂的公司防火墙。

这些功能由称为系统内核的操作系统核心来提供。尽管只需这些功能就能使Linux系统成为可用系统，但用户还可以获得大量的服务器应用程序。这样就使得Linux系统可以提供以下各类服务程序：

➢ 使用Sendmail的大容量邮件服务器；

➢ 使用Apache的带可选的隐蔽套接字（SSL）的综合WWW服务器；

➢ 使用NFS（网络文件系统）的UNIX系统风格的数据共享服务；

➢ UNIX系统风格的网络打印支持功能；

➢ 使用Samba对MS DOS、Windows系统风格的文件和打印机共享的支持功能；

➢ 使用NetWare for Linux的Novell NetWare、Intra NetWare连接和NDS（网络目录服务）；

➢ 常用的因特网服务，包括FTP（文件传输协议）和Telnet（远程登录）；

➢ 附加的UNIX风格服务，如对BPC（远程过程呼叫）的支持或NTP（网络时间协议）的支持。

对于用户来说，最好是实现这些特性所需要的大多数服务应用程序都是免费的，并且可以方便地安装到硬件配置较低的计算机上，例如那些被认为根本无法运行Windows NT系统的低配置计算机上。

2. Linux系统常见版本

Linux发行版可谓形形色色，每一个发行版都拥有一大批用户，它们旨在满足每一种想得到的需求。发行版为实现许多不同的目的而开发，包括对不同计算机结构的支持，对一个具体区域或语言的本地化，实时应用和嵌入式系统，甚至许多版本只加入免费软件。目前已经有超过300个发行版被开发，大约有12个发行版使用最为普遍。

（1）Fedora Core。

Fedora Core（自第7版直接更名为Fedora）是众多Linux发行版之一。它是一套从Red Hat Linux发展而来的免费Linux系统。Fedora是一个基于Linux开发的操作系统和平台，允许任何人自由地使用、修改和重发布，无论现在还是将来。该系统由一个强大的社群开发，这个社群的成员经过自己的不懈努力，提供并维护自由、开放源码的软件和开放标准。Fedora项目由Fedora基金会管理和控制，得到了Red Hat公司的支持。Fedora是一个独立的操作系统，可运行的体系结构包括x86（即i386~i686）、x86_64和PowerPC。

（2）Debian。

Debian Project诞生于1993年8月13日，目标是提供一个稳定容错的Linux版本。支持Debian的不是某家公司，而是许多在其改进过程中投入了大量时间的开发人员，这种改进吸取了早期 Linux 的经验。

Debian 以其稳定性著称,虽然它的早期版本 Slink 有一些问题,但是它的现有版本 Potato 已经相当稳定了。这个版本更多地使用了 Pluggable Authentication Modules(PAM),综合了一些更易于处理的需要认证的软件(如 Winbind for Samba)。

Debian 主要通过基于 Web 的论坛和邮件列表来提供技术支持。作为服务器平台,Debian 提供了一个稳定的环境。为了保证它的稳定性,开发者不会在其中随意添加新技术,而是通过多次测试之后才选定合适的技术加入。

(3) Ubuntu。

Ubuntu 是一个以桌面应用为主的 Linux 操作系统,其名称来自非洲南部祖鲁语或豪萨语的"Ubuntu"一词,意思是"人性""我的存在是因为大家的存在",是非洲传统的一种价值观,类似"仁爱"思想。Ubuntu 基于 Debian 发行版和 Unity 桌面环境,与 Debian 的不同在于,它每 6 个月会发布一个新版本。Ubuntu 的目标是为一般用户提供一个最新的、同时又相当稳定的主要由自由软件构建而成的操作系统。Ubuntu 具有庞大的社区力量,用户可以方便地从社区获得帮助。随着云计算的流行,Ubuntu 推出了一个云计算环境搭建的解决方案,可以在其官方网站找到相关信息。Ubuntu 于 2012 年 4 月 26 日发布了 Ubuntu 12.04,Ubuntu 12.04 是长期支持的版本。

(4) Red Hat Linux。

Red Hat Linux 是著名的 Linux 版本,它能向用户提供一套完整的服务,这使得它特别适合在公共网络中使用。Red Hat Linux 使用最新的内核,拥有大多数人需要使用的主体软件包。RHEL(Red Hat Enterprise Linux)在发行的时候有两种方式:一种是二进制的发行方式,另一种是源代码的发行方式。

Red Hat Linux 的安装过程十分简单,即使是 Linux 新手,也会感觉非常容易。其图形安装过程提供简易设置服务器的全部信息。磁盘分区可以自动完成,也可以选择 GUI 工具完成,用户可以选择软件包种类或特殊的软件包。系统运行起来后,用户可以从 Web 站点和 Red Hat 那里得到充分的技术支持。在服务器和桌面系统中,Red Hat Linux 都工作得很好,其唯一缺陷是带有一些不标准的内核补丁,这使得它难以按用户的需求进行定制。Red Hat Linux 通过论坛和邮件列表提供广泛的技术支持,以及公司的电话技术支持,这些对于要求更高技术支持水平的集团客户具有很强的吸引力。

(5) SuSE。

总部设在德国的 SuSE AG 一直致力于创建一个连接数据库的 Linux 版本。SuSE 与 Oracle 和 IBM 合作,以使其产品能稳定地工作。SuSE 拥有界面友好的安装过程,还有图形管理工具,可方便地访问 Windows 磁盘,这使得两种平台之间的切换,以及使用双系统启动变得更容易。SuSE 的硬件检测非常优秀,对于终端用户和管理员来说,使用它同样方便,这使它成为一个强大的服务器平台。SuSE 也通过基于 Web 的论坛提供技术支持和电话支持。

(6) CentOS。

CentOS(Community Enterprise Operating System,社区企业操作系统)是 Linux 发行版之一,由 RHEL 依照开放源代码规定释出的源代码编译而成。由于出自同样的源代码,因此有些要求高度稳定性的服务器以 CentOS 替代商业版的 RHEL 使用。两者的不同在于,CentOS 并不包含封闭源代码软件,CentOS 是一个基于 Red Hat Linux 提供的可自由使用源代码的企业级 Linux 发行版。每个版本的 CentOS 都会获得 10 年的支持(通过安全更新方式)。新版本的 CentOS 大约每两年发行一次,而每个版本的 CentOS 会定期(大概每 6 个月)更新一次,以便支持新的硬件。这样可以建立一个安全、低维护、稳定、高预测性、高重复性的 Linux 环境。

CentOS 是 RHEL 源代码再编译的产物,而且在 RHEL 的基础上修正了不少已知的 bug,相对于其他 Linux 发行版,其稳定性值得信赖。

注:本书将以 CentOS 7 系统为实例进行相关的任务实施。

3. CentOS 版本

CentOS 版本包括一个主要版本和一个次要版本两部分,主要版本和次要版本分别对应于 RHEL 的主要版本与更新包,CentOS 基于 RHEL 的源代码包来构建。例如,CentOS 4.4 构建在 RHEL 4.0 的更新第 4 版上。

自 2006 年,CentOS 4.4 版本开始,Red Hat 采用了和 CentOS 完全相同的版本约定,如 Red Hat 4.5。数据源为 CentOS Wiki 及 Distrowatch CentOS。

4. CentOS 新特性

(1) 内核更新至 3.10.0。

(2) Open VMware Tools 及 3D 图像能即装即用。

(3) OpenJDK-7 作为默认 JDK。

(4) ext4 及 XFS 的 LVM 快照。

(5) 加入了 Linux 容器(Linux Containers,LXC)支持,使用轻量级的 Docker 进行容器实现。

(6) 默认的 XFS 文件系统。

(7) 使用 systemd 后台程序管理 Linux 系统和服务。

(8) 使用 firewalld 后台程序管理防火墙服务。

5. VMware Workstation 网络连接模式

(1) 桥接模式。

物理主机在以太网中是将虚拟机接入网络最简单的方法。虚拟机就像一个新增加的与真实主机有着同等物理地位的一台计算机,桥接模式可以享受所有可用的服务,包括文件服务、打印服务等,并且在此模式下将获得最简易的从真实主机获取资源的方法。

使用桥接模式后,虚拟机和真实主机的关系就像两台连接在一台交换机上的计算机,它们之间进行通信,需要为双方配置 IP 地址和子网掩码。

(2) Host-only 模式。

Host-only 模式用来建立隔离的虚拟机环境。在此模式下,虚拟机与真实主机通过虚拟私有网络进行连接,只有同在 Host-only 模式下且在一个虚拟交换机的连接下才可以互相访问,外界无法访问。Host-only 模式只能使用私有 IP 地址,IP 地址、网关(Gateway)、域名服务器(Domain Name Server,DNS)都由 VMnet 1 来分配。

（3）NAT 模式。

NAT(Network Address Translation)模式其实可以理解为方便使虚拟机连接到公网,代价是桥接模式下的其他功能都不能享用。凡是选用 NAT 结构的虚拟机,均由 VMnet 8 提供 IP 地址、Gateway、DNS。

6. YUM 的相关知识

YUM(Yellow dog Updater Modified)是一个在 Fedora 和 Red Hat 以及 CentOS 中的 Shell 前端软件包管理器。基于 RPM 包管理,能够从指定的服务器自动下载 RPM 包并且安装,能自动处理依赖性关系,还能一次安装所有依赖的软件包。

YUM 可以检测软件间的依赖性,并提示用户进行相应的操作,将发布的软件放到 YUM 服务器上,分析这些软件的依赖关系,然后将软件相关性记录成列表。当客户端有软件安装请求时,YUM 客户端从 YUM 服务器上下载记录列表,然后将列表信息与本机 RPM 数据库已安装的软件数据进行对比,明确软件的依赖关系,能够判断出哪些软件需要安装。

7. YUM 的配置文件

YUM 的一切配置信息都储存在一个名为 yum. conf 的配置文件中,通常位于/etc 目录下。下面是一个 yum. conf 文件,我们以此为例进行说明。

> cachedir＝/var/cache/yum/ $ basearch/ $ releasever　　/* yum 缓存的目录,yum 在此存储下载的 RPM 包和数据库,默认设置为/var/cache/yum */
> keepcache＝0　　//安装完成后是否保留软件包,0 为不保留(默认为 0),1 为保留
> debuglevel＝2　　//debug 信息输出等级,范围为 0～10,默认为 2
> logfile＝/var/log/yum. log　　/* yum 日志文件位置。用户可到/var/log/yum. log 文件去查询过去所做的更新 */
> exactarch＝1　　/* 有 1 和 0 两个选项,若设置为 1,则 yum 只会安装和系统架构匹配的软件包 */
> obsoletes＝1　　//允许更新陈旧的 RPM 包
> plugins＝1　　//是否启用插件,1(默认)为允许,0 为不允许
> installonly_limit＝5　　//允许保留多少个内核包
> bugtracker_url＝　　//bug 追踪系统地址
> distroverpkg＝CentOS-release　　/* 指定一个软件包,yum 会根据这个包判断发行版本 */

注:以上为 YUM 的全局性设置,默认一般不必改动。

8. YUM 源文件各项参数

YUM 源文件以/etc/yum. repos. d/*. repo 的文件形式存在,通常用于一个或一组功能相近或相关的仓库。下面是一个 YUM 源文件,我们以此为例进行说明。

➢ ［base］　　//＃［REPO_ID］用于区别各个不同的 repository，具有唯一性

➢ name＝CentOS-$releasever-base name　　//name 是对 repository 的描述，支持像 $releasever 和 $basearch 这样的变量

➢ mirrorlist＝http://mirror.CentOS.org/CentOS/$releasever/os/$basearch/ /* mirrorlist 指定一个镜像服务器的地址列表。定义仓库指向可用变量，如将 $releasever 和 $basearch 替换成自己对应的版本和架构。例如 10 和 i386，在浏览器中打开，可看到镜像服务器地址列表 */

➢ baseurl＝http://download.atrpms.net/mirrors/fedoracore/$releasever/$basearch/os /* baseurl 是服务器设置中最重要的部分，只有设置正确，才能从上面获取软件。其中 url 支持的协议有"http://""ftp://""file://"三种。baseurl 后可以跟多个 url，可以自己改为速度比较快的镜像站，但 baseurl 只能有一个 */

➢ enabled＝1　　//这个选项表示 repo 中定义的源是启用的，0 表示禁用

➢ gpgcheck＝1　　//启用 gpg 的校验，确定 RPM 包的来源安全和完整性，0 为禁止

➢ gpgkey＝file:///etc/pki/rpm-gpg/RPM-GPG-KEY-CentOS-7　　/* 定义用于校验的 gpg 密钥 */

➢ ＃cost＝　　//cost 开销，默认是 1 000，开销越大，优先级越低

注：［REPO_ID］中不能有空格，否则报错

9. YUM 的常用命令

YUM 的常用命令见表 1-1-1。

表 1-1-1　YUM 的常用命令

命令格式	功　能
yum -y update	系统更新(更新所有可以升级的 RPM 包，包括 kernel)
yum check-update	RPM 包的更新，检查可更新的 RPM 包
yum update	更新所有的 RPM 包
yum update kernel kernel-source	更新指定的 RPM 包，如更新 kernel 和 kernel source
yum upgrade	大规模的版本升级，与 yum update 不同的是，连旧的淘汰包也升级
yum install ［package …］	RPM 包的安装
yum remove ［package …］	RPM 包的删除
yum clean packages	清除暂存中的 RPM 包文件
yum clean headers	清除暂存中的 RPM 头文件
yum clean oldheaders	清除暂存中旧的 RPM 头文件
yum clean 或 ＃yum clean all	清除暂存中旧的 RPM 头文件和包文件 注：相当于 yum clean packages ＋ yum clean oldheaders
yum list	列出资源库中所有可以安装或更新的 RPM 包
yum list mozilla*	列出资源库中特定的可以安装或更新以及已经安装的 RPM 包
yum list updates	列出资源库中所有可以更新的 RPM 包

续表

命令格式	功 能
yum list installed	列出已经安装的所有 RPM 包
yum list extras	列出已经安装但是不包含在资源库中的 RPM 包
yum info	列出资源库中所有可以安装或更新的 RPM 包的信息
yum info mozilla *	列出资源库中特定的可以安装或更新以及已经安装的 RPM 包的信息
yum info updates	列出资源库中所有可以更新的 RPM 包的信息
yum info installed	列出已经安装的所有的 RPM 包的信息
yum info extras	列出已经安装的但是不包含在资源库中的 RPM 包的信息
yum search mozilla	搜索匹配特定字符的 RPM 包,例如匹配 mozilla
yum provides php	搜索包含特定文件名的 RPM 包,例如匹配 php

10. 系统网络配置

在 CentOS 7 中,默认使用的网络服务是 NetworkManager。NetworkManager 是监控和管理网络设置的守护进程,该服务简化了网络连接的工作,让桌面本身和其他应用程序能感知网络。

NetworkManager 是由一个管理系统网络连接,并且将其状态通过 D-BUS(一个提供简单的应用程序互相通信的途径的自由软件项目,是作为 Freedesktoporg 项目的一部分来开发的)进行报告的后台服务,以及一个允许用户管理网络连接的客户端程序。

NetworkManager 服务不同于 CentOS 6 使用的 Network 服务,Network 服务只能进行设备和配置的一对一绑定设置,而 NetworkManager 服务引入了连接的概念。

连接是设备使用的配置集合,由一组配置组成,每个连接具有一个标识自身的名称或 ID,所以一个网络接口可能有多个连接,以供不同设备使用或者为同一设备更改配置,但是一次只能有一个连接处于活动中。无论是通过图形界面还是通过命令行管理网络的基本配置,实际上都是对 NetworkManager 服务的配置进行设置。

(1)方法一:基于图形界面网络的基本配置。

超级用户在桌面环境下单击"应用程序"→"系统工具"→"设置"菜单,单击"网络"图标,打开"设置网络"对话框,如图 1-1-1 所示。

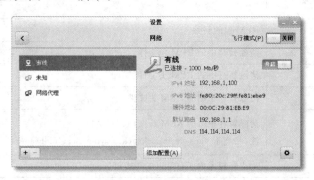

图 1-1-1 "设置网络"对话框

单击"⚙"按钮,出现自动以太网窗口。如图 1-1-2 所示,在左侧窗格中单击"IPv4",在右侧窗格的"地址"下拉列表中选择"手动",然后输入本机的 IP 地址、网络掩码、网关,"DNS"选择"自动开启",最后单击"应用"按钮完成设置。

图 1-1-2　自动以太网窗口

(2) 方法二:基于命令行的网络基本配置。

在命令行模式下,可通过 nmcli 命令来管理网络,可以进行配置、查看、修改等操作。

① 查看连接信息。

格式:nmcli connection show［连接名］

功能:查看网卡上所有可用网络连接(可使--active 仅列出活动连接),命令后加上连接名为查看该连接的相关详细信息。

② 查看设备信息。

格式:nmcli device show［设备名］

功能:查看可用网卡设备信息,命令后加上网卡设备名为查看该设备的相关详细信息。

格式:nmcli dev status

功能:显示设备状态和信息。

③ 创建网络连接。

格式:nmcli connection add con-name［name］type［type］ifname［eth］
　　　autoconnect yes ｜ no

功能:创建一个连接,con-name 选项后是该连接的名字,type 选项后是网络类型(一般为Ethernet),ifname 选项后为设备名称,autoconnect 选项为是否开机启动该连接。创建的连接IP 地址默认为 DHCP 动态获取。

④ 配置连接是否生效。

格式:nmcli connection up ｜ down［con-name］

功能:启用或者关闭连接。

⑤ 删除连接。

格式:nmcli connection delete［con-name］

功能:用于删除某一个连接,直接删除连接,而不在意该连接是否正在应用。

⑥ 修改连接属性及参数。

格式:nmcli connection modify［con-name］［Optnon］

功能:用于修改某一连接的各种属性及相关参数。

表 1-1-2 为 IPv4 的相关选项和通用选项,输入 nmcli connection modify 后按两下 Tab 键会列出所有可用选项。

表 1-1-2 IPv4 的相关选项和通用选项

选 项	说 明
ipv4.addresses	修改 IPv4 的地址信息
ipv4.dns	修改 IPv4 的 DNS 信息
ipv4.method	修改 IPv4 的连接方式,静态或动态
connection.autoconnect	修改 IPv4 连接是否为自动连接
connection.type	修改 IPv4 连接的网络类型
connection.id	修改连接的名字

注:修改连接参数后,重启连接才会生效。

⑦ Linux 命令行网络配置工具。

IP 是 iproute2 软件包里面的一个强大的网络配置工具,它能够替代一些传统的网络管理工具,例如 ifconfig、route 等。

格式:ip［option］［动作］［命令］

option 设定的参数:

➢ -s:显示出该设备的统计数据,例如总接受封包数等。

动作就是指可以针对哪些网络参数进行动作,包括:

➢ link:关于设备的相关设定,包括 MTU、MAC 地址等。

➢ addr/address:关于额外的 IP 设定,例如多 IP 的实现等。

➢ route:与路由有关的相关设定。

(3)方法三:系统网络配置文件。

在 CentOS 7 中,网络配置文件有着非常重要的作用。一方面,这些文件记录了 TCP/IP 网络子系统的主要参数,当需要改变网络参数时,可以直接修改这些文件;另一方面,这些文件的内容与网络的安全也有着直接的关系,全面了解这些文件的内容和作用,有助于堵塞安全漏洞,提高系统的安全性。

① 主机名文件:/etc/hostname。

该文件中包含当前主机的名称,可使用 hostname 命令查看,也可使用 hostnamectl 命令修改此文件,查询主机名状态。如果文件不存在,则主机名在接口分配 IP 时由反向 DNS 查询设定。

格式:hostnamectl set-hostname 主机名 //设置主机名

② /etc/hosts 文件。

该文件提供简单、直接的主机名称到 IP 地址间的转换。当以主机名称来访问一台主机时,系统检查/etc/hosts 文件,并根据该文件将主机名称转换为 IP 地址。

/etc/hosts 文件的每一行描述一个主机名称到 IP 地址的转换,格式如下:

IP 地址 主机名全称 别名

其中第 1 列指定机器的 IP 地址,第 2 列为机器的正式名称或全名,第 3 列为机器的别名,注释行以♯开头。

与/etc/hosts 文件相关的文件有/etc/host.conf(指定域名搜索的顺序)、/etc/hosts.allow(指定允许登录的机器)、/etc/hosts.deny(指定禁止登录的机器)。

③ /etc/services 文件。

该文件列出系统中所有可用的网络服务。文件的每一行提供的服务信息有正式的服务名称、端口号、协议名称和别名。与其他网络配置文件一样,每一项由空格或制表符分隔,其中端口号和协议名合起来为一项,中间用"/"分隔。该文件部分内容如图 1-1-3 所示。

```
# /etc/services:
#
# service-name    port/protocol    [aliases ...]    [# comment]

tcpmux            1/tcp                              # TCP port service multiplexer
tcpmux            1/udp                              # TCP port service multiplexer
rje               5/tcp                              # Remote Job Entry
rje               5/udp                              # Remote Job Entry
echo              7/tcp
echo              7/udp
discard           9/tcp            sink null
discard           9/udp            sink null
systat            11/tcp           users
systat            11/udp           users
daytime           13/tcp
daytime           13/udp
qotd              17/tcp           quote
qotd              17/udp           quote
msp               18/tcp                             # message send protocol (historic)
msp               18/udp                             # message send protocol (historic)
chargen           19/tcp           ttytst source
chargen           19/udp           ttytst source
ftp-data          20/tcp
ftp-data          20/udp
```

图 1-1-3　/etc/services 文件部分内容

④ /etc/sysconfig/network-scripts 目录。

该目录包含网络接口的配置文件及部分网络命令。例如:ifcfg-ens33 表示第一块网卡接口的配置文件,ifcfg-lo 表示本地回送接口的相关信息。以 ifcfg-ens33 为例,其内容如图 1-1-4 所示。

```
TYPE="Ethernet"
BOOTPROTO="none"
DEFROUTE="yes"
IPV4_FAILURE_FATAL="no"
IPV6INIT="yes"
IPV6_AUTOCONF="yes"
IPV6_DEFROUTE="yes"
IPV6_FAILURE_FATAL="no"
NAME="eno16777736"
UUID="3ce4d3a2-3073-4df2-ae66-12d3875c5f26"
DEVICE="eno16777736"
ONBOOT="yes"
DNS1=114.114.114.114
IPADDR=192.168.1.100
PREFIX=24
GATEWAY=192.168.1.1
IPV6_PEERDNS=yes
IPV6_PEERROUTES=yes
IPV6_PRIVACY=no
```

图 1-1-4　ifcfg-ens33 文件内容

➢ DEVICE：设备名称。

➢ BOOTPROTO：获取地址方式为默认，如果自动获取，设置为 DHCP。

➢ ONBOOT：网卡状态，默认启用。

➢ IPADDR：设置 IP 地址。

➢ NETMASK：设置子网掩码。

➢ PREFIX：设置掩码位数。

➢ GATEWAY：设置网关。

➢ DNS1：设置第一台 DNS 服务器地址。

注：网卡配置文件设置完成后需要重启系统或者重启 NetworkManager 服务。

⑤ /etc/resolv.conf 文件。

该文件记录客户机的域名及域名服务器的 IP 地址。其中可供设置的项目如下：

➢ nameserver：设置 DNS 的 IP 地址，最多可以设置 3 个，并且每个 DNS 的记录自成一行。当主机需要进行域名解析时，首先查询第 1 个 DNS，如果无法成功解析，则查询第 2 个 DNS。

➢ domain：指定主机所在的网络域名，可以不设置。

➢ search：指定 DNS 的域名搜索列表，最多可以设置 6 个。其作用在于进行域名解析工作时，系统会将此处设置的网络域名自动加在要查询的主机名之后进行查询，通常不设置此项。

例如，查看本地机器的/etc/resolv.conf 文件内容，如图 1-1-5 所示。

```
# Generated by NetworkManager
search example.com
nameserver 114.114.114.114
```

图 1-1-5　/etc/resolv.conf 文件内容

任务实施

【实例一】安装 VMware Workstation Pro

步骤 1：准备 VMware Workstation Pro 安装文件，如图 1-1-6 所示。

图 1-1-6　准备 VMware Workstation Pro 安装文件

步骤 2：双击 VMware Workstation Pro 安装文件，进入 VMware Workstation Pro 安装向导，如图 1-1-7 所示，单击"下一步"按钮。

步骤3:选中"我接受许可协议中的条款",单击"下一步"按钮,如图1-1-8所示。

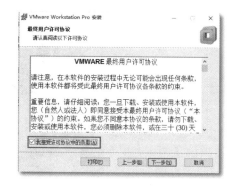

图 1-1-7　安装 VMware Workstation Pro

图 1-1-8　选中"我接受许可协议中的条款"

步骤4:单击"更改"按钮选择安装位置,如图1-1-9所示,然后单击"下一步"按钮。

步骤5:"用户体验设置"中的"启动时检查产品更新"与"帮助完善 VMware Workstation Pro"两个选项可以根据需求选择,选择完毕,单击"下一步"按钮,如图1-1-10所示。

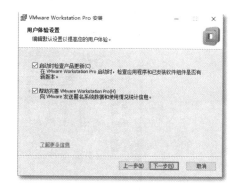

图 1-1-9　选择安装位置

图 1-1-10　用户体验设置

步骤6:设置快捷方式。可根据需求选择在"桌面"或者"开始菜单程序文件夹"位置创建 VMware Workstation Pro 快捷方式,选择完毕,单击"下一步"按钮,如图1-1-11所示。

步骤7:单击"安装"按钮,如图1-1-12所示。

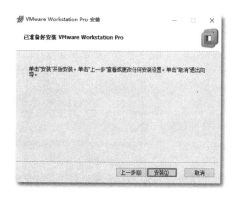

图 1-1-11　设置快捷方式

图 1-1-12　开始安装

步骤 8：单击"完成"按钮完成安装，如图 1-1-13 所示。

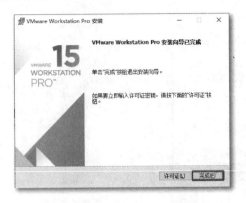

图 1-1-13　安装完成

【实例二】CentOS 7.0 操作系统安装

步骤 1：准备好 CentOS 7.0 的镜像，如图 1-1-14 所示。

注：CentOS 7.0 镜像下载地址：https://www.centos.org/download/。

图 1-1-14　CentOS 7.0 镜像

步骤 2：打开 VMware Workstation 应用程序，单击主页上的"创建新的虚拟机"，如图 1-1-15 所示。

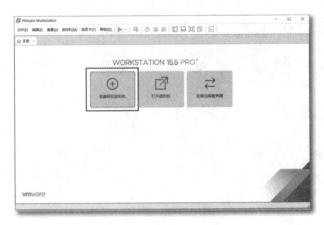

图 1-1-15　创建新的虚拟机

步骤3:选择配置类型。在此选择"自定义(高级)",单击"下一步"按钮,如图1-1-16所示。

注:选择"典型(推荐)"配置,将会创建一个非常简易的虚拟机,安装也非常简单,但是有很多的功能包不会安装,因此我们选择"自定义(高级)"安装配置。

步骤4:选择虚拟机硬件兼容性,单击"下一步"按钮,如图1-1-17所示。

图1-1-16 选择配置类型

图1-1-17 选择虚拟机硬件兼容性

步骤5:选择安装来源。在此选择"稍后安装操作系统",单击"下一步"按钮,如图1-1-18所示。

步骤6:选择客户机操作系统及版本,单击"下一步"按钮,如图1-1-19所示。

图1-1-18 选择安装来源

图1-1-19 选择客户机操作系统及版本

步骤7:设置虚拟机名称及位置,单击"下一步"按钮,如图1-1-20所示。

步骤8:设置处理器配置,单击"下一步"按钮,如图1-1-21所示。

步骤9:设置虚拟机的内存,单击"下一步"按钮,如图1-1-22所示。

注:内存大小需要根据物理机内存大小进行设置。为了保证CentOS 7.0虚拟机系统正常运行,将虚拟机内存设置为1 024 MB。

步骤10:设置网络连接。选择"使用桥接网络",单击"下一步"按钮,如图1-1-23所示。

图 1-1-20　设置虚拟机名称及位置

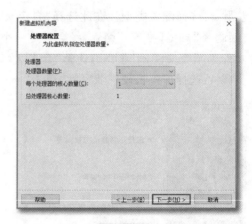

图 1-1-21　设置处理器配置

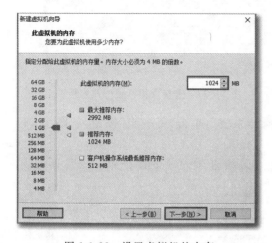

图 1-1-22　设置虚拟机的内存

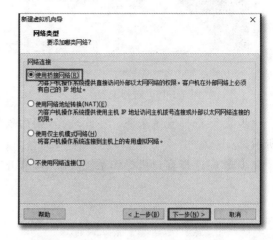

图 1-1-23　设置网络连接

步骤 11：选择 I/O 控制器类型。根据推荐，选择"LSI Logic"，单击"下一步"按钮，如图 1-1-24 所示。

步骤 12：选择磁盘类型。根据推荐，选择"SCSI"，单击"下一步"按钮，如图 1-1-25 所示。

图 1-1-24　选择 I/O 控制器类型

图 1-1-25　选择磁盘类型

步骤13：新建一个虚拟磁盘。选择"创建新虚拟磁盘"，单击"下一步"按钮，如图1-1-26所示。

步骤14：设置虚拟磁盘容量。为了后续使用，设置为20 GB，选中"将虚拟磁盘存储为单个文件"，单击"下一步"按钮，如图1-1-27所示。

注：虚拟机安装和后续的使用过程中，虚拟机文件会逐渐变大，由于FAT32文件系统不支持存储大于4 096 MB的单个文件，因此，选择"将虚拟磁盘存储为单个文件"，需要虚拟机文件所在的物理机磁盘分区为NTFS格式。另外，我们所设置的20 GB的磁盘空间并不会被立刻分配，而是随着系统使用逐渐被分配使用，空间上限为20 GB。

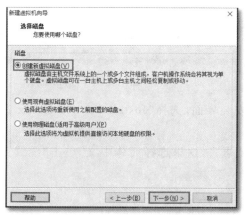
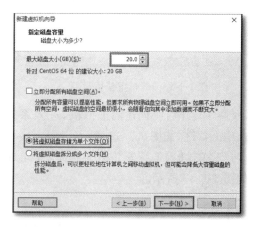

图1-1-26　新建一个虚拟磁盘　　　　　图1-1-27　设置虚拟磁盘容量

步骤15：指定磁盘文件，单击"下一步"按钮，如图1-1-28所示。

注：此处我们应该选择物理机存储空间较大的分区来存放磁盘文件。

步骤16：单击"完成"按钮完成创建，如图1-1-29所示。

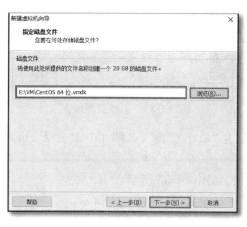

图1-1-28　指定磁盘文件　　　　　　　图1-1-29　完成创建

步骤17：选择所创建的虚拟机，单击"编辑虚拟机设置"，如图1-1-30所示。

步骤18：单击"CD/DVD（IDE）"，选中"使用ISO映像文件"，单击"浏览"按钮，选择要使用的CentOS 7.0的镜像文件，单击"确定"按钮，如图1-1-31所示。

图 1-1-30 编辑虚拟机设置

图 1-1-31 "虚拟机设置"对话框

步骤 19：开启所创建的虚拟机，进入系统引导安装界面，选择"Install CentOS Linux 7"，并按"Enter"键，如图 1-1-32 所示。

步骤 20：进入系统安装引导界面，首先选择安装语言，这里选择简体中文，单击"继续"按钮，如图 1-1-33 所示。

图 1-1-32 系统安装界面

图 1-1-33 选择安装语言

步骤 21：设置安装信息。其中"软件选择"默认是"最小安装"，如图 1-1-34 所示，可单击"软件选择"更改类型。

步骤 22：选择"GNOME 桌面"，单击"完成"按钮，如图 1-1-35 所示。

步骤 23：设置系统安装位置。单击"安装位置"进行设置，如图 1-1-36 所示。

步骤 24：如果没有特殊要求就选择"自动配置分区"，如图 1-1-37 所示。

步骤 25：单击"开始安装"按钮，如图 1-1-38 所示。

步骤 26：在安装过程中，需要设置 ROOT 密码，这里需要注意设置的密码有复杂度要求，如图 1-1-39 和图 1-1-40 所示。

图 1-1-34　设置安装信息

图 1-1-35　选择"GNOME 桌面"

图 1-1-36　设置系统安装位置

图 1-1-37　选择"自动配置分区"

图 1-1-38　开始安装

图 1-1-39　设置 ROOT 密码

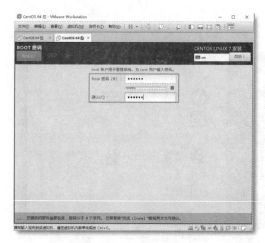

图 1-1-40　密码确认

步骤 27：单击"创建用户"创建一个用户，如图 1-1-41 所示。

步骤 28：填写所创建的用户名及密码，单击"完成"按钮，如图 1-1-42 所示。

图 1-1-41　创建一个用户

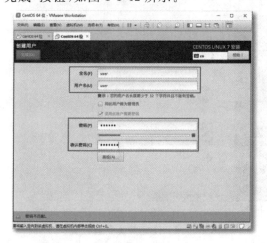

图 1-1-42　填写所创建的用户名及密码

步骤 29：当安装完成后，单击"重启"按钮，完成 Linux 的安装，如图 1-1-43 所示。

图 1-1-43　完成 Linux 的安装

【实例三】配置本地 YUM 源

步骤 1:首先确认虚拟机是否已经连接光驱,并挂载系统镜像文件,如果虚拟机桌面出现图 1-1-44 所示的图标,表明虚拟机已经连接光驱,并挂载了系统镜像文件。

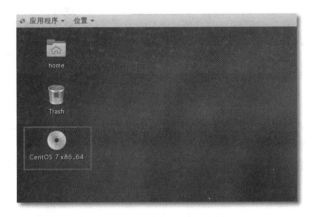

图 1-1-44　虚拟机桌面图标

步骤 2:如果桌面没有光盘图标,则检查一下虚拟机"CD/DVD(IDE)"设备是否连接上,并正确设置"使用 ISO 映像文件"中系统镜像的位置,如图 1-1-45 所示。

图 1-1-45　"虚拟机设置"对话框

步骤 3:建立挂载点,如图 1-1-46 所示。

mkdir /mnt/dvd　　　//创建"/mnt/dvd"挂载点
ls /mnt/　　　　　　//检查目录是否创建成功

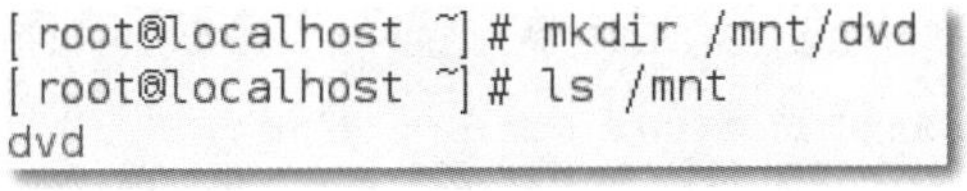

```
[root@localhost ~]# mkdir /mnt/dvd
[root@localhost ~]# ls /mnt
dvd
```

图 1-1-46　建立挂载点

步骤 4:使用 mount 命令挂载光盘(mount 会自动选择挂载的类型)。

mount /dev/cdrom　/mnt/dvd　　　//挂载光盘

步骤5:查看挂载点的内容,如图 1-1-47 所示。

ls /mnt/dvd/　　　//查看挂载点的内容

```
[root@localhost ~]# ls /mnt/dvd/
CentOS_BuildTag  GPL       LiveOS    RPM-GPG-KEY-CentOS-7
EFI              images    Packages  RPM-GPG-KEY-CentOS-Testing-7
EULA             isolinux  repodata  TRANS.TBL
[root@localhost ~]#
```

图 1-1-47　查看挂载点的内容

步骤6:备份 YUM 源文件。

cp -r /etc/yum.repos.d/ /etc/yum.repos.d.bak/　　　//将/etc/yum.repo.d/备份

步骤7:建立新的 YUM 源文件。

touch /etc/yum.repos.d/yum.repo　　　//创建名为 yum.repo 的 YUM 源文件

步骤8:编辑 YUM 源文件内容,如图 1-1-48 所示。

```
[yum]
name=yum
baseurl=file:///mnt/dvd
gpgcheck=0
enable=1
```

图 1-1-48　编辑 YUM 源文件内容

步骤9:保存所编辑的 YUM 源文件,退出后清理 YUM 缓存。

yum clean all　　　//清理 YUM 缓存

步骤10:尝试安装 Apache 服务进行 YUM 测试。

yum -y install httpd　　　//安装 Apache 服务

【实例四】系统网络连接配置

步骤1:查看网卡信息,可以看到所安装的虚拟机 Linux 系统网卡名字为"ens33",如图 1-1-49 所示。

ip addr show　　　//查看系统网卡信息

```
[root@localhost /]# ip addr show
1: lo: <LOOPBACK,UP,LOWER_UP> mtu 65536 qdisc noqueue state UNKNOWN qlen 1
    link/loopback 00:00:00:00:00:00 brd 00:00:00:00:00:00
    inet 127.0.0.1/8 scope host lo
       valid_lft forever preferred_lft forever
    inet6 ::1/128 scope host
       valid_lft forever preferred_lft forever
2: ens33: <BROADCAST,MULTICAST,UP,LOWER_UP> mtu 1500 qdisc pfifo_fast state UP q
len 1000
    link/ether 00:0c:29:bb:d5:cb brd ff:ff:ff:ff:ff:ff
    inet 192.168.0.28/24 brd 192.168.0.255 scope global ens33
       valid_lft forever preferred_lft forever
    inet6 fe80::904d:91cd:e449:62dd/64 scope link
       valid_lft forever preferred_lft forever
3: virbr0: <NO-CARRIER,BROADCAST,MULTICAST,UP> mtu 1500 qdisc noqueue state DOWN
 qlen 1000
    link/ether 52:54:00:df:17:43 brd ff:ff:ff:ff:ff:ff
    inet 192.168.122.1/24 brd 192.168.122.255 scope global virbr0
       valid_lft forever preferred_lft forever
4: virbr0-nic: <BROADCAST,MULTICAST> mtu 1500 qdisc pfifo_fast master virbr0 sta
te DOWN qlen 1000
    link/ether 52:54:00:df:17:43 brd ff:ff:ff:ff:ff:ff
```

图 1-1-49　查看网卡信息

步骤 2：编辑网卡配置文件。系统网卡配置文件所在目录为"/etc/sysconfig/network-scripts/"，使用 Vim 编辑网络配置文件。

vim/etc/sysconfig/network-scripts/ifcfg-ens33　　//编辑网络配置文件

步骤 3：编辑修改 IP 地址、网关等信息，如图 1-1-50 所示。

```
TYPE=Ethernet
BOOTPROTO=none
DEFROUTE=yes
IPV4_FAILURE_FATAL=no
IPV6INIT=yes
IPV6_AUTOCONF=yes
IPV6_DEFROUTE=yes
IPV6_FAILURE_FATAL=no
IPV6_ADDR_GEN_MODE=stable-privacy
NAME=ens33
UUID=889fbeb1-59ef-49c6-a3ac-ac6b4684c86e
DEVICE=ens33
ONBOOT=no
IPADDR=192.168.0.28
PREFIX=24
GATEWAY=192.168.0.1
DNS1=4.4.4.4
IPV6_PEERDNS=yes
IPV6_PEERROUTES=yes
```

图 1-1-50　编辑修改 IP 地址、网关等信息

步骤 4：重启网络服务并进行测试，如图 1-1-51 所示。

systemctl restart network.service　　　　//重启网络服务

ping 192.168.0.1　　　　　　　　　　//测试网络是否连通

```
[root@localhost ~]# systemctl restart network.service
[root@localhost ~]# ping 192.168.0.1
PING 192.168.0.1 (192.168.0.1) 56(84) bytes of data.
64 bytes from 192.168.0.1: icmp_seq=1 ttl=128 time=3.09 ms
64 bytes from 192.168.0.1: icmp_seq=2 ttl=128 time=2.5 ms
```

图 1-1-51　重启网络服务并进行测试

任务二　系统账号安全

任务描述

在日常工作中,无论是网络服务器还是网络终端,不同的用户具有不同的账号,不同的账号对应不同的系统权限,其中系统管理员账号的权限最大,其安全性尤为重要。系统管理员可以将关键账号的密码设置成复杂字符串,这样就建立起保护管理员账号安全的第一道防线,这是作为系统管理员必须懂得的最基本的知识。但是攻击服务器的黑客通常通过一些暴力破解工具来强制破解管理员账号,因此管理员要经常修改系统管理账号,这样就建立起保护管理员账号的第二道防线。然而最坏的情况,假如黑客已经攻击了服务器,获取了相关的账号信息,作为系统管理员,需要养成经常检查服务器账号信息的习惯,排查异常账号,并及时进行加固,这是保护管理员账号安全的第三道防线。

一般来说,一个账号包含两个要素:一是授权登录,二是授权访问。

授权登录是用户的一种特权,是不可以随意授权的。如果你为用户提供重要服务的同时并不赋予他们 Shell 访问的权限,那就不要授权。Shell 访问是指用户利用远程 Telnet 访问服务器的本地 Shell,这是不太好的事情,会招致很多麻烦。比如说,恶意 Shell 用户可以使用远程攻击文件和服务。

总之,系统账号的安全防范是多方面的,系统管理员在日常管理中,要不断总结经验,养成好的习惯,才能更好地保障系统账号的安全。

学习指导

1.熟悉 Linux 系统中的查看、锁定用户等命令。
2.熟悉 Linux 系统中 Vim 编辑器的使用。
3.详细了解 PAM 模块的作用。
4.学会使用 PAM 模块设置密码策略。
5.详细了解/etc/login.defs 文件。

知识链接

1. /etc/passwd 详解

在 Linux 系统中,/etc/passwd 文件中的每一行记录都对应着一个用户,它记录了这个用户的一些基本属性。系统管理员经常会接触到这个文件的修改以完成对用户的管理工作。这个文件对所有用户都是可读的。/etc/passwd 文件中,每行记录又被":"分隔为 7 个字段,其格式和具体含义如下:

【例】student:x:500:500:Student User:/home/student:/bin/bash

(1) 用户名:代表用户账号的字符串。通常长度不超过 8 个字符,并且由大小写字母和/或数字组成。登录名中不能有冒号(:),因为冒号在这里是分隔符。为了兼容起见,登录名中最好不要包含点字符(.),并且不使用连字符(-)和加号(+)开头。

(2) 口令:一些系统中存放着加密后的用户口令字。虽然这个字段存放的只是用户口令的加密串,不是明文,但是由于/etc/passwd 文件对所有用户都可读,所以这仍是一个安全隐患。因此,现在许多 Linux 系统(如 SVR4)都使用了 Shadow 技术,把真正的加密后的用户口令字存放到/etc/shadow 文件中,而在/etc/passwd 文件的口令字段中只存放一个特殊的字符,例如"x"或者"＊"。

(3) 用户标识号:一个整数,系统内部用它来标识用户。一般情况下它与用户名是一一对应的。如果几个用户名对应的用户标识号是一样的,系统内部将把它们视为同一个用户,但是它们可以有不同的口令、不同的主目录以及不同的登录 Shell 等。

通常用户标识号的取值范围是 0~65 535。0 是超级用户 root 的标识号,1~99 由系统保留,作为管理账号,普通用户的标识号从 100 开始。在 Linux 系统中,这个界限是 500。

(4) 组标识号:记录的是用户所属的用户组。它对应着/etc/group 文件中的一条记录。

(5)注释性描述:记录着用户的一些个人情况,例如用户的真实姓名、电话、地址等,这个字段并没有什么实际用途。在不同的 Linux 系统中,这个字段的格式并不统一。在许多 Linux 系统中,这个字段存放的是一段任意的注释性描述文字,用作 finger 命令的输出。

(6) 主目录:用户的起始工作目录,它是用户在登录系统之后所处的目录。在大多数系统中,各用户的主目录都被组织在同一个特定的目录下,而用户主目录的名称就是该用户的登录名。各用户对自己的主目录有读、写、执行(搜索)权限,其他用户对此目录的访问权限则根据具体情况设置。用户登录后,要启动一个进程,负责将用户的操作传给内核,这个进程是用户登录系统后运行的命令解释器或某个特定的程序,即 Shell。Shell 是用户与 Linux 系统之间的接口。Linux 的 Shell 有许多种,每种都有不同的特点。常用的有 sh(BourneShell)、csh(CShell)、ksh(KornShell)、tcsh(TENEX/TOPS-20typeCShell)、bash(BourneAgainShell)等。系统管理员可以根据系统情况和用户习惯为用户指定某个 Shell。如果不指定 Shell,那么系统使用 sh 为默认的登录 Shell,即这个字段的值为/bin/sh。

(7) 用户的登录 Shell:指定为某个特定的程序(此程序不是一个命令解释器)。利用这一特点,可以限制用户只能运行指定的应用程序,在该应用程序运行结束后,用户就自动退出系统。有些 Linux 系统要求只有那些在系统中登记了的程序才能出现在这个字段中。

（8）系统中有一类用户称为伪用户（Psuedo Users），这些用户在/etc/passwd 文件中也占有一行记录，但是不能登录，因为登录 Shell 为空。这些用户的存在主要是方便系统管理，满足相应的系统进程对文件属主的要求。

2. 伪用户的含义

（1）bin：拥有可执行的用户命令文件。

（2）sys：拥有系统文件。

（3）adm：拥有账户文件。

（4）uucp：UUCP 使用。

（5）lplp 或 lpd：子系统使用。

（6）nobody：NFS 使用。

由于 Linux 系统中，/etc/passwd 文件对所有用户都可读，如果用户的密码太简单或规律比较明显，很容易被破解，因此对安全性要求较高的 Linux 系统都把加密后的口令字分离出来，单独存放在一个文件中，这个文件就是/etc/shadow 文件。只有超级用户才拥有该文件的管理权限，这就保证了用户密码的安全性。

3. /etc/shadow 文件详解

/etc/shadow 文件是只有系统管理员才有权限进行查看和修改的文件，系统管理员应该弄明白 Linux 系统中/etc/shadow 文件每个字符段的相应意义。

/etc/shadow 文件中的记录行与/etc/passwd 中的一一对应，它由 pwconv 命令根据/etc/passwd 中的数据自动产生。它的文件格式与/etc/passwd 类似，由若干个字段组成，字段之间用"："隔开。这些字段描述如下：

➢ 登录名：与/etc/passwd 文件中的登录名一致的用户账号。

➢ 口令字段：存放的是加密后的用户口令字，长度为 13 个字符。如果为空，则对应用户没有口令，登录时不需要口令；如果含有不属于集合{.，/，0～9，A～Z，a～z}中的字符，则对应的用户不能登录。

➢ 最后一次修改时间：表示的是从某个时刻起，到用户最后一次修改口令时的天数。时间起点对不同的系统可能不一样。例如在 SCO UNIX 中，这个时间起点是 1970 年 1 月 1 日。

➢ 最小时间间隔：指的是两次修改口令之间所需的最小天数。

➢ 最大时间间隔：指的是口令保持有效的最大天数。

➢ 警告时间字段：指的是从系统开始警告用户到用户密码正式失效之间的天数。

➢ 不活动时间：指的是用户没有登录活动但账号仍能保持有效的最大天数。

➢ 失效时间字段：给出的是一个绝对的天数，如果使用了这个字段，那么就给出相应账号的生存期。生存期满后，该账号就不再是一个合法的账号，也就不能再登录了。

4. cat 命令解释

语法：cat［选项］［filename］   //filename 表示文件名，即系统中需要查看的文件名字

功能：cat 是一个文本文件查看和连接工具。查看一个文件的内容，用 cat 比较简单，例如cat linuxyw.txt。还可以使用 cat--help 查看 cat 帮助信息，如各种参数使用方法可以用 man cat 来查看,如果遇到命令不懂用法时,用--help 或 man 来查看帮助信息。

选项:

➢ -A:--show-all 等价于-vET。

➢ -b:--number-nonblank 对非空输出行编号,即在每行前显示所在行号。

➢ -e:等价于-vE。

➢ -E:--show-ends 在每行结束处显示 $ 。

➢ -n:--number 对输出的所有行编号,即在每行前显示所在行号。

➢ -s:--squeeze-blank 不输出多行空行。

➢ -t:与-vT 等价。

➢ -T:--show-tabs 将跳字符显示为^I。

➢ -v:--show-nonprinting 使用^和 M-引用,除了 LFD 和 TAB 之外。

➢ --help:显示帮助信息并离开。

5. passwd 命令解释

语法:passwd［选项］［参数］

功能:passwd 命令用于设置用户的认证信息,包括用户密码、密码过期时间等。系统管理者能用它管理系统用户的密码。只有管理者可以指定用户名称,一般用户只能修改自己的密码。

选项:

➢ -d:删除密码,仅有系统管理者才能使用。

➢ -f:强制执行。

➢ -k:设置只有在密码过期失效后,方能更新。

➢ -l:锁住密码。

➢ -s:列出密码的相关信息,仅有系统管理者才能使用。

➢ -u:解开已上锁的账号。

参数:

➢ 用户名:需要设置密码的用户名。

6. usermod 命令解释

usermod 命令用于修改用户的基本信息。usermod 命令不允许改变在线的使用者账号名称。当 usermod 命令用来改变 user id 时,必须确认这名 user 没在计算机上执行任何程序。需手动更改使用者的 crontab 档及 at 工作档。采用 NIS 服务器须在服务器上更正相关的 NIS 设定。

语法:usermod［选项］［参数］

选项:

➢ -c＜备注＞:修改用户账号的备注文字。

➢ -d＜登入目录＞:修改用户登入时的目录。

➢ -e＜有效期限＞:修改账号的有效期限。

➢ -f＜缓冲天数＞:修改在密码过期后多少天即关闭该账号。

➢ -g<群组>:修改用户所属的群组。

➢ -G<群组>:修改用户所属的附加群组。

➢ -l<账号名称>:修改用户账号名称。

➢ -L:锁定用户密码,使密码无效。

➢ -s:修改用户登入后所使用的 Shell。

➢ -u:修改用户 ID。

➢ -U:解除密码锁定。

参数:

➢ 登录名:指定要修改信息的用户登录名。

7. Vim 编辑器

Vi 命令是 UNIX 操作系统和类 UNIX 操作系统中最通用的全屏幕纯文本编辑器。Linux 中的 Vi 编辑器叫 Vim,它是 Vi 的增强版(Vi Improved),与 Vi 编辑器完全兼容,而且实现了很多增强功能。Vim 编辑器支持编辑模式和命令模式,编辑模式下可以完成文本的编辑功能,命令模式下可以完成对文件的操作命令。要正确使用 Vim 编辑器就必须熟练掌握两种模式的切换。默认情况下,打开 Vim 编辑器后自动进入命令模式。从编辑模式切换到命令模式使用"Esc"键,从命令模式切换到编辑模式使用"A""a""O""o""I""i"键。Vim 编辑器提供了丰富的内置命令,有些内置命令使用键盘组合键即可完成,有些内置命令则需要以":"开头输入。常用快捷操作如下:

➢ Ctrl+u:向文件首翻半屏。

➢ Ctrl+d:向文件尾翻半屏。

➢ Ctrl+f:向文件尾翻一屏。

➢ Ctrl+b:向文件首翻一屏。

➢ Esc:从编辑模式切换到命令模式。

➢ ZZ:命令模式下保存当前文件所做的修改后退出 Vi 命令。

➢ 行号:光标跳转到指定行的行首。

➢ $:光标跳转到最后一行的行首。

➢ x 或 X:删除一个字符,x 删除光标后的,而 X 删除光标前的。

➢ D:删除从当前光标所在位置到光标所在行尾的全部字符。

➢ dd:删除光标行正行内容。

➢ ndd:删除当前行及其后 n−1 行。

➢ ?nyy:将当前行及其下 n 行的内容保存到寄存器"?"中,其中"?"为一个字母,"n"为一个数字。

➢ p:粘贴文本操作,用于将缓存区的内容粘贴到当前光标所在位置的下方。

➢ P:粘贴文本操作,用于将缓存区的内容粘贴到当前光标所在位置的上方。

➢ /字符串:文本查找操作,用于从当前光标所在位置开始向文件尾部查找指定字符串的内容,查找的字符串会被高亮显示。

➢ ?name:文本查找操作,用于从当前光标所在位置开始向文件头部查找指定字符串的内容,查找的字符串会被高亮显示。

➢ a,bs/F/T:替换文本操作,用于在第 a 行到第 b 行之间,将 F 字符串替换成 T 字符串。其中,"s/"表示进行替换操作。

➢ a:在当前字符后添加文本。

➢ A:在行末添加文本。

➢ i:在当前字符前插入文本。

➢ I:在行首插入文本。

➢ o:在当前行后面插入一空行。

➢ O:在当前行前面插入一空行。

➢ wq:在命令模式下,执行存盘退出操作。

➢ w:在命令模式下,执行存盘操作。

➢ w!:在命令模式下,执行强制存盘操作。

➢ q:在命令模式下,执行退出 Vi 操作。

➢ q!:在命令模式下,执行强制退出 Vi 操作。

➢ e 文件名:在命令模式下,打开并编辑指定名称的文件。

➢ n:在命令模式下,如果同时打开多个文件,则继续编辑下一个文件。

➢ f:在命令模式下,用于显示当前的文件名,光标所在行的行号以及显示比例。

➢ set number:在命令模式下,用于在最左端显示行号。

➢ set nonumber:在命令模式下,用于在最左端不显示行号。

语法:vi［选项］［参数］选项 ＋＜行号＞

从指定行号的行开始先是文本内容。

选项:

➢ -b:以二进制模式打开文件,用于编辑二进制文件和可执行文件。

➢ -c＜指令＞:在完成对第一个文件的编辑任务后,执行给出的指令。

➢ -d:以 diff 模式打开文件,当多个文件编辑时,显示文件差异部分。

➢ -l:使用 lisp 模式,打开"lisp"和"showmatch"。

➢ -m:取消写文件功能,重设"write"选项。

➢ -M:关闭修改功能。

➢ -n:不使用缓存功能。

➢ -o＜文件数目＞:指定同时打开指定数目的文件。

➢ -R:以只读方式打开文件。

➢ -s:安静模式,不显示指令的任何错误信息。

参数:

➢ 文件列表:指定要编辑的文件列表。多个文件之间用空格分隔开。

8. PAM 解读

PAM 是由 Sun 公司提出的一种认证机制。它通过提供一些动态链接库和一套统一的 API(Application Programming Interface),将系统提供的服务和该服务的认证方式分开,使得系统管理员可以灵活地根据需要给不同的服务配置不同的认证方式而无须更改服务程序,同时也便于向系统中添加新的认证手段。PAM 最初集成在 Solaris 中,目前已移植到其他系统中，如 Linux、SunOS、HP-UX 9.0 等。

PAM 的整个框架结构是由系统管理员通过 PAM 配置文件来制定认证策略的，即指定什么服务该采用什么样的认证方法。应用程序开发者通过在服务程序中使用 PAM API 来实现对认证方法的调用。而 PAM 服务模块的开发者则利用 PAM SPI(Service Module API)来编写认证模块(主要是引出一些函数 pam_sm_xxxx()供 libpam 调用)，将不同的认证机制(比如传统的 UNIX 认证方法、Kerberos 等)加入系统中。PAM 核心库(libpam)则读取配置文件，以此为依据将服务程序和相应的认证方法联系起来。

9. PAM 支持的四种管理界面

(1) 认证管理(Authentication Management)。

认证管理主要是接收用户名和密码，进而对该用户的密码进行认证，并负责设置用户的一些秘密信息。

(2) 账户管理(Account Management)。

账户管理主要是检查账户是否被允许登录系统、账号是否已经过期、账号的登录是否有时间段的限制等。

(3) 密码管理(Password Management)。

密码管理主要用来修改用户的密码。

(4) 会话管理(Session Management)。

会话管理主要提供对会话的管理和记账。

➤ pam_permit.so:永远允许模块。

➤ pam_deny.so:永远拒绝模块。

➤ pam_rootok.so:root 用户将通过认证。

➤ pam_securetty.so:将用/etc/securetty 文件来检测 root 用户的登录来源，不在 securetty 文件中的来源一律禁止。

➤ pam_tally.so:主要用来记录、重置和阻止失败的登录(次数)。

➤ pam_wheel.so:如果有这个模块，那么只有在 wheel 组里的用户可以得到 root 权限。

➤ pam_xauth.so:如果有这个模块，那么在 su、sudo 的时候，xauth 的 cookies 将同时传给那个用户。

10. 解读/etc/login.defs

/etc/login.defs 文件定义了与/etc/password 和/etc/shadow 配套的用户限制设定。这个文件的缺失并不会影响系统的使用，但是也可能会产生意想不到的错误。

如果/etc/shadow 文件中有相同的选项，则以/etc/shadow 里的设置为准，也就是说，/etc/shadow 的配置优先级高于/etc/login.defs。/etc/shadow 文件中主要包括如下内容：

➤ PASS_MAX_DAYS 99999   //密码最大有效期

➤ PASS_MIN_DAYS 0   //两次修改密码的最小间隔时间

➤ PASS_MIN_LEN 5   //密码最小长度,对于 root 无效

➤ PASS_WARN_AGE 7   //密码过期前多少天开始提示

➤ UID_MIN 1000   //用户 ID 的最小值

➢ UID_MAX　60000　　　　　　//用户 ID 的最大值

注:创建用户时不指定 UID 的话,自动获得 UID 的范围

➢ GID_MIN　1000　　　　　　//组 ID 的最小值

➢ GID_MAX　60000　　　　　　//组 ID 的最大值

➢ USERDEL_CMD　/usr/sbin/userdel_local　　//当删除用户时执行的脚本

➢ CREATE_HOME　yes　　　//使用 useradd 时是否创建用户目录

➢ UMASK　077　　　　　　/* 如果是文件,则权限掩码被初始化为 600;如果是目录,则权限掩码被初始化为 700 */

➢ USERGROUPS_ENAB yes　　　　　　//创建用户时是否同时创建相同用户名的组

➢ Use SHA512 to encrypt password.　　//密码加密方式为 SHA512

注:login.defs 主要控制密码的有效期,对密码进行时间管理。密码复杂度的判断是通过 PAM 模块控制来实现的。/etc/login.defs 文件是创建用户时的一些规划,比如创建用户时,是否需要家目录、UID 和 GID 的范围、用户的期限等,这个文件是可以通过 root 来定义的。以上只对之后新增的用户有效,如果要修改已存在的用户密码规则,需要使用 chage 命令。

11. chage 命令

语法:chage [选项] [参数]

选项:

➢ -d:上一次修改密码的时间距离 1970 年 1 月 1 日的天数。如果后面跟的天数为 0,则表示用户在下次登录时必须修改自己的密码,如图 1-2-1 所示。

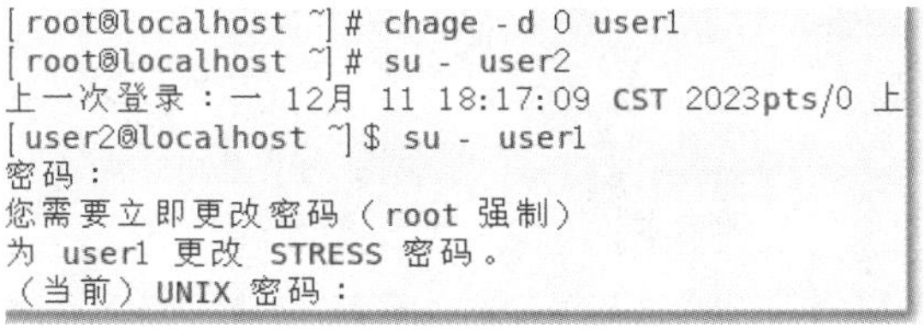

```
[root@localhost ~]# chage -d 0 user1
[root@localhost ~]# su - user2
上一次登录:一 12月 11 18:17:09 CST 2023pts/0 上
[user2@localhost ~]$ su - user1
密码:
您需要立即更改密码(root 强制)
为 user1 更改 STRESS 密码。
(当前)UNIX 密码:
```

图 1-2-1　-d 选项示例

➢ -l:查看用户的密码过期信息,如图 1-2-2 所示。

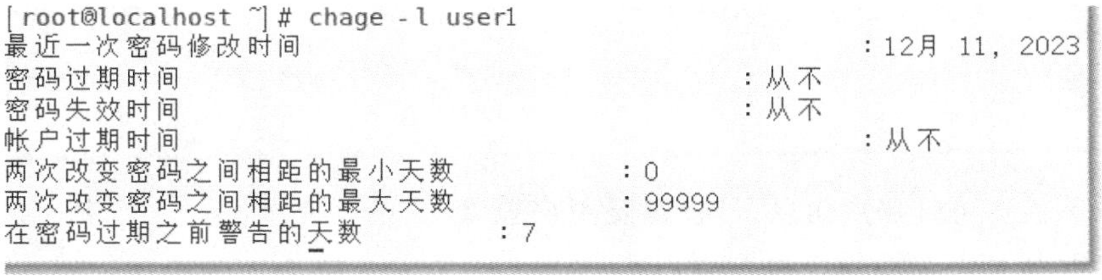

```
[root@localhost ~]# chage -l user1
最近一次密码修改时间                                    :12月 11, 2023
密码过期时间                              :从不
密码失效时间                              :从不
帐户过期时间                                    :从不
两次改变密码之间相距的最小天数          : 0
两次改变密码之间相距的最大天数          : 99999
在密码过期之前警告的天数          : 7
```

图 1-2-2　-l 选项示例

➢ -E:修改账户失效日期。格式为 YYYY-MM-DD,后面也可跟天数,如果为天数,则表示距离 1970 年 1 月 1 日的天数。如果为-1,则表示移除账户失效日期。该指令等同于 usermod-e。我们设置账户失效日期为 2024 年 11 月 1 日,如图 1-2-3 所示。

```
[root@localhost ~]# chage -E 2024-01-11 user1
[root@localhost ~]# chage -l user1
最近一次密码修改时间                                    :12月 11, 2023
密码过期时间                                 :从不
密码失效时间                                 :从不
帐户过期时间                                          :1月 11, 2024
两次改变密码之间相距的最小天数          :0
两次改变密码之间相距的最大天数          :99999
在密码过期之前警告的天数           :7
```

图 1-2-3   -E 选项示例

➤ -M:密码使用的最大天数。如果为-l,将关闭该特性。本次我们将日期设置为 60 天,如图 1-2-4 所示。

```
[root@localhost ~]# chage -M 60 user1
[root@localhost ~]# chage -l user1
最近一次密码修改时间                                    :12月 11, 2023
密码过期时间                                 :2月 09, 2024
密码失效时间                                 :从不
帐户过期时间                                          :1月 11, 2024
两次改变密码之间相距的最小天数          :0
两次改变密码之间相距的最大天数          :60
在密码过期之前警告的天数           :7
```

图 1-2-4   -M 选项示例

➤ -m:密码使用的最小天数。

➤ -l:密码失效时间。如果为-l,将关闭该特性。

➤ -W:密码过期前多少天警告,如图 1-2-5 所示。

```
[root@localhost ~]# chage -I 10 -m 60 -W 7 user1
[root@localhost ~]# chage -l user1
最近一次密码修改时间                                    :12月 11, 2023
密码过期时间                                 :2月 09, 2024
密码失效时间                                 :2月 19, 2024
帐户过期时间                                          :1月 11, 2024
两次改变密码之间相距的最小天数          :60
两次改变密码之间相距的最大天数          :60
在密码过期之前警告的天数           :7
```

图 1-2-5   -W 选项示例

注:不要用该命令给 root 用户加上有效期,如果密码过期,且/etc/shadow 文件加锁禁止修改,会导致 root 提示修改密码,无法成功修改密码,从而无法登录。

任务实施

【实例一】检查可疑账户信息,禁止可疑用户登录

方法一:直接使用命令锁定可疑用户账户。

步骤 1:检查用户文件,如图 1-2-6 所示。

cat /etc/passwd   //显示 passwd 文件内容,查看可疑用户账户

```
[ root@localhost /]# cat /etc/passwd
root: x:0:0: root: /root: /bin/bash
bin: x:1:1:bin: /bin: /sbin/nologin
daemon: x:2:2: daemon: /sbin: /sbin/nologin
adm: x:3:4: adm: /var/adm: /sbin/nologin
lp: x:4:7: lp: /var/spool/lpd: /sbin/nologin
sync: x:5:0: sync: /sbin: /bin/sync
shutdown: x:6:0: shutdown: /sbin: /sbin/shutdown
halt: x:7:0: halt: /sbin: /sbin/halt
mail: x:8:12: mail: /var/spool/mail: /sbin/nologin
operator: x:11:0: operator: /root: /sbin/nologin
games: x:12:100: games: /usr/games: /sbin/nologin
ftp: x:14:50: FTP User: /var/ftp: /sbin/nologin
nobody: x:99:99: Nobody: /: /sbin/nologin
systemd-bus-proxy: x:999:998: systemd Bus Proxy: /: /sbin/nologin
systemd-network: x:192:192: systemd Network Management: /: /sbin/nologin
dbus: x:81:81: System message bus: /: /sbin/nologin
polkitd: x:998:997: User for polkitd: /: /sbin/nologin
abrt: x:173:173: /etc/abrt: /sbin/nologin
unbound: x:997:996: Unbound DNS resolver: /etc/unbound: /sbin/nologin
tss: x:59:59: Account used by the trousers package to sandbox the tcsd daemon: /dev
/null: /sbin/nologin
libstoragemgmt: x:996:995: daemon account for libstoragemgmt: /var/run/lsm: /sbin/no
login
```

图 1-2-6　检查用户文件

步骤 2：锁定可疑用户账户，如图 1-2-7 所示。

passwd rpc -l　　　//锁定可疑用户账户 rpc

```
[ root@localhost /]# passwd rpc -l
锁定用户 rpc 的密码 。
passwd: 操作成功
```

图 1-2-7　锁定可疑用户账户

步骤 3：检查密码文件，如果发现可疑用户账户信息，可直接在文件中删除，如图 1-2-8 所示。

cat /etc/shadow　　　//显示 shadow 文件内容，查看可疑用户账户密码信息

```
[ root@localhost /]# cat /etc/shadow
root: $6$wdoqOpu6YGosif2v$d7L5FdObFjQG9tJWFw.J76TqZSONZNII.CagiYENme6TFpoHihBlK2S
LJ50IJAC5sLIUd3JTt6.qre14CCmWL1::0:99999:7:::
bin: *:17110:0:99999:7:::
daemon: *:17110:0:99999:7:::
adm: *:17110:0:99999:7:::
lp: *:17110:0:99999:7:::
sync: *:17110:0:99999:7:::
shutdown: *:17110:0:99999:7:::
halt: *:17110:0:99999:7:::
mail: *:17110:0:99999:7:::
operator: *:17110:0:99999:7:::
games: *:17110:0:99999:7:::
ftp: *:17110:0:99999:7:::
nobody: *:17110:0:99999:7:::
systemd-bus-proxy: !!:17216::::::
systemd-network: !!:17216::::::
dbus: !!:17216::::::
polkitd: !!:17216::::::
abrt: !!:17216::::::
unbound: !!:17216::::::
tss: !!:17216::::::
```

图 1-2-8　检查密码文件

步骤 4：可以使用更改用户属性命令 usermod 来锁定、解锁账户密码，如图 1-2-9 所示。

usermod -L rpc　　　//锁定用户密码

usermod -U rpc　　　//解锁用户密码

```
[root@localhost ~] # usermod -L rpc
[root@localhost ~] # grep rpc /etc/passwd
rpc: x: 32: 32: Rpcbind Daemon: /var/lib/rpcbind: /sbin/nologin
[root@localhost ~] # grep rpc /etc/shadow
rpc: !!: 17216: 0: 99999: 7: : :
[root@localhost ~] # su rpc
This account is currently not available.
[root@localhost ~] #
[root@localhost ~] #
```

图 1-2-9　使用更改用户属性命令 usermod 来锁定、解锁账户密码

方法二:修改/etc/passwd 文件中用户登录的 shell,更改为 nologin,如图 1-2-10 所示。

vim /etc/passwd　　　　//编辑 passwd 文件,修改可疑用户的登录 shell

```
root: x: 0: 0: root: /root: /bin/bash
bin: x: 1: 1: bin: /bin: /sbin/nologin
daemon: x: 2: 2: daemon: /sbin: /sbin/nologin
adm: x: 3: 4: adm: /var/adm: /sbin/nologin
lp: x: 4: 7: lp: /var/spool/lpd: /sbin/nologin
sync: x: 5: 0: sync: /sbin: /bin/sync
shutdown: x: 6: 0: shutdown: /sbin: /sbin/shutdown
halt: x: 7: 0: halt: /sbin: /sbin/halt
mail: x: 8: 12: mail: /var/spool/mail: /sbin/nologin
operator: x: 11: 0: operator: /root: /sbin/nologin
games: x: 12: 100: games: /usr/games: /sbin/nologin
ftp: x: 14: 50: FTP User: /var/ftp: /sbin/nologin
nobody: x: 99: 99: Nobody: /: /sbin/nologin
systemd- bus- proxy: x: 999: 998: systemd Bus Proxy: /: /sbin/nologin
systemd- network: x: 192: 192: systemd Network Management: /: /sbin/nologin
dbus: x: 81: 81: System message bus: /: /sbin/nologin
polkitd: x: 998: 997: User for polkitd: /: /sbin/nologin
abrt: x: 173: 173: : /etc/abrt: /sbin/nologin
unbound: x: 997: 996: Unbound DNS resolver: /etc/unbound: /sbin/nologin
tss: x: 59: 59: Account used by the trousers package to sandbox the tcsd daemon: /dev
/null: /sbin/nologin
libstoragemgmt: x: 996: 995: daemon account for libstoragemgmt: /var/run/lsm: /sbin/no
login
"/etc/passwd" 47L, 2423C
```

图 1-2-10　修改/etc/passwd 文件中用户登录的 shell

【实例二】设置密码最小长度(图 1-2-11)

authconfig --passminlen=8 --update　　　　　　//设置密码长度最小为 8 位

grep "^minlen" /etc/security/pwquality. conf　　　　//检查配置结果

```
[root@localhost ~] # authconfig --passminlen=8 --update
[root@localhost ~] #
[root@localhost ~] # grep "^minlen" /etc/security/pwquality.conf
minlen = 8
[root@localhost ~] #
```

图 1-2-11　设置密码最小长度

【实例三】设置密码中允许连续相同的字符个数(图 1-2-12)

authconfig --passmaxrepeat=2 --update　　　　//设置密码中只允许 2 个连续的字符相同

grep "^maxrepeat" /etc/security/pwquality. conf　　　　//查看配置结果

```
[root@localhost ~] # authconfig --passmaxrepeat=2 --update
[root@localhost ~] #
[root@localhost ~] # grep "^maxrepeat" /etc/security/pwquality.conf
maxrepeat = 2
[root@localhost ~] #
```

图 1-2-12　设置密码中允许连续相同的字符个数

【实例四】设置密码中同一类的允许连续字符的最大数目（图 1-2-13）

authconfig --passmaxclassrepeat＝4 --update　　　/＊设置密码中只允许同一类 4 个字符

连续 ＊/

grep "^maxclassrepeat" /etc/security/pwquality.conf　　　//查看配置结果

```
[ root@localhost ~] # authconfig --passmaxclassrepeat=4 --update
[ root@localhost ~] #
[ root@localhost ~] # grep "^maxclassrepeat" /etc/security/pwquality.conf
maxclassrepeat = 4
[ root@localhost ~] #
[ root@localhost ~] #
```

图 1-2-13　设置密码中同一类的允许连续字符的最大数目

【实例五】设置密码中至少需要一个小写字符（图 1-2-14）

authconfig --enablereqlower --update　　　　　　//设置密码中至少需要一个小写字符

grep "^lcredit" /etc/security/pwquality.conf　　　　//查看配置结果

```
[ root@localhost ~] # authconfig --enablereqlower --update
[ root@localhost ~] #
[ root@localhost ~] # grep "^lcredit" /etc/security/pwquality.conf
lcredit     = -1
[ root@localhost ~] #
[ root@localhost ~] #
```

图 1-2-14　设置密码中至少需要一个小写字符

【实例六】设置密码中至少需要一个大写字符（图 1-2-15）

authconfig --enablerequpper --update　　　　　　//设置密码中至少需要一个大写字符

grep "^ucredit" /etc/security/pwquality.conf　　　　//查看配置结果

```
[ root@localhost ~] # authconfig --enablerequpper --update
[ root@localhost ~] #
[ root@localhost ~] # grep "^ucredit" /etc/security/pwquality.conf
ucredit     = -1
[ root@localhost ~] #
[ root@localhost ~] #
```

图 1-2-15　设置密码中至少需要一个大写字符

【实例七】设置密码中至少需要一个数字（图 1-2-16）

authconfig --enablereqdigit --update　　　　　　//设置密码中至少需要一个数字

grep "^dcredit" /etc/security/pwquality.conf　　　　//查看配置结果

```
[ root@localhost ~] #
[ root@localhost ~] # authconfig --enablereqdigit --update
[ root@localhost ~] #
[ root@localhost ~] # grep "^dcredit" /etc/security/pwquality.conf
dcredit     = -1
[ root@localhost ~] #
```

图 1-2-16　设置密码中至少需要一个数字

【实例八】设置密码中至少包括一个特殊字符（图 1-2-17）

authconfig --enablereqother --update　　　　　　//设置密码中至少包括一个特殊字符

grep "^ocredit" /etc/security/pwquality.conf　　　　//查看配置结果

```
[root@localhost ~]#
[root@localhost ~]# authconfig -- enablereqother -- update
[root@localhost ~]#
[root@localhost ~]# grep "^ocredit" /etc/security/pwquality.conf
ocredit          = -1
[root@localhost ~]#
```

图 1-2-17　设置密码中至少包括一个特殊字符

【实例九】设置密码中单调字符序列的最大长度

设置密码中单调字符序列的最大长度(ex⇒'12345','fedcb')。

vi /etc/security/pwquality.conf　　　//编辑 pwquality.conf 文件,如图 1-2-18 所示

```
[root@localhost ~]#
[root@localhost ~]# vi /etc/security/pwquality.conf
[root@localhost ~]#
```

图 1-2-18　编辑 pwquality.conf 文件

在文件末尾新增以下内容,如图 1-2-19 所示。

maxsequence=3

```
# dictpath =
minlen = 8
minclass = 1
maxrepeat = 2
maxclassrepeat = 4
lcredit          = -1
ucredit          = -1
dcredit          = -1
ocredit          = -1
maxsequence     = 3
```

图 1-2-19　在文件末尾新增"maxsequence=3"

【实例十】设置新密码中不能出现的旧密码的字符数

vi /etc/security/pwquality.conf　　　//编辑 pwquality.conf 文件

在文件末尾新增以下内容,如图 1-2-20 所示。

difok=5

```
# Defaults:
#
# Number of characters in the new password that must not be present in the
# old password.
  difok = 5
#
```

图 1-2-20　在文件末尾新增"difok=5"

【实例十一】检查来自用户 passwd 条目的 GECOS 字段的长度超过 3 个字符的字是否包含在新密码中

vi /etc/security/pwquality.conf　　　//编辑/pwquality.conf 文件

在文件末尾新增以下内容,如图 1-2-21 所示。

gecoscheck=1

```
# Path to the cracklib dictionaries. Default is to use the cracklib default.
# dictpath =
minlen = 8
minclass = 1
maxrepeat = 2
maxclassrepeat = 4
lcredit       = -1
ucredit       = -1
dcredit       = -1
ocredit       = -1
maxsequence   = 3
gecoscheck    = 1
```

图 1-2-21　在文件末尾新增"gecoscheck＝1"

【实例十二】设置不能包含在密码中的 Ssace 分隔的单词列表

vi /etc/security/pwquality. conf　　　//编辑 pwquality. conf 文件

在文件末尾新增以下内容,如图 1-2-22 所示。

badwords＝denywords1 denywords2 denywords3

```
# Path to the cracklib dictionaries. Default is to use the cracklib default.
# dictpath =
minlen = 8
minclass = 1
maxrepeat = 2
maxclassrepeat = 4
lcredit       = -1
ucredit       = -1
dcredit       = -1
ocredit       = -1
maxsequence   = 3
gecoscheck    = 1
badwords = denywords1  denywords2  denywords3
```

图 1-2-22　在文件末尾新增"badwords＝denywords1 denywords2 denywords3"

【实例十三】为新密码设置 hash/crypt 算法(默认为 sha512,图 1-2-23)

authconfig --test | grep hashing　　　　　　//查看当前密码 hash/crypt 算法

authconfig --passalgo＝md5 --update　　　　//将 hash/crypt 算法修改为 md5

authconfig --test | grep hashing　　　　　　//再次查看验证

```
[root@localhost /]# authconfig --test |grep hashing
 password hashing algorithm is sha512
[root@localhost /]# authconfig --passalgo=md5 --update
[root@localhost /]# authconfig --test |grep hashing
 password hashing algorithm is md5
[root@localhost /]#
```

图 1-2-23　为新密码设置 hash/crypt 算法

【实例十四】设置密码有效期策略(图 1-2-24)

(1)设置密码使用的最长天数。

vi /etc/login. defs　　　　　　//编辑 login. defs

编辑内容如下:

PASS_MAX_DAYS 60　　　　//根据需要修改 PASS_MAX_DAYS 的值

(2)设置密码最短更换间隔天数。

vi /etc/login. defs　　　　　　//编辑 login. defs

编辑内容如下:

PASS_MIN_DAYS 2　　　　　//根据需要修改 PASS_MIN_DAYS 的值

（3）设置密码过期前多少天提醒用户。

vi /etc/login. defs   //编辑 login. defs

编辑内容如下：

PASS_WARN_AGE 7   //根据需要修改 PASS_AGE 的值

```
# Password aging controls:
#
#       PASS_MAX_DAYS   Maximum number of days a password may be used.
#       PASS_MIN_DAYS   Minimum number of days allowed between password changes.
#       PASS_MIN_LEN    Minimum acceptable password length.
#       PASS_WARN_AGE   Number of days warning given before a password expires.
#
PASS_MAX_DAYS    60
PASS_MIN_DAYS    2
PASS_MIN_LEN     8
PASS_WARN_AGE    7
```

图 1-2-24　设置密码有效期策略

注：上面的配置只对系统中的新建用户有效。如果要指定某个已存在的用户，可以使用如下命令：

sudo chage -M <days> <username>

sudo chage -m <days> <username>

sudo chage -W <days> <username>

（4）显示用户密码信息，如图 1-2-25 所示。

chage -l root   //查看用户 root 的密码信息

注：前面已经介绍过，修改 login. defs 文件只对新建用户有效。

```
[root@localhost /]# chage -l root
最近一次密码修改时间                                              :从不
密码过期时间                                          :从不
密码失效时间                                          :从不
帐户过期时间                                              :从不
两次改变密码之间相距的最小天数              :0
两次改变密码之间相距的最大天数              :99999
在密码过期之前警告的天数              :7
[root@localhost /]#
```

图 1-2-25　显示用户密码信息

（5）对于已经存在的用户，需要使用 chage 命令进行设置。

sudo chage -E 11/01/2014 -m 0 -M 90 -I 10 -W 7 user2   /* 设置用户 user2 的密码最长使用时间为 90 天、最短更换密码间隔天数为 0 天、密码失效前 7 天提醒 */

sudo chage -l user2   //查看用户 user2 的密码信息，如图 1-2-26 所示

```
[root@localhost ~]# sudo chage -E 11/01/2024 -m 0 -M 90 -I 10 -W 7 user2
[root@localhost ~]# sudo chage -l user2
最近一次密码修改时间                                          :12月 11, 2023
密码过期时间                                          :3月 10, 2024
密码失效时间                                          :3月 20, 2024
帐户过期时间                                          :11月 01, 2024
两次改变密码之间相距的最小天数              :0
两次改变密码之间相距的最大天数              :90
在密码过期之前警告的天数              :7
```

图 1-2-26　查看用户 user2 的密码信息

【实例十五】防止用户再次使用以前使用过的密码(图1-2-27)

vi /etc/pam. d/system-auth　　　//编辑 system-auth 文件

修改如下内容:

password sufficient pam_unix. so md5 shadow nullok try_first_pass use_authtok remem-

ber＝10　　　/* 添加 remember＝10,设置十次更改密码不能有重复,并且每次修改密码都会

将历史密码记录在/etc/security/opasswd 文件中 */

```
#%PAM-1.0
# This file is auto-generated.
# User changes will be destroyed the next time authconfig is run.
auth        required        pam_env.so
auth        sufficient      pam_fprintd.so
auth        sufficient      pam_unix.so nullok try_first_pass
auth        requisite       pam_succeed_if.so uid >= 1000 quiet_success
auth        required        pam_deny.so

account     required        pam_unix.so
account     sufficient      pam_localuser.so
account     sufficient      pam_succeed_if.so uid < 1000 quiet
account     required        pam_permit.so

password    requisite       pam_pwquality.so try_first_pass local_users_only retry
=3 authtok_type=
password    sufficient      pam_unix.so md5 shadow nullok try_first_pass use_autht
ok remember=10
password    required        pam_deny.so

session     optional        pam_keyinit.so revoke
session     required        pam_limits.so
- session    optional        pam_systemd.so
@
```

图 1-2-27　防止用户再次使用以前使用过的密码

【实例十六】设置用户登录输入错误密码后锁定策略(图1-2-28)

vim/etc/pam. d/system-auth　　　//编辑 system-auth 文件

修改如下内容:

auth required pam_tally. so onerr＝fail deny＝5 unlock_time＝30　　　/* 在文件中添加

此设置,设置用户输错密码 5 次,锁定 30 秒后自动解除登录限制 */

```
#%PAM-1.0
# This file is auto-generated.
# User changes will be destroyed the next time authconfig is run.
auth        required        pam_env.so
auth        sufficient      pam_fprintd.so
auth        sufficient      pam_unix.so nullok try_first_pass
auth        requisite       pam_succeed_if.so uid >= 1000 quiet_success
auth        required        pam_deny.so
auth        required        pam_tally.so onerr=fail deny=5 unlock_time=30
account     required        pam_unix.so
account     sufficient      pam_localuser.so
account     sufficient      pam_succeed_if.so uid < 1000 quiet
account     required        pam_permit.so

password    requisite       pam_pwquality.so try_first_pass local_users_only retry
=3 authtok_type=
password    sufficient      pam_unix.so md5 shadow nullok try_first_pass use_autht
ok
password    required        pam_deny.so

session     optional        pam_keyinit.so revoke
session     required        pam_limits.so
- session    optional        pam_systemd.so
@
```

图 1-2-28　设置用户登录输入错误密码后锁定策略

【实例十七】在 root 用户登录输入错误密码后锁定策略（图 **1-2-29**）

vim/etc/pam.d/system-auth　　//编辑 system-auth 文件

修改如下内容：

auth required pam_tally2.so deny＝10 unlock_time＝600 even_deny_root root_unlock_time＝600　　/* 在文件中添加此设置，设置 root 用户输错密码 10 次，锁定 600 秒后自动解除登录限制 */

```
#%PAM-1.0
# This file is auto-generated.
# User changes will be destroyed the next time authconfig is run.
auth        required      pam_env.so
auth        sufficient    pam_fprintd.so
auth        sufficient    pam_unix.so nullok try_first_pass
auth        requisite     pam_succeed_if.so uid >= 1000 quiet_success
auth        required      pam_deny.so
auth        required      pam_tally2.so deny=10 unlock_time=600 even_deny_root r
oot_unlock_time=600
account     required      pam_unix.so
account     sufficient    pam_localuser.so
account     sufficient    pam_succeed_if.so uid < 1000 quiet
account     required      pam_permit.so

password    requisite     pam_pwquality.so try_first_pass local_users_only retry
=3 authtok_type=
password    sufficient    pam_unix.so md5 shadow nullok try_first_pass use_autht
ok
password    required      pam_deny.so

session     optional      pam_keyinit.so revoke
session     required      pam_limits.so
-session    optional      pam_systemd.so
```

图 1-2-29　在 root 用户登录输入错误密码后锁定策略

【实例十八】限制普通用户使用"su-"命令切换为超级用户（图 **1-2-30**）

vim /etc/pam.d/su　　//编辑 su 文件

修改如下内容：

auth sufficient pam_rootok.so debug　　/* 在文件中添加此设置，限制普通用户使用"su"命令切换为超级用户 */

```
#%PAM-1.0
auth            sufficient      pam_rootok.so debug
# Uncomment the following line to implicitly trust users in the "wheel
#auth           sufficient      pam_wheel.so trust use_uid
# Uncomment the following line to require a user to be in the "wheel"
#auth           required        pam_wheel.so use_uid
```

图 1-2-30　限制普通用户使用"su"命令切换为超级用户

【实例十九】允许某些用户使用"su-"命令切换为超级用户（图 **1-2-31**）

vim /etc/pam.d/su　　//编辑 su 文件

修改如下内容：

auth required /lib/security/pam_wheel.so group＝wheel　　/* 在文件中添加此设置，只允许 wheel 组的用户使用"su-"命令切换为超级用户 */

注："wheel"是系统中用于这个目的的特殊账号，不能用别的组名。通常情况下，一般用户通过执行"su-"命令，输入正确的 root 密码，可以登录 root 用户来对系统进行管理员级别的配置。但是，为了更进一步加强系统的安全性，有必要建立一个管理员组，只允许这个组的用户通过执行"su-"命令切换为 root 用户，而其他组的用户即使执行"su-"命令，输入了正确的 root

密码,也无法登录为 root 用户。在 UNIX 和 Linux 下,这个组的名称通常为"wheel"。

```
#%PAM-1.0
# This file is auto-generated.
# User changes will be destroyed the next time authconfig is run.
auth        required        pam_env.so
auth        sufficient      pam_fprintd.so
auth        sufficient      pam_unix.so nullok try_first_pass
auth        requisite       pam_succeed_if.so uid >= 1000 quiet_success
auth        required        pam_deny.so
auth        required        /lib/security/pam_wheel.so group=wheel
account     required        pam_unix.so
account     sufficient      pam_localuser.so
account     sufficient      pam_succeed_if.so uid < 1000 quiet
account     required        pam_permit.so

password    requisite       pam_pwquality.so try_first_pass local_users_only retry
=3 authtok_type=
password    sufficient      pam_unix.so md5 shadow nullok try_first_pass use_autht
ok
password    required        pam_deny.so

session     optional        pam_keyinit.so revoke
session     required        pam_limits.so
-session    optional        pam_systemd.so
```

图 1-2-31　允许某些用户使用"su"命令切换为超级用户

【实例二十】允许用户 test 使用"su-"命令切换为超级用户

usermod -G10 test　　　　//将 test 用户加入 wheel 组

注:"G"表示用户所在的其他组,"10"是 wheel 组的 ID 值,"test"是要加入 wheel 组的用户。

任务三 文件安全权限设置

任务描述

无论信息技术如何发展,企业网络安全防护需要防护的主体依然是数据和信息,而承载这些信息和数据的载体文件自然成了防护的关键,因此,企业信息安全控制的核心就是文档的安全控制。对于文档的安全控制,权限控制是最主要的实现手段。而随着防护技术和权限控制技术的不断发展,可以对文档权限实现更精细化的管理。例如,文件对特定用户只能阅读,不能编辑、另存、删除,对没有阅读权限的人显示的就是乱码。作为系统管理员,只有熟练掌握系统文档安全权限管理的相关操作,才能更好地保障企业的信息安全。

学习指导

1. 详细了解文件权限的安全设置。
2. 熟悉相关命令的功能。
3. 详细解读 chmod 命令的使用。
4. 详细解读 Linux 权限的设置方法。

知识链接

1. Linux 文件的权限

使用 ls -l 命令查看某个文件或目录的详细信息时,可以看到如下内容:
-rw-r--r-- 0 root root 4096 11-08 08:50 passwd
上面的信息被空格分隔成 7 列,每一列所表示的内容如下:
➤ 第 1 列:文件类型和权限。
➤ 第 2 列:i 节点,即硬链接数。
➤ 第 3 列:文件的属主,即文件的所有者。当我们将一个文件复制给另一个用户时,要记得改变文件的属主,否则可能会产生文件权限不对的错误。
➤ 第 4 列:文件的属组,即文件所属的组,即在此组里的用户对文件拥有不同的权限。
➤ 第 5 列:文件的大小,大小以字节显示。

➤ 第 6 列：最近一次文件内容的修改时间，即 mtime。

➤ 第 7 列：文件或者目录名。

【例】/etc/passwd 文件使用 ls -l 命令后，查询结果的第一列如下：

-rw-r--r--

可以看到，这部分被细分为 10 列，实际上可将其分为两部分，第 1 列为第一部分，代表了文件的类型，文件的类型主要有以下几种：

➤ -：表示普通文件。

➤ d：表示目录文件。

➤ l：表示链接文件。

➤ b：表示块设备文件，如硬盘的存储设备等。

➤ c：表示字符设备文件，如键盘等。

➤ s：表示套接字文件，主要跟网络程序有关。

➤ p：表示管道文件。

这样根据文件类型就可以判断其到底是文件还是目录，或者是其他类型的文件。

第 2 列至第 10 列为第二部分，这部分一共 9 列，每 3 列为一组，共分为 3 组，由左至右分别代表了属主的权限、属组的权限、其他人的权限。其中"r"表示文件可以被读（read）、"w"表示文件可以被写（write）、"x"表示文件可以被执行（如果它通过程序获得）、"-"表示相应的权限还没有被授予。

如对于刚才我们查询的结果来说，/etc/passwd 文件属主为 root，属于 root 组，各部分权限分别如下：

➤ 属主的权限为：rw-。

➤ 属组的权限为：r--。

➤ 其他人的权限为：r--。

每组正好由 3 列组成，依次代表了可读权限、可写权限、可执行权限。也就是说，如果属主对文件拥有可读权限，则在属主权限位上的第 1 列就用 r 表示，而"-"代表没有相关的权限。由此我们可以得到/etc/passwd 文件的权限：

➤ root（属主）用户对 passwd 文件拥有可读（r）、可写（w）权限。

➤ root（属组）组里的用户对 passwd 文件拥有可读权限。

➤ 既不是 root 用户也不属于 root 组的用户对文件拥有可读权限。

2. Linux 目录和文件的权限区别

（1）对于文件来说：

➤ 可读：指可以查看文件内容，如使用 Vim 编辑器或者 cat 命令能够查看文件内容。

➤ 可写：指可以修改文件内容并且保存修改后的结果，如使用 Vim 编辑器修改文件内容后再保存。

➤ 可执行：指能够运行此文件，在 Linux 中，一个文件能否执行不取决于其扩展名，而是看其是否被设定了可执行权限，当然前提是该文件一定是个二进制文件或者脚本文件。如普通文本文件即使被设定了可执行权限也无法正常执行。

（2）对于目录来说：

➤ 可读：指能使用 ls 命令显示目录下的内容。

➢ 可写:指能够在此目录下建立和删除文件。在 Linux 中,一个文件能否被删除,取决于其所在目录是否对命令执行者设定可写权限,而与文件本身权限无关,文件本身权限只是对文件本身内容或者是否能执行进行限制。

➢ 可执行:指能够在目录下运行命令,如果想让一个用户能够进入此目录,必须对此目录在相应的权限位上设定可执行权限。

3. chown 命令

chown 将指定文件的所有者改为指定的用户或组,用户可以是用户名或者用户 ID;组可以是组名或者组 ID;文件是以空格分开的要改变权限的文件列表,支持通配符。系统管理员经常使用 chown 命令,在将文件拷贝到另一个用户的目录下之后,让用户拥有使用该文件的权限。

格式:chown [选项]...[所有者][:[组]] 文件...

功能:通过 chown 改变文件的所有者和所属群组。在更改文件的所有者或所属群组时,可以使用用户名称和用户识别码设置。普通用户不能改变自己的文件的所有者,其操作权限一般为管理员。

必要参数:

➢ -c:显示更改部分的信息。

➢ -f:忽略错误信息。

➢ -h:修复符号链接。

➢ -R:处理指定目录及其子目录下的所有文件。

➢ -v:运行时显示详细的处理信息。

➢ -deference:作用于符号链接的指向,而不是链接文件本身。

选择参数:

➢ --reference=<目录或文件>:把指定的目录/文件作为参考,把操作的文件/目录设置成参考文件/目录相同所有者和群组。

➢ --from=<当前用户:当前群组>:只有当前用户和群组跟指定的用户和群组相同时才进行改变。

➢ --help:显示帮助信息。

➢ --version:显示版本信息。

4. chgrp 命令

在 Linux 系统中,文件或目录的权限由所有者及所属群组来管理。可以使用 chgrp 命令去变更文件与目录所属群组,这种方式采用群组名称或群组识别码都可以。chgrp 命令就是 change group 的缩写,被改变的组名必须要在/etc/group 文件内存中才行。

格式:chgrp [选项] [组] [文件]

功能:chgrp 命令可采用群组名称或群组识别码的方式改变文件或目录的所属群组。使用权限是超级用户。

必要参数:

➢ -c:当发生改变时输出调试信息。

➢ -f:不显示错误信息。

➢ -R：处理指定目录及其子目录下的所有文件。

➢ -v：运行时显示详细的处理信息。

➢ --dereference：作用于符号链接的指向，而不是符号链接本身。

➢ --no-dereference：作用于符号链接本身。

选择参数：

➢ --reference＝＜文件或目录＞：把指定文件或目录的所属群组全部设成和参考文件或目录的所属群组相同。

➢ --help：显示帮助信息。

➢ --version：显示版本信息。

5. chmod 命令

确定了一个文件的访问权限后，用户可以利用 Linux 系统提供的 chmod 命令来重新设定不同的访问权限。也可以利用 chown 命令来更改某个文件或目录的所有者，利用 chgrp 命令来更改某个文件或目录的用户组。

chmod 命令是非常重要的，用于改变文件或目录的访问权限。用户用它控制文件或目录的访问权限。

格式：chmod［-cfvR］［--help］［--version］mode file

功能：用于改变文件或目录的访问权限，用它控制文件或目录的访问权限。

必要参数：

➢ -c：当发生改变时，报告处理信息。

➢ -f：错误信息不输出。

➢ -v：运行时显示详细的处理信息。

➢ -R：处理指定目录及其子目录下的所有文件。

选择参数：

➢ --reference＝＜目录或文件＞：设置成具有指定目录或文件相同的权限。

➢ --version：显示版本信息。

➢ ＜权限范围＞＋＜权限设置＞：使权限范围内的目录或文件具有指定的权限。

➢ ＜权限范围＞－＜权限设置＞：删除权限范围内的目录或文件的指定权限。

➢ ＜权限范围＞＝＜权限设置＞：设置权限范围内的目录或文件的权限为指定的值。

权限范围：

➢ u：目录或文件的当前用户。

➢ g：目录或文件的当前群组。

➢ o：除了目录或文件的当前用户或群组之外的用户或群组。

➢ a：所有的用户及群组。

（1）一般权限：

➢ r（Read，读取）：对文件而言，具有读取文件内容的权限；对目录来说，具有浏览目录的权限。

➢ w（Write，写入）：对文件而言，具有新增、修改文件内容的权限；对目录来说，具有删除、移动目录内文件的权限。

➢ x（eXecute，执行）：对文件而言，具有执行文件的权限；对目录来说，具有进入目录的权限。

➢ -:表示不具有该项权限。

注:默认的权限可用 umask 命令修改,用法非常简单,只需执行 umask 777 命令,便代表屏蔽所有的权限,因而之后建立的文件或目录,其权限都变成 000,依此类推。通常 root 账号搭配 umask 命令的数值为 022、027 和 077,普通用户则采用 002,这样所产生的权限依次为 755、750、700、775。有关权限的数字表示法,后面将会详细说明。用户登录系统时,用户环境就会自动执行 umask 命令来决定文件与目录的默认权限。

(2)特殊权限:

由于特殊权限会拥有一些"特权",因而用户若无特殊需求,不应该启用这些权限,以免安全方面出现严重漏洞,造成黑客入侵,甚至摧毁系统。

➢ s 或 S(SUID、Set UID):可执行文件搭配这个权限,便能得到特权,任意存取该文件的所有者能使用的全部系统资源。请注意具备 SUID 权限的文件,黑客经常利用这种权限,以 SUID 配上 root 账号拥有者,无声无息地在系统中开扇后门,供日后进出使用。

➢ s 或 S(SGID、Set GID):针对文件设置,其效果与 SUID 相同,只不过将文件所有者换成用户组,该文件就可以任意存取整个用户组所能使用的系统资源。

➢ t 或 T(Sticky):/tmp 和/var/tmp 目录供所有用户暂时存取文件,亦即每位用户都拥有完整的权限进入该目录,去浏览、删除或移动文件。

因为 SUID、SGID、Sticky 占用 x 的位置来表示,所以在表示上会有大小写之分。假如同时开启执行权限和 SUID、SGID、Sticky,则权限表示字符是小写的:

-rwsr-sr-t 1 root root 4096 6-23 08:17 conf

如果关闭执行权限,则权限表示字符会变成大写的:

-rwSr-Sr-T 1 root root 4096 6-23 08:17 conf

6. chmod 命令用法

chmod 命令用法有两种,一种是包含字母和操作符表达式的文字设定法;另一种是包含数字的数字设定法。

(1)一般权限设定。

字符权限设定:chmod [who][+|-|=][mode] 文件名

数字权限设定:首先了解用数字表示的属性的含义,0 表示没有权限,1 表示可执行权限,2 表示可写权限,4 表示可读权限,然后将其相加。所以数字属性的格式应为 3 个从 0 到 7 的八进制数,其顺序是(u)(g)(o)。

例如,如果想让某个文件的属主有"读/写"两种权限,需要 4(可读)+2(可写)=6(读/写)。

数字设定法的一般格式为:chmod [nnn] 文件名

数字与字符的对应关系见表 1-3-1。

表 1-3-1　权限数字与字符的对应关系

权限项	读	写	执行	读	写	执行	读	写	执行
字符表示	(r)	(w)	(x)	(r)	(w)	(x)	(r)	(w)	(x)
数字表示	4	2	1	4	2	1	4	2	1
权限分配	文件所有者			文件所属组用户			其他用户		

（2）特殊权限设定。

字符权限设定:chmod ug±s 可执行文件…

　　　　　　　　chmod o±t 目录名…

数字权限设定:chmod mnnn 可执行文件…

注:m 为 4 时,对应 SUID;m 为 2 时,对应 SGID;m 为 1 时,对应粘滞位,可叠加。

任务实施

【实例一】使用 chown 命令更改属主和属组

（1）ll　　　//查看文件的详细信息

如图 1-3-1 所示。

```
[root@localhost test6]# ll
---xr--r-- 1 root users 302108 11-30 08:39 linklog.log
---xr--r-- 1 root users 302108 11-30 08:39 log2012.log
-rw-r--r-- 1 root users     61 11-30 08:39 log2013.log
-rw-r--r-- 1 root users      0 11-30 08:39 log2014.log
-rw-r--r-- 1 root users      0 11-30 08:39 log2015.log
-rw-r--r-- 1 root users      0 11-30 08:39 log2016.log
-rw-r--r-- 1 root users      0 11-30 08:39 log2017.log
```

图 1-3-1　查看文件的详细信息(1)

chown mail:mail log2012.log　　//修改文件 log2012.log 的属主为 mail、属组为 mail

ll　　　　　　　　　　　　　//查看文件的详细信息

如图 1-3-2 所示。

```
[root@localhost test6]# chown mail:mail log2012.log
[root@localhost test6]# ll
---xr--r-- 1 root users 302108 11-30 08:39 linklog.log
---xr--r-- 1 mail mail  302108 11-30 08:39 log2012.log
-rw-r--r-- 1 root users     61 11-30 08:39 log2013.log
-rw-r--r-- 1 root users      0 11-30 08:39 log2014.log
-rw-r--r-- 1 root users      0 11-30 08:39 log2015.log
-rw-r--r-- 1 root users      0 11-30 08:39 log2016.log
-rw-r--r-- 1 root users      0 11-30 08:39 log2017.log
[root@localhost test6]#
```

图 1-3-2　修改文件 log2012.log 的属主和属组

（2）ll　　　//查看文件的详细信息

如图 1-3-3 所示。

```
[root@localhost test6]# ll
总计 604
---xr--r-- 1 root users 302108 11-30 08:39 linklog.log
---xr--r-- 1 mail mail  302108 11-30 08:39 log2012.log
-rw-r--r-- 1 root users     61 11-30 08:39 log2013.log
-rw-r--r-- 1 root users      0 11-30 08:39 log2014.log
-rw-r--r-- 1 root users      0 11-30 08:39 log2015.log
-rw-r--r-- 1 root users      0 11-30 08:39 log2016.log
-rw-r--r-- 1 root users      0 11-30 08:39 log2017.log
```

图 1-3-3　查看文件的详细信息(2)

chown root:log2012.log　　　　//修改文件 log2012.log 的属主为 root
ll　　　　　　　　　　　　//查看文件的详细信息
如图 1-3-4 所示。

```
[root@localhost test6]# chown root: log2012.log
[root@localhost test6]# ll
总计 604
---xr--r-- 1 root users 302108 11-30 08:39 linklog.log
---xr--r-- 1 root root  302108 11-30 08:39 log2012.log
-rw-r--r-- 1 root users     61 11-30 08:39 log2013.log
-rw-r--r-- 1 root users      0 11-30 08:39 log2014.log
-rw-r--r-- 1 root users      0 11-30 08:39 log2015.log
-rw-r--r-- 1 root users      0 11-30 08:39 log2016.log
-rw-r--r-- 1 root users      0 11-30 08:39 log2017.log
```

图 1-3-4　修改文件 log2012.log 的属主

（3）ll　　//查看文件的详细信息
如图 1-3-5 所示。

```
[root@localhost test6]# ll
总计 604
---xr--r-- 1 root users 302108 11-30 08:39 linklog.log
---xr--r-- 1 root root  302108 11-30 08:39 log2012.log
-rw-r--r-- 1 root users     61 11-30 08:39 log2013.log
-rw-r--r-- 1 root users      0 11-30 08:39 log2014.log
-rw-r--r-- 1 root users      0 11-30 08:39 log2015.log
-rw-r--r-- 1 root users      0 11-30 08:39 log2016.log
-rw-r--r-- 1 root users      0 11-30 08:39 log2017.log
```

图 1-3-5　查看文件的详细信息(3)

chown:mail log2012.log　　　　//修改文件 log2012.log 的属组为 mail
ll　　　　　　　　　　　　//查看文件的详细信息
如图 1-3-6 所示。

```
[root@localhost test6]# chown :mail log2012.log
[root@localhost test6]# ll
总计 604
---xr--r-- 1 root users 302108 11-30 08:39 linklog.log
---xr--r-- 1 root mail  302108 11-30 08:39 log2012.log
-rw-r--r-- 1 root users     61 11-30 08:39 log2013.log
-rw-r--r-- 1 root users      0 11-30 08:39 log2014.log
-rw-r--r-- 1 root users      0 11-30 08:39 log2015.log
-rw-r--r-- 1 root users      0 11-30 08:39 log2016.log
-rw-r--r-- 1 root users      0 11-30 08:39 log2017.log
```

图 1-3-6　修改文件 log2012.log 的属组

（4）ll　　//查看文件所在目录的详细信息
如图 1-3-7 所示。

```
[root@localhost test]# ll
drwxr-xr-x 2 root users  4096 11-30 08:39 test6
```

图 1-3-7　查看文件所在目录的详细信息

chown -R -v root:mail test6　　　　/* 改变指定目录以及其子目录下的所有文件的属主为root、属组为 mail */

如图 1-3-8 所示。

```
[root@localhost test]# chown -R -v root:mail test6
"test6/log2014.log" 的所有者已更改为 root:mail
"test6/linklog.log" 的所有者已更改为 root:mail
"test6/log2015.log" 的所有者已更改为 root:mail
"test6/log2013.log" 的所有者已更改为 root:mail
"test6/log2012.log" 的所有者已保留为 root:mail
"test6/log2017.log" 的所有者已更改为 root:mail
"test6/log2016.log" 的所有者已更改为 root:mail
"test6" 的所有者已更改为 root:mail
```

图 1-3-8　改变指定目录以及其子目录下的所有文件的属主和属组

ll　　//查看目录及目录下文件的详细信息

如图 1-3-9 所示。

```
[root@localhost test]# ll
drwxr-xr-x 2 root mail   4096 11-30 08:39 test6
[root@localhost test]# cd test6
[root@localhost test6]# ll
总计 604
---xr--r-- 1 root mail 302108 11-30 08:39 linklog.log
---xr--r-- 1 root mail 302108 11-30 08:39 log2012.log
-rw-r--r-- 1 root mail     61 11-30 08:39 log2013.log
-rw-r--r-- 1 root mail      0 11-30 08:39 log2014.log
-rw-r--r-- 1 root mail      0 11-30 08:39 log2015.log
-rw-r--r-- 1 root mail      0 11-30 08:39 log2016.log
-rw-r--r-- 1 root mail      0 11-30 08:39 log2017.log
```

图 1-3-9　查看目录及目录下文件的详细信息

【实例二】使用 chgrp 命令改变或目录的属组

（1）ll　　//查看文件的详细信息

chgrp -v bin log2012.log　　//将 log2012.log 文件由 root 群组改为 bin 群组

ll　　　　　　　　　　//查看文件的详细信息

如图 1-3-10 所示。

```
[root@localhost test]# chgrp -v bin log2012.log
"log2012.log" 的所属组已更改为 bin
[root@localhost test]# ll
---xrw-r-- 1 root bin  302108 11-13 06:03 log2012.log
```

图 1-3-10　将 log2012.log 文件由 root 群组改为 bin 群组

（2）ll　　//查看文件的详细信息

如图 1-3-11 所示。

```
[root@localhost test]# ll
---xrw-r-- 1 root bin  302108 11-13 06:03 log2012.log
-rw-r--r-- 1 root root     61 11-13 06:03 log2013.log
```

图 1-3-11　查看文件的详细信息

chgrp --reference＝log2012.log log2013.log　　　/* 改变文件 log2013.log 的属组，使得文件 log2013.log 的属组和参考文件 log2012.log 的属组相同 */

ll　　　//查看文件的详细信息

如图 1-3-12 所示。

```
[root@localhost test]# chgrp --reference=log2012.log log2013.log
[root@localhost test]# ll
---xrw-r-- 1 root bin  302108 11-13 06:03 log2012.log
-rw-r--r-- 1 root bin      61 11-13 06:03 log2013.log
```

图 1-3-12　改变文件 log2013.log 的属组

（3）ll　　　//查看 test6 目录的详细信息

如图 1-3-13 所示。

```
[root@localhost test]# ll
drwxr-xr-x 2 root root   4096 11-30 08:39 test6
[root@localhost test]# cd test6
[root@localhost test6]# ll
---xr--r-- 1 root root 302108 11-30 08:39 linklog.log
---xr--r-- 1 root root 302108 11-30 08:39 log2012.log
-rw-r--r-- 1 root root     61 11-30 08:39 log2013.log
-rw-r--r-- 1 root root      0 11-30 08:39 log2014.log
-rw-r--r-- 1 root root      0 11-30 08:39 log2015.log
-rw-r--r-- 1 root root      0 11-30 08:39 log2016.log
-rw-r--r-- 1 root root      0 11-30 08:39 log2017.log
```

图 1-3-13　查看目录的详细信息

chgrp -R bin test6　　　//改变指定目录及其子目录下的所有文件的属组

ll　　　//查看文件的详细信息

如图 1-3-14 所示。

```
[root@localhost test6]# cd ..
[root@localhost test]# chgrp -R bin test6
[root@localhost test]# cd test6
[root@localhost test6]# ll
---xr--r-- 1 root bin 302108 11-30 08:39 linklog.log
---xr--r-- 1 root bin 302108 11-30 08:39 log2012.log
-rw-r--r-- 1 root bin     61 11-30 08:39 log2013.log
-rw-r--r-- 1 root bin      0 11-30 08:39 log2014.log
-rw-r--r-- 1 root bin      0 11-30 08:39 log2015.log
-rw-r--r-- 1 root bin      0 11-30 08:39 log2016.log
-rw-r--r-- 1 root bin      0 11-30 08:39 log2017.log
[root@localhost test6]# cd ..
[root@localhost test]# ll
drwxr-xr-x 2 root bin   4096 11-30 08:39 test6
```

图 1-3-14　改变指定目录及其子目录下的所有文件的属组

（4）chgrp -R 100 test6　　　/* 通过群组识别码改变文件群组属性，100 为 users 群组的识别码，具体群组和群组识别码可以在/etc/group 文件中查看 */

ll　//查看目录的详细信息

如图 1-3-15 所示。

```
[root@localhost test]# chgrp -R 100 test6
[root@localhost test]# ll
drwxr-xr-x 2 root users   4096 11-30 08:39 test6
```

图 1-3-15　通过群组识别码改变文件群组属性

ll　　//查看文件的详细信息

如图 1-3-16 所示。

```
[root@localhost test]# cd test6
[root@localhost test6]# ll
---xr--r-- 1 root users 302108 11-30 08:39 linklog.log
---xr--r-- 1 root users 302108 11-30 08:39 log2012.log
-rw-r--r-- 1 root users     61 11-30 08:39 log2013.log
-rw-r--r-- 1 root users      0 11-30 08:39 log2014.log
-rw-r--r-- 1 root users      0 11-30 08:39 log2015.log
-rw-r--r-- 1 root users      0 11-30 08:39 log2016.log
-rw-r--r-- 1 root users      0 11-30 08:39 log2017.log
```

图 1-3-16　查看文件的详细信息

【实例三】使用 chmod 更改属主和属组的权限

（1）ls -al log2012.log　　//查看文件的详细信息

如图 1-3-17 所示。

```
[root@localhost test]# ls -al log2012.log
-rw-r--r-- 1 root root 302108 11-13 06:03 log2012.log
```

图 1-3-17　查看文件的详细信息（1）

chmod a＋x log2012.log　　/* 设定文件 log2012.log 的属性为：文件属主（u）增加执行权限；与文件属主同组用户（g）增加执行权限；其他用户（o）增加执行权限 */

ls -al log2012.log　　//查看文件的详细信息

如图 1-3-18 所示。

```
[root@localhost test]# chmod a+x log2012.log
[root@localhost test]# ls -al log2012.log
-rwxr-xr-x 1 root root 302108 11-13 06:03 log2012.log
```

图 1-3-18　设定文件 log2012.log 的属性

（2）ls -al log2012.log　　//查看文件的详细信息

如图 1-3-19 所示。

```
[root@localhost test]# ls -al log2012.log
-rw-r--r-- 1 root root 302108 11-13 06:03 log2012.log
```

图 1-3-19　查看文件的详细信息（2）

chmod ug＋w,o-x log2012. log   /* 设定文件 log2012. log 的属性为：文件属主(u)增
加写权限；与文件属主同组用户(g)增加写权限；其他用户(o)删除执行权限 */

ls -al log2012. log   //查看文件的详细信息

如图 1-3-20 所示。

```
[root@localhost test]# chmod ug+w,o-x log2012.log
[root@localhost test]# ls -al log2012.log
-rwxrwxr-- 1 root root 302108 11-13 06:03 log2012.log
```

图 1-3-20 设定文件 log2012. log 的属性

（3）ls -al log2012. log   //查看文件的详细信息

如图 1-3-21 所示。

```
[root@localhost test]# ls -al log2012.log
-rw-r--r-- 1 root root 302108 11-13 06:03 log2012.log
```

图 1-3-21 查看文件的详细信息（3）

chmod a-x log2012. log   //删除所有用户的可执行权限
ls -al log2012. log   //查看文件的详细信息

如图 1-3-22 所示。

```
[root@localhost test]# chmod a-x log2012.log
[root@localhost test]# ls -al log2012.log
-rw-rw-r-- 1 root root 302108 11-13 06:03 log2012.log
```

图 1-3-22 删除所有用户的可执行权限

（4）ls -al log2012. log   //查看文件的详细信息

如图 1-3-23 所示。

```
[root@localhost test]# ls -al log2012.log
-rw-r--r-- 1 root root 302108 11-13 06:03 log2012.log
```

图 1-3-23 查看文件的详细信息（4）

chmod u＝x log2012. log   //撤销原来的所有权限，然后使所有者具有可读权限
ls -al log2012. log   //查看文件的详细信息

如图 1-3-24 所示。

```
[root@localhost test]# chmod u=x log2012.log
[root@localhost test]# ls -al log2012.log
---xrw-r-- 1 root root 302108 11-13 06:03 log2012.log
```

图 1-3-24 撤销原来的所有权限

（5）ls -al   //查看 test4 目录下所有文件的详细信息

如图 1-3-25 所示。

```
[root@localhost test]# cd test4
[root@localhost test4]# ls -al
总计 312drwxrwxr-x 2 root root   4096 11-13 05:50 .
drwxr-xr-x 5 root root   4096 11-22 06:58 ..
-rw-r--r-- 1 root root 302108 11-12 22:54 log2012.log
-rw-r--r-- 1 root root     61 11-12 22:54 log2013.log
-rw-r--r-- 1 root root      0 11-12 22:54 log2014.log
```

图 1-3-25   查看目录下所有文件的详细信息

chmod -R u＋x test4   //递归地给 test4 目录下所有文件和子目录的属主分配权限
ls -al   //查看目录下所有文件的详细信息
如图 1-3-26 所示。

```
[root@localhost test4]# cd ..
[root@localhost test]# chmod -R u+x test4
[root@localhost test]# cd test4
[root@localhost test4]# ls -al
总计 312drwxrwxr-x 2 root root   4096 11-13 05:50 .
drwxr-xr-x 5 root root   4096 11-22 06:58 ..
-rwxr--r-- 1 root root 302108 11-12 22:54 log2012.log
-rwxr--r-- 1 root root     61 11-12 22:54 log2013.log
-rwxr--r-- 1 root root      0 11-12 22:54 log2014.log
```

图 1-3-26   递归地给 test4 目录下所有文件和子目录的属主分配权限

任务四　引导与登录安全控制

任务描述

Linux 内核的系统（如 Linux、UNIX 等）可以通过 GRUB 进入单用户模式，进入单用户模式后，可以更改 root 账户的密码。从系统安全的角度来看，如果任何人都能修改 GRUB 引导参数，显然对服务器本身是一个极大的威胁，因此，系统管理员应加强对引导过程的安全控制，以更大程度地保护信息安全。为了加强对引导过程的安全控制，可以为 GRUB 设置一个密码和定义授权访问。

学习指导

1. 了解引导系统的相关知识。
2. 了解登录安全的重要性。
3. 了解 GRUB 的相关知识。
4. 了解 GRUB 的相关配置。

知识链接

1. GRUB 简介

GNU GRUB(GRand Unified Bootloader，简称 GRUB)是一个来自 GNU 项目的多操作系统启动程序。GRUB 是多系统启动规范的实现，它允许用户在计算机内可以同时拥有多个操作系统，并在计算机启动时选择需要运行的操作系统。GRUB 可用于选择操作系统分区上的不同内核，也可向这些内核传递启动参数。

GRUB 是一个多重操作系统启动管理器，用来引导不同系统，如 Windows、Linux。在 x86 架构的机器中，Linux 或其他类 UNIX 的操作系统中的 GRUB、LILO 是大家最为常用的，应该说是主流的。Windows 也有类似的工具 NT Loader，比如在机器中安装了 Windows 7 后，再安装一个 Windows 10，在机器启动时会有一个菜单选择是进入 Windows 7 还是进入 Windows 10。NT Loader 就是一个多系统启动引导管理器，NT Loader 同样也能引导 Linux，在 PowerPC 架构的机器中,如果安装了 Linux 的 PowerPC 版本,大多是用 yaboot 多重引导管理器,比如 Apple 机用的是 IBM PowerPC 处理器,如果想在 Apple 机上安装 MacOS 和 Linux 的 PowerPC 版本,大多用 yaboot 来引导多个操作系统。

2. GRUB 特性

GRUB 可动态配置,它在启动时加载配置信息,并允许在启动时修改,如选择不同的内核和 initrd。为此,GRUB 提供了一个简单的类似 Bash 的命令行界面,允许用户编写新的启动程序。GRUB 非常轻便,支持多种可执行格式,除了可适用于支持多启动的操作系统外,还通过链式启动功能支持诸如 Windows 和 OS/2 之类的不支持多启动的操作系统。GRUB 支持所有的 UNIX 文件系统,也支持适用于 Windows 的 FAT 和 NTFS 文件系统,还支持 LBA 模式。GRUB 允许用户查看它支持的文件系统中的文件内容。

GRUB 具有多种用户界面。多数 Linux 发行版利用 GRUB 对图形界面的支持,提供了定制的带有背景图案的启动菜单,有时也支持鼠标。通过对 GRUB 的文字界面的设定,可以通过串口实现远程终端启动。

GRUB 可以从网络上下载操作系统镜像,因此可以支持无盘系统。GRUB 支持在启动操作系统前解压它的镜像。与其他启动器不同,GRUB 可以通过 GRUB 提示符直接与用户进行交互。载入操作系统前,在 GRUB 文本模式下按“c”键可以进入 GRUB 命令行。在没有作业系统或者有作业系统而没有“menu. lst”文件的系统上,同样可以进入 GRUB 提示符。通过类似 bash 的命令,GRUB 提示符允许用户手工启动任何操作系统。把合适的命令记录在“menu. lst”文件中,可以自动启动一个操作系统。

GRUB 拥有丰富的终端命令,在命令行下使用这些命令,用户可以查看硬盘分区的细节,修改分区设置,临时重新映射磁盘顺序,从任何用户定义的配置文件启动,以及查看 GRUB 所支持的文件系统上的其他启动器的配置。因此,即便不知道一台计算机上安装了什么,也可以从外部设备启动一个操作系统。

GRUB 采用滚动屏幕选择想要启动的操作系统。通过向“menu. lst”文件中添加相关信息,GRUB 可以控制 150 或者更多的启动选项,在启动时用方向键进行选择。通过链式启动,一个启动器可以启动另一个启动器。GRUB 通过 2~3 行的命令就可以从 DOS、Windows、Linux、BSD 和 Solaris 系统启动。尽管 GRUB 对类 UNIX 系统进行了编译和打包,但也有供 DOS 和 Windows 使用的 GRUB。GRUB 也可以不附带任何操作系统而作为孤立系统安装。从 CD 上启动时运行 GRUB 需要 1 个文件,而从软盘、硬盘和 USB 设备上启动时需要 2 个文件。这些文件可以在任何支持 GRUB 的 Linux CD 上找到,用户可以很容易地找到它们。

3. GRUB 常见错误分析

(1)Filename must be either an absolute filename or blocklist

解释:表示文件名格式错误。在 GRUB 中要给出文件的绝对路径。

【例】grub＞ kernel vmlinuz root＝label＝/

　　　Error 1：Filename must be either an absolute pathname or blocklist

(2) Bad file or directory type

解释:表示命令期望的是一个普通文件,但相应文件名的对象是一个符号链接、目录、

FIFO。

【例】grub＞ kernel /testdir root＝LABEL＝/

Error 2：Bad file or directory type

（3）Bad or corrupt data while decompressing file

解释：表示解压文件时发生错误。可能是因为这个文件被损坏了。

（4）Bad or incompatible header in compressed file

解释：表示压缩文件的头部格式不被兼容或者错误。

（5）Partition table invalid or corrupt

解释：表示分区表无效或者被破坏。这是一个不好的预兆。

（6）Mismatched or corrupt version of stage1/stage2

解释：表示 install 命令发现 stage1、stage2 的颁布号不被兼容。

（7）Loading below 1 MB is not supported

解释：表示内核起始地址低于 1 MB。

（8）Kernel must be loaded before booting

解释：表示执行 boot 命令之前没有先执行 kernel 命令。

（9）Unknown boot failure

解释：表示未知的引导错误。

（10）Unsupported Multiboot features requested

解释：表示请求 Multiboot header 所要求的功能不被 GRUB 支持。

（11）Unrecognized device string

解释：表示无法识别的设备字符串。

【例】grub＞root hd0

Error 11：Unrecognized device string

（12）Invalid device requested

解释：表示请求的设备无效。

【例】grub＞kernel /grub/grub. conf root＝LABEL＝/

Error 12：Invalid device requested

（13）Invalid or unsupported executable format

解释：表示无效或者无法识别的可执行格式。

【例】grub＞kernel /grub/grub. conf root＝LABEL＝/

Error 13：Invalid or unsupported executable format

（14）Filesystem compatibility error，cannot read whole file

解释：表示文件系统兼容性错误，无法读取整个文件。

（15）File not found

解释：请求的文件无法找到。

【例】grub＞find /grub-noexist/grub. conf

Error 15：File not found

（16）Inconsistent filesystem structure

解释：表示不一致的文件系统结构。可能是文件系统结构被破坏了。

（17）Cannot mount selected partition

解释:表示无法挂载指定分区。例如 swap 分区。

【例】grub＞root(hd0,2)　　//这是一个 swap 分区

　　　Filesystem type unknown, partition type 0x82

　　　grub＞kernel /vmlinuz

　　　Error 17：Cannot mount selected partition

（18）Selected cylinder exceeds maximum supported by BIOS

解释:表示选择的柱面超过了 BIOS 支持的最大能力。这通常发生在不支持 LBA 模式的硬盘上。

（19）Linux kernel must be loaded before initrd

解释:表示执行 initrd 命令前必须先执行 kernel 命令。

（20）Multiboot kernel must be loaded before modules

解释:表示执行 modules 或者 moduleunzip 命令前必须先执行 kernel 命令。

（21）Selected disk does not exist

解释:表示选择的磁盘不存在。

【例】grub＞root(hd2)

　　　Error 21：Selected disk does not exist

（22）No such partition

解释:表示分区不存在。

【例】grub＞root(hd0,10)

　　　Error 22：No such partition

（23）Error while parsing number

解释:表示参数解释错误,希望是一个数值,但参数却是其他类型。

【例】grub＞root(hda,0)

　　　Error 23：Error while parsing number

（24）Attempt to access block outside partition

解释:表示尝试访问的 block 超出了分区。

（25）Disk read error

解释:表示磁盘读错误。

（26）Too many symbolic links

解释:表示太多的符号连接(默认最多允许 5 个)。

（27）Unrecognized command

解释:无法识别的命令。

（28）Selected item cannot fit into memory

解释:选择的对象无法被加载到内存中。

【例】[root@monitor boot]# dd if=/dev/zero of=vmlinuz-2.4.20-31.9 bs=1024 count=1 seek=1　　//读入了 1+0 个块,输出了 1+0 个块

执行上述命令,然后查看:

[root@monitor boot]#grub

grub＞kernel /vmlinuz-2.4.20-31.9 root＝label＝/

［Linux-bzImage, setup＝0x1400, size＝0xfffff200］

Error 28：Selected item cannot fit into memory

（29）Disk write error

解释：磁盘写错误。

（30）Invalid argument

解释：无效参数。

【例】grub＞serial --noarg＝0

　　　Error 30：Invalid argument

（31）File is not sector aligned

解释：访问 ReiserFS 分区可能的块列表错误,例如命令"安装"。在这种情况下,应该使用"-o notail"选项挂载分区。

（32）Must be authenticated

解释：要求输入口令才能继续进行操作。例如配置文件中有 password 或 lock 命令。

【例】password root1234

　　　title DOS

　　　lock

　　　rootnoverify(hd0,0)

　　　chainloader ＋1

　　　Error 32：Must be authenticated

（33）Serial device not configured

解释：表示串口还没有配置。一般发生在执行 terminal serial 时。

（34）No spare sectors on the disk

解释：磁盘自由空间不足。可能发生在把 stage1.5 嵌入 MBR 之后的空间时。但这部分空间可能已经被分区表使用了。

4. MBR

主引导记录(Main Boot Record,MBR)是位于磁盘最前边的一段引导(Loader)代码。它负责磁盘操作系统(DOS)对磁盘进行读写时分区合法性的判别、分区引导信息的定位,它由磁盘操作系统在对硬盘进行初始化时产生。

通常,将包含 MBR 引导代码的扇区称为主引导扇区。因这一扇区中,引导代码占有绝大部分的空间,故而习惯将该扇区称为 MBR 扇区(简称 MBR)。由于这一扇区承担着不同于磁盘上其他普通存储空间的特殊管理职能,作为管理整个磁盘空间的一个特殊空间,它不属于磁盘上的任何分区,因而分区空间内的格式化命令不能清除主引导记录的任何信息。

主引导扇区由三部分组成(共占用 512 个字节)：

（1）主引导程序即主引导记录 MBR(占 446 个字节)。

MBR 可在 FDISK 程序中找到,它用于硬盘启动时将系统控制转给用户指定的并在分区表中登记了的某个操作系统。

（2）磁盘分区表项(Disk Partition Table,DPT)。

DPT 由 4 个分区表项构成(每个分区占 16 个字节),负责说明磁盘上的分区情况,其内容由磁盘介质及用户在使用 FDISK 定义分区时决定。

(3) 结束标志(占 2 个字节)。

结束标志值为 AA55,存储时低位在前,高位在后,即看上去是 55AA(十六进制)。

5. MBR 的读取

MBR 不属于任何一个操作系统,也不能用操作系统提供的磁盘操作命令来读取。但我们可以用 ROM-BIOS 中提供的 INT13H 的 2 号功能来读出该扇区的内容,也可用软件工具 Norton 8.0 中的 DISKEDIT.EXE 来读取。

用 INT13H 的读磁盘扇区功能的调用参数如下:

(1) 入口参数:

➢ AH=2(指定功能号)。

➢ AL=要读取的扇区数。

➢ DL=磁盘号(0、1 软盘,80、81 硬盘)。

➢ DH=磁头号。

➢ CL 高 2 位+CH=柱面号。

➢ CL 低 6 位=扇区号。

➢ CS:BX=存放读取数据的内存缓冲地址。

(2) 出口参数:

➢ CS:BX=读取数据存放地址。

错误信息:如果出错,CF=1,AH=错误代码,用 DEBUG 读取位于硬盘 0 柱面、0 磁头、1 扇区的操作如下。

```
A＞DEBUG
-A 100
XXXX:XXXX MOV AX,0201(用 2 号功能读 1 个扇区)
XXXX:XXXX MOV BX,1000(把读出的数据放入缓冲区的地址为 CS:1000)
XXXX:XXXX MOV CX,0001(读 0 柱面、1 扇区)
XXXX:XXXX MOV DX,0080(指定第一物理盘的 0 磁头)
XXXX:XXXX INT 13
XXXX:XXXX INT 3
XXXX:XXXX(按回车键)
-G=100(执行以上程序段)
-D 1000 11FF(显示 512 字节的 MBR 内容)
```

6. MBR 的组成

一个扇区的 MBR 由 4 个部分组成。

(1) 主引导程序(偏移地址 0000H～0088H),负责从活动分区中装载,并运行系统引导程序。

(2) 出错信息数据区,偏移地址 0089H～00E1H 为出错信息,00E2H～01BDH 全为 0 字节。

（3）磁盘分区表项,含 4 个分区项,偏移地址 01BEH～01FDH,每个分区项长 16 个字节,共 64 字节,为分区项 1、分区项 2、分区项 3、分区项 4。

（4）结束标志,偏移地址 01FEH～01FFH 的 2 个字节值为结束标志 55AA,如果该标志错误,系统就不能启动。

7. MBR 中的分区信息结构

占用 512 个字节的 MBR 中,偏移地址 01BEH～01FDH 的 64 个字节为 4 个分区项内容（分区信息表）。它是由磁盘介质类型及用户在使用 FDISK 定义分区时确定的。在实际应用中,FDISK 对一个磁盘划分的主分区可少于 4 个,但最多不超过 4 个。每个分区表的项目是 16 个字节,其内容及含义见表 1-4-1。

表 1-4-1　分区项(16 字节)的内容及含义

存贮字节位	内容及含义
第 1 字节	引导标志。若值为 80H 表示活动分区,若值为 00H 表示非活动分区
第 2、3、4 字节	本分区的起始磁头号、扇区号、柱面号。其中: 磁头号——第 2 字节; 扇区号——第 3 字节的低 6 位; 柱面号——第 3 字节的高 2 位＋第 4 字节 8 位
第 5 字节	分区类型符: 00H——表示该分区未用(即没有指定); 06H——FAT16 基本分区; 0BH——FAT32 基本分区; 05H——扩展分区; 07H——NTFS 分区; 0FH——(LBA 模式)扩展分区(83H 为 Linux 分区等)
第 6、7、8 字节	本分区的结束磁头号、扇区号、柱面号。其中: 磁头号——第 6 字节; 扇区号——第 7 字节的低 6 位; 柱面号——第 7 字节的高 2 位＋第 8 字节
第 9、10、11、12 字节	本分区之前已用了的扇区数
第 13、14、15、16 字节	本分区的总扇区数

8. MBR 的主要功能及工作流程

启动计算机时,系统首先对硬件设备进行测试,测试成功后进入自举程序 INT19H,然后读系统磁盘 0 柱面、0 磁头、1 扇区的 MBR 内容到内存 0000H～7C00H 的单元中,并执行 MBR 程序段。

硬盘的 MBR 不属于任何一个操作系统,它先于所有的操作系统调入内存,并发挥作用,然后才将控制权交给主分区(活动分区)内的操作系统,并用主分区信息表来管理硬盘。

MBR 程序段的主要功能如下:

（1）检查硬盘分区表是否完好。

（2）在分区表中寻找可引导的"活动"分区。

（3）将活动分区的第一逻辑扇区内容装入内存。在 DOS 分区中，此扇区内容称为 DOS 引导记录（DBR）。

（4）硬盘逻辑驱动器的分区表链结构。

（5）硬盘是由很多个 512 字节的扇区组成的，而这些扇区会被组织成一个个的"分区"。

硬盘的分区规则是：一个分区的所有扇区必须连续，硬盘可以有最多 4 个物理上的分区，这 4 个物理分区可以是 4 个主分区或者 3 个主分区加一个扩展分区。在 DOS/Windows 管理下的扩展分区里，可以而且必须再继续划分逻辑分区（逻辑盘）。

从 MS-DOS 3.2 问世以后，用户就可以在一个物理硬盘驱动器上划分一个主分区和一个扩展分区，并在扩展分区上创建多个逻辑驱动器，也即我们常说的一个物理盘上有多个逻辑盘。

例如，一个 100 GB 的硬盘，安装 Windows，有"C："""D："""E："三个逻辑盘，那么它的分区情况可以是如下方式：

分区一：主分区 20 GB，格式化为"C："盘。

分区二：扩展分区 80 GB。它被再划分为两个各 40 GB 的逻辑盘，格式化为"D："和"E："盘。

在一个有多个主分区的硬盘上，可安装多个不同的操作系统。如 Windows、Linux、Solaris 等。每个操作系统自己去管理分配给自己的分区。但是，每个操作系统对分区的操作方式是不同的。对于 DOS/Windows 来说，它能够把所管辖的一个主分区和一个扩展分区格式化，然后按照"C："""D："""E："逻辑盘的方式来管理。而 Linux 则不同，它是把"分区"看作一个设备，既没有"扩展分区"的概念，也没有"逻辑盘"的概念。

任务实施

【实例一】重置系统 root 账户密码

步骤 1：启动系统，在 GRUB2 启动屏显时，按下"e"键进入编辑模式，如图 1-4-1 所示。

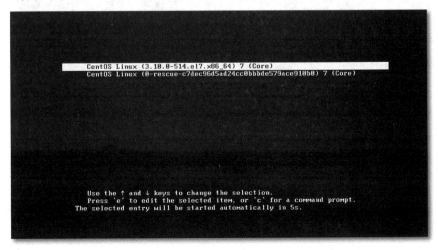

图 1-4-1　启动系统

步骤 2：进入编辑模式后，找到“linux16”所在位置，按“end”键到最后，输入“rd. break”，按“Ctrl+X”组合键进入，如图 1-4-2 所示。

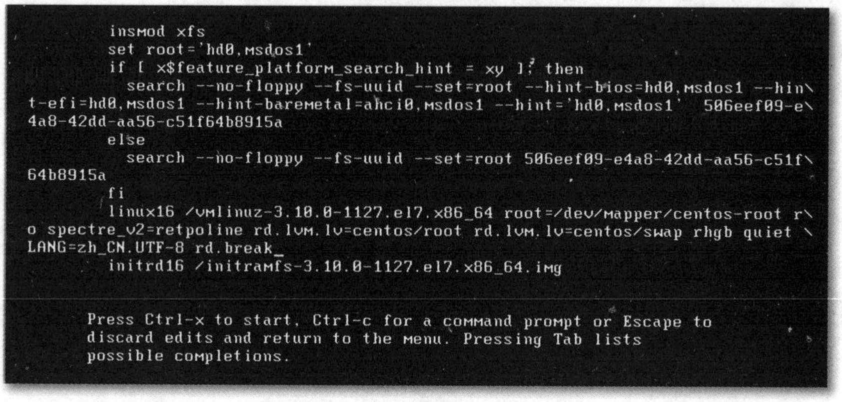

```
        insmod xfs
        set root='hd0,msdos1'
        if [ x$feature_platform_search_hint = xy ]; then
          search --no-floppy --fs-uuid --set=root --hint-bios=hd0,msdos1 --hin\
t-efi=hd0,msdos1 --hint-baremetal=ahci0,msdos1 --hint='hd0,msdos1'  506eef09-e\
4a8-42dd-aa56-c51f64b8915a
        else
          search --no-floppy --fs-uuid --set=root 506eef09-e4a8-42dd-aa56-c51f\
64b8915a
        fi
        linux16 /vmlinuz-3.10.0-1127.el7.x86_64 root=/dev/mapper/centos-root r\
o spectre_v2=retpoline rd.lvm.lv=centos/root rd.lvm.lv=centos/swap rhgb quiet \
LANG=zh_CN.UTF-8 rd.break_
        initrd16 /initramfs-3.10.0-1127.el7.x86_64.img

      Press Ctrl-x to start, Ctrl-c for a command prompt or Escape to
      discard edits and return to the menu. Pressing Tab lists
      possible completions.
```

图 1-4-2　进入编辑模式

步骤 3：输入“mount -o remount, rw /sysroot/”命令，重新挂载系统分区，如图 1-4-3 所示。

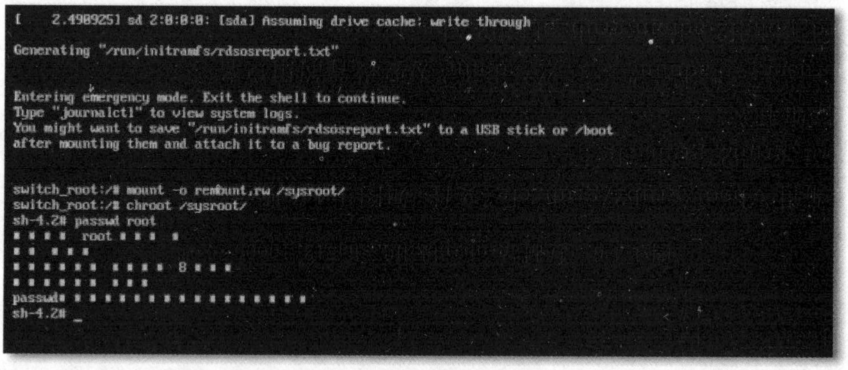

```
[    2.490925] sd 2:0:0:0: [sda] Assuming drive cache: write through

Generating "/run/initramfs/rdsosreport.txt"


Entering emergency mode. Exit the shell to continue.
Type "journalctl" to view system logs.
You might want to save "/run/initramfs/rdsosreport.txt" to a USB stick or /boot
after mounting them and attach it to a bug report.


switch_root:/# mount -o remount,rw /sysroot/
switch_root:/# chroot /sysroot/
sh-4.2# passwd root
■ ■ ■ ■  root ■ ■ ■  ■
■ ■  ■ ■ ■
■ ■ ■ ■ ■ ■  ■ ■ ■ ■  8 ■ ■ ■
■ ■ ■ ■ ■ ■ ■  ■ ■ ■
passwd: ■ ■ ■ ■ ■ ■ ■ ■ ■ ■ ■ ■ ■ ■ ■ ■
sh-4.2# _
```

图 1-4-3　重新挂载系统分区

步骤 4：输入“chroot /sysroot/”命令，改变根，修改 root 密码，如图 1-4-4 所示。

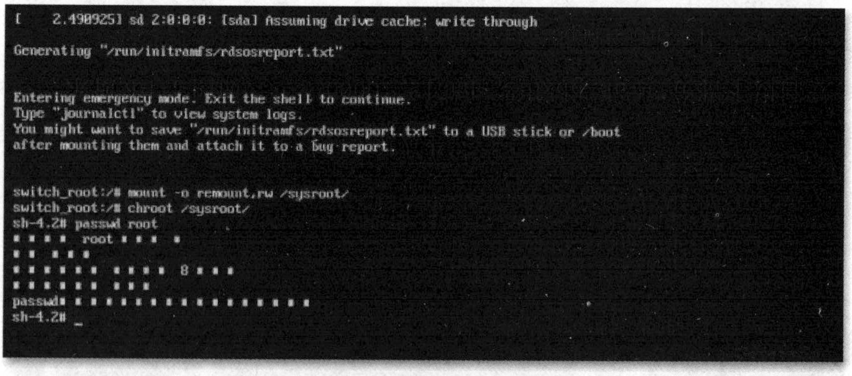

```
[    2.490925] sd 2:0:0:0: [sda] Assuming drive cache: write through

Generating "/run/initramfs/rdsosreport.txt"


Entering emergency mode. Exit the shell to continue.
Type "journalctl" to view system logs.
You might want to save "/run/initramfs/rdsosreport.txt" to a USB stick or /boot
after mounting them and attach it to a bug report.


switch_root:/# mount -o remount,rw /sysroot/
switch_root:/# chroot /sysroot/
sh-4.2# passwd root
■ ■ ■ ■  root ■ ■ ■  ■
■ ■  ■ ■ ■
■ ■ ■ ■ ■ ■  ■ ■ ■ ■  8 ■ ■ ■
■ ■ ■ ■ ■ ■ ■  ■ ■ ■
passwd: ■ ■ ■ ■ ■ ■ ■ ■ ■ ■ ■ ■ ■ ■ ■ ■
sh-4.2# _
```

图 1-4-4　修改 root 密码

步骤 5：按“Ctrl+D”组合键退出，输入“reboot”命令，重启系统，完成操作。

注：如果之前系统启用了 SELinux，必须运行“touch /. autorelabel”命令，否则将无法正常启动系统。

【实例二】为 GRUB2 菜单加上防编辑密码

步骤 1：用"grub2-mkpasswd-pbkdf2"命令生成加密口令，如图 1-4-5 所示。

```
[root@localhost ~]# grub2-mkpasswd-pbkdf2
输入口令：
Reenter password:
PBKDF2 hash of your password is grub.pbkdf2.sha512.10000.F6EDA0AD9D0F425E1BB769E3A4F2B2
072AB93B9573A3A3C43BE625BEC4CC4B78A1B1A6B26ED1C8C8691FD2BCFAB90BFD1A947CCF638A580D952E6
B90409815B6.4D39B721733CB9FDC8D92EEB2C2F6B7EFAEFEB016BB1157475306ECEFEE6F542CE3033FBC6A
6B6DE4E7102AD7F76B09EC41AF553B51C546C1FB2A2DB425AC4EB
```

图 1-4-5 生成加密口令

步骤 2：复制以下部分"grub.pbkdf2.sha512.10000……"，如图 1-4-6 所示。

```
[root@localhost ~]# grub2-mkpasswd-pbkdf2
输入口令：
Reenter password:
PBKDF2 hash of your password is grub.pbkdf2.sha512.10000.C497014890CDCB99810D1A5
25A27EE6DD9DDC88AD3A467F53D4E868160EBD1EC158EF5D5D53418415F8C0716CB5280B97DC989A
3E1670A1147BCE4529B2223E1.B687DB812ABC0EB2AB9AC6C56606C4E0B4500EAE1F3240EB553F6E
3444F1BA03D6E95F9675A6E4B22454C145F28B011BBBD39CD65A8FC4A3BE43C166B3AD8AB7
[root@localhost ~]#
[root@localhost ~]#
[root@localhost ~]#
```

图 1-4-6 复制"grub.pbkdf2.sha512.10000……"

步骤 3：编辑"/boot/grub2/grub.cfg"文件，如图 1-4-7 所示。

vim /boot/grub2/grub.cfg

添加内容如下：

set superusers="admin"   //"admin"为要设置的用户名

password_pbkdf2 admin grub.pbkdf2.sha512……

```
### BEGIN /etc/grub.d/10_linux ###
set superusers="admin"
password_pbkdf2 admin grub.pbkdf2.sha512.10000.C497014890CDCB99810D1A525A27EE6DD
9DDC88AD3A467F53D4E868160EBD1EC158EF5D5D53418415F8C0716CB5280B97DC989A8E1670A114
7BCE4529B2223E1.B687DB812ABC0EB2AB9AC6C56606C4E0B4500EAE1F3240EB553F6E3444F1BA03
D6E95F9675A6E4B22454C145F28B011BBBD39CD65A8FC4A3BE43C166B3AD8AB7
```

图 1-4-7 编辑"/boot/grub2/grub.cfg"文件

注：这个加密口令就是复制的刚才生成的加密口令。添加位置应在"＃＃＃BEGIN/etc/grub.d/10_linux ＃＃＃"下面。

【实例三】修复 MBR

步骤 1：备份 MBR，如图 1-4-8 所示。

＃dd if＝/dev/sda of＝/root/mbr.bak count＝1 bs＝512   /* 使用 dd 命令，将 sda 的 MBR 进行备份 */

```
[root@localhost ~]# dd if=/dev/sda of=/root/mbr.bak count=1 bs=512
记录了1+0 的读入
记录了1+0 的写出
512字节(512 B)已复制，0.0228664 秒，22.4 kB/秒
[root@localhost ~]#
[root@localhost ~]#
```

图 1-4-8 备份 MBR

步骤 2：破坏 MBR，如图 1-4-9 所示。

♯dd if＝/dev/zero of＝/dev/sda count＝1 bs＝446　　　/＊ 使用 zero 设备生成 446 字节
的"0"写入 MBR。这里 bs(block size)只要小于等于 446 即可 ＊/

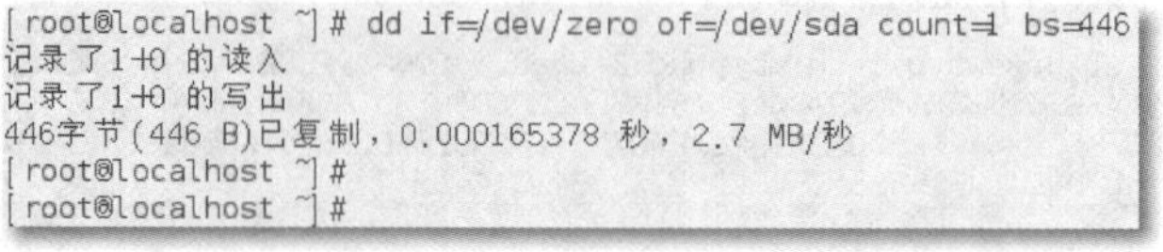

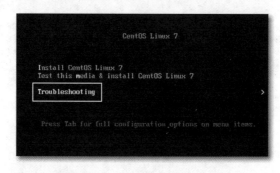

图 1-4-9　破坏 MBR

此时重启系统，发现 MBR 已经损坏。

步骤 3：装入光盘，在光盘引导界面选择"Troubleshooting"，如图 1-4-10 所示。

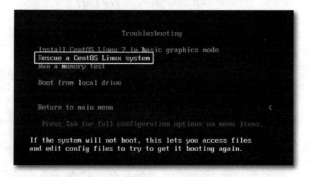

图 1-4-10　选择"Troubleshooting"

步骤 4：选择进入救援模式，如图 1-4-11 所示。

图 1-4-11　进入救援模式

步骤 5：按回车键继续，如图 1-4-12 所示。

图 1-4-12　按回车键继续

步骤 6：进入磁盘挂载选择模式，如图 1-4-13 所示。

磁盘将会被挂载至/mnt/sysimage/下：

➢ Continue：以 rw 方式挂载磁盘。

➢ Read-Only：以 ro 方式挂载磁盘。

➤ Skip：跳过，将来自己手工挂载磁盘。

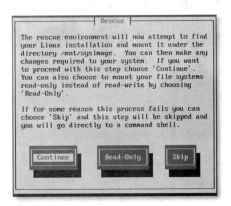

图 1-4-13　进入磁盘挂载选择模式

步骤 7：选择"Continue"，稍等片刻，提示已经挂载完成，如图 1-4-14 和图 1-4-15 所示。

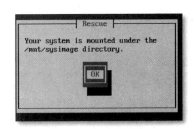

图 1-4-14　挂载界面　　　　　　图 1-4-15　提示已经挂载完成

步骤 8：此时进入救援模式的命令行，如图 1-4-16 所示。

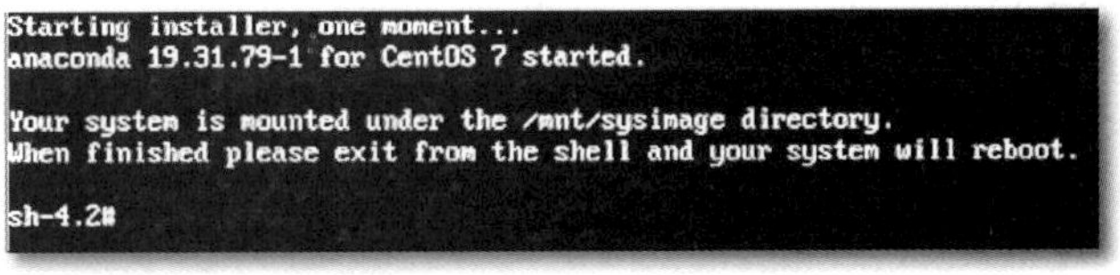

```
Starting installer, one moment...
anaconda 19.31.79-1 for CentOS 7 started.

Your system is mounted under the /mnt/sysimage directory.
When finished please exit from the shell and your system will reboot.

sh-4.2#
```

图 1-4-16　进入救援模式

步骤 9：使用 grub2-install 命令重建 bootloader，如图 1-4-17 所示。

grub2-install--root-directory＝/mnt/sysimage /dev/sda　　　//重建 bootloader

```
sh-4.2# grub2-install --root-directory=/mnt/sysimage /dev/sda
Installing for i386-pc platform.
Installation finished. No error reported.
sh-4.2# sync
sh-4.2# reboot
```

图 1-4-17　重建 bootloader

此时显示无错误，使用 sync 写入硬盘，reboot 重启系统。

步骤 10：重启后无错误，grub 正常运行，如图 1-4-18 所示。

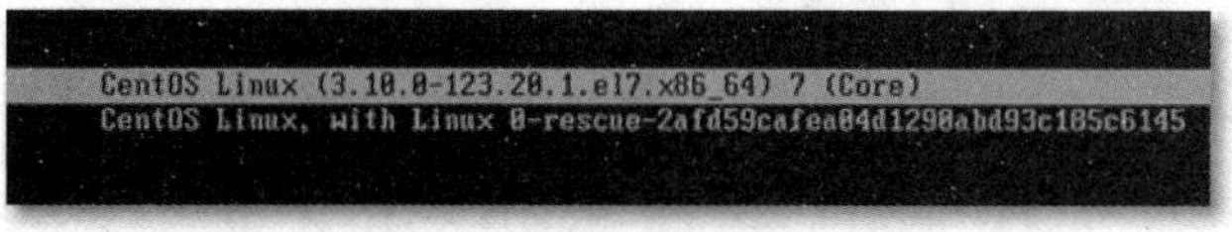

```
    CentOS Linux (3.10.0-123.20.1.el7.x86_64) 7 (Core)
    CentOS Linux, with Linux 0-rescue-2afd59cafea04d1290abd93c105c6145
```

图 1-4-18　重启后的界面

【实例四】修复 GRUB

注：GRUB 配置文件丢失，开机后会直接进入 GRUB 界面，显示为 grub＞。由于 GRUB2 的配置文件极其复杂，因此在做此操作前千万做好备份。

步骤 1：备份 MBR，如图 1-4-19 所示。

mkdir grub.bak　　　　　　　　　　//创建目录 grub.bak

chmod 600 grub.bak　　　　　　　　//修改目录 grub.bak 的权限

cp -rf /boot/grub2/* ./grub.bak　　　//备份 GRUB

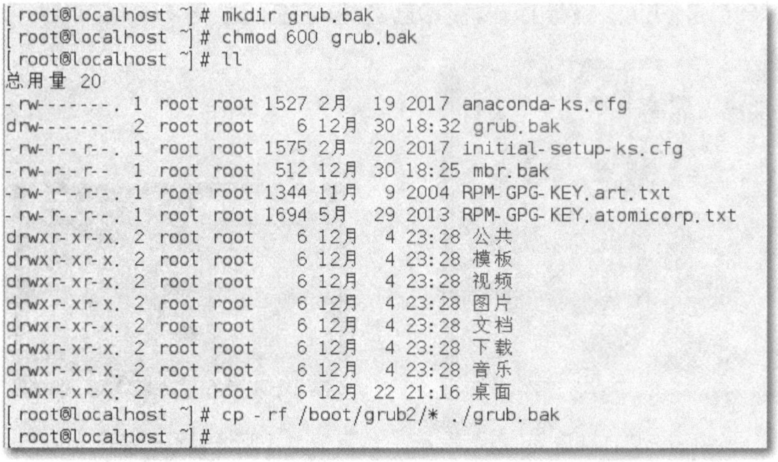

```
[root@localhost ~]# mkdir grub.bak
[root@localhost ~]# chmod 600 grub.bak
[root@localhost ~]# ll
总用量 20
-rw-------. 1 root root 1527 2月  19 2017 anaconda-ks.cfg
drw-------. 2 root root    6 12月 30 18:32 grub.bak
-rw-r--r--. 1 root root 1575 2月  20 2017 initial-setup-ks.cfg
-rw-r--r--. 1 root root  512 12月 30 18:25 mbr.bak
-rw-r--r--. 1 root root 1344 11月  9 2004 RPM-GPG-KEY.art.txt
-rw-r--r--. 1 root root 1694 5月  29 2013 RPM-GPG-KEY.atomicorp.txt
drwxr-xr-x. 2 root root    6 12月  4 23:28 公共
drwxr-xr-x. 2 root root    6 12月  4 23:28 模板
drwxr-xr-x. 2 root root    6 12月  4 23:28 视频
drwxr-xr-x. 2 root root    6 12月  4 23:28 图片
drwxr-xr-x. 2 root root    6 12月  4 23:28 文档
drwxr-xr-x. 2 root root    6 12月  4 23:28 下载
drwxr-xr-x. 2 root root    6 12月  4 23:28 音乐
drwxr-xr-x. 2 root root    6 12月 22 21:16 桌面
[root@localhost ~]# cp -rf /boot/grub2/* ./grub.bak
[root@localhost ~]#
```

图 1-4-19　备份 MBR

步骤 2：删除 GRUB 配置文件，如图 1-4-20 所示。

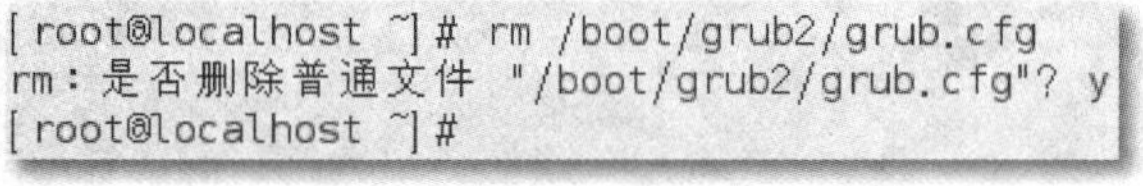

```
[root@localhost ~]# rm /boot/grub2/grub.cfg
rm:是否删除普通文件 "/boot/grub2/grub.cfg"？ y
[root@localhost ~]#
```

图 1-4-20　删除 GRUB 配置文件

步骤 3：重启系统，进入"grub＞"状态，输入以下命令设置启动参数，如图 1-4-21 所示。

grub＞insmod xfs

grub＞set root＝(hd0,1)

grub＞linux16 /vmlinuz-xxxxx root＝/dev/mapper/CentOS-root

grub＞initrd16 /initramfs-.xxxxx.img

grub＞boot

注：可以使用"Tab"键获得提示。

```
menuentry 'CentOS Linux (3.10.0-123.20.1.el7.x86_64) 7 (Core)' --class centos --class gnu-linux --cl
ass gnu --class os --unrestricted $menuentry_id_option 'gnulinux-3.10.0-123.el7.x86_64-advanced-f9e9
bc92-1663-4ec5-85dc-be5b58f2bd7f' {
        load_video
        set gfxpayload=keep
        insmod gzio
        insmod part_msdos
        insmod xfs
        set root='hd0,msdos1'
        if [ x$feature_platform_search_hint = xy ]; then
           search --no-floppy --fs-uuid --set=root --hint-bios=hd0,msdos1 --hint-efi=hd0,msdos1 --hin
t-baremetal=ahci0,msdos1 --hint='hd0,msdos1'  9c2d2ffd-5797-46e3-bda5-93f2943e9bd9
        else
           search --no-floppy --fs-uuid --set=root 9c2d2ffd-5797-46e3-bda5-93f2943e9bd9
        fi
        linux16 /vmlinuz-3.10.0-123.20.1.el7.x86_64 root=/dev/mapper/centos-root ro rd.lvm.lv=centos
/swap vconsole.font=latarcyrheb-sun16 rd.lvm.lv=centos/root  vconsole.keymap=us rhgb quiet LANG=en_U
S.UTF-8
        initrd16 /initramfs-3.10.0-123.20.1.el7x86_64.img
```

图 1-4-21　重启系统

步骤 4：启动运行成功后，以"root"身份登录，还原配置，如图 1-4-22 所示。

```
[root@localhost ~]#
[root@localhost ~]# cp ./grub.bak/grub.cfg /boot/grub2/
[root@localhost ~]#
[root@localhost ~]#
```

图 1-4-22　还原配置

步骤 5：重启，测试，修复完成，如图 1-4-23 所示。

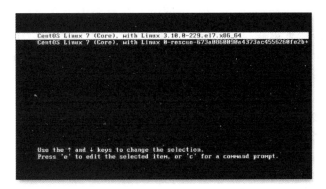

图 1-4-23　修复完成

注：CentOS 7 因为使用的是 GRUB2，配置文件同 GRUB 相比有不少变化，切记一定要备份"grub.cfg"文件，以便进行系统恢复。

任务五 服务进程安全控制

任务描述

实际工作中，许多网络黑客都是通过种植"木马"的办法来达到破坏计算机系统和入侵的目的，而这些"木马"程序无一例外都需要通过服务与进程这一方式在机器上运行才能发挥作用。如果计算机中进程用作其他不法用途，将给系统带来重大危害。作为系统管理员要确保服务器服务与进程的安全性，这对于服务器的安全运维非常重要。

在 Linux 中，诸如 ls 等命令都是进程，只不过某些命令进程在运行完后立即关闭了。而像 Apache 等常驻内存服务也会产生进程。例如，一个用户访问一个 Apache 下的站点，必定会产生一个进程。Linux 中有各种各样的进程，尤其是在服务器中，我们需要实时了解系统中所有进程的状态，根据特定的服务进程的特性来判断服务器的健康状态，确保服务进程的正常运行和安全性才能有效防御各种手段的黑客攻击。如果发现可疑进程，系统管理员可以根据情况来做出相应的管理。

学习指导

1. 了解 systemd 的优势。
2. 了解 systemd 的相关知识。
3. 详细解读 systemctl 相关配置文件。
4. 详细解读相关区块内容。
5. 了解 systemctl 命令的格式。
6. 了解 CentOS 7.x 默认启动的服务。

知识链接

1. systemd 的优势

（1）并行处理所有服务，加快开机速度。

（2）旧 init 启动脚本是"依序一项项执行启动"模式（类似单序列串行模式），因此不相关的服务也要依次排队等待。但现在大多数 CPU 是多核心的，可以并行处理多个任务，操作系统也是多任务的,那些本不相关的服务根本不需要互相等待。systemd 就实现了存在依存关系的服务同时并行启动的能力,这样大大加快了系统启动的速度。

（3）统一管理,on-demand(按需)启动服务。

（4）systemd 仅有一个 systemd 服务搭配 systemctl 指令来处理,不需要额外的指令来支持。不像 systemV 需要 init.chkconfig.service 等指令。此外,systemd 常驻内存,可以按需处理后续的 daemon 启动任务。

（5）systemd 可以根据服务的依存关系进行检查,这样管理员就省去了启动一个服务后,还要先分析它依存哪些其他服务,检查那些被依存的服务是否启动的麻烦。

2. 根据 daemon 的功能进行分类

systemd 能够管理的服务非常多;为了理清所有服务的功能,systemd 先定义所有的服务为一个服务单位(unit),并将该 unit 归类到不同的服务类型(type)中。旧的 init 仅分为 stand alone(独立)与 super daemon(超级守护进程)其实是不够的;systemd 将 unit 分为系统服务、套接字服务、多目标服务、目录路径服务、快照服务、定时服务等多种不同的类型,方便管理员的分类与记忆。

3. 将多个 daemon 集合成一个群组

（1）如同 systemV 的 init 中有个 runlevel(运行级别)的特色,systemd 也可以将多个功能集成为一个所谓的 target 项目,这个项目主要用于构建一个操作环境,所以集合了许多个 daemon,即执行某个 target 就是执行好多个 daemon,共同营建某一种操作环境。

（2）向下兼容旧的 init 服务脚本。

（3）一般来说,systemd 是可以兼容 init 启动脚本的。因此,旧的 init 启动脚本也能够通过 systemd 来管理。

4. systemd 配置文件所在目录

（1）/usr/lib/systemd/system/:每个服务最主要的启动脚本保存的地方,有点类似于以前的/etc/init.d 下的文件。

（2）/run/systemd/system/:系统执行过程中产生的服务脚本,它们的优先级要比/usr/lib/systemd/system/高。

（3）/etc/systemd/system/:管理员依据主机系统的需求创建的执行脚本,其实这个目录跟以前的/etc/rc.d/rc5.d/Sxx 有类似的功能。执行优先级比/run/systemd/system/要高。即系统开机会不会执行某些服务其实是看/etc/systemd/system/下的设置,该目录下就是链接文件,实际执行的 systemd 启动脚本文件都是放置在/usr/lib/systemd/system/目录下的。如果想要修改服务启动的设置,应该去/usr/lib/systemd/system/目录下修改。

5. systemd 的 unit 类型分类说明

（1）service 一般服务类型(service unit):主要是系统服务,包括服务器本身所需要的本机服务以及网络服务。

（2）socket 内部进程信息交换的套接字服务(socket unit):主要实现内部进程间传递信息的套接字文件(socket file)功能。这种类型的服务通常是监控信息传递的套接字,当有通过此套接字传递信息来连接服务时,就根据当时的状态将该用户的请求传送到对应的 daemon,若 daemon 尚未启动,则启动该 daemon 后再传送用户的请求。

（3）target 执行环境类型（target unit）：其实是一群 unit 的集合,如 multiuser. target,也就是说,执行 multiuser. target 就是执行一堆其他的. service 或. socket 之类的服务。

（4）mount automount 文件系统挂载相关的服务（automount unit ／ mount unit）：如来自网络的自动挂载、NFS 文件系统挂载等与文件系统相关的进程管理服务。

（5）path 监测特定的文件或目录类型（path unit）：某些服务需要监测某些特定的目录或文件状态来提供,如常见的打印服务,就是通过监测打印队列目录来启动打印功能,这时就需要. path 这一服务类型的支持。

（6）timer 循环执行的服务（timer unit）：类似于 anacrontab,不过是由 systemd 主动提供的,比 anacrontab 更加有弹性。

6. systemctl 命令的格式

- ➢ systemctl is-enabled iptables. service 　　//查询服务是否开机启动
- ➢ systemctl enable ＊. service 　　//开机运行服务
- ➢ systemctl disable ＊. service 　　//取消开机运行
- ➢ systemctl start ＊. service 　　//启动服务
- ➢ systemctl stop ＊. service 　　//停止服务
- ➢ systemctl restart ＊. service 　　//重启服务
- ➢ systemctl reload ＊. service 　　//重新加载服务配置文件
- ➢ systemctl status ＊. service 　　//查询服务运行状态
- ➢ systemctl --failed 　　//显示启动失败的服务
- ➢ systemctl list-unit-files --type＝service 　　//列出所有服务（包括启用的和禁用的）
- ➢ systemctl mask ＊. service 　　//屏蔽（让它不能启动）
- ➢ systemctl unmask ＊. service 　　//显示服务

7. systemctl status unit

（1）常见的服务状态。

- ➢ active(running)：这个服务正在运行中。
- ➢ active(exited)：仅执行一次就结束的服务。如 quotaon,只需要开机或挂载时执行一次,就是这种模式。
- ➢ active(waiting)：正在运行中的服务,不过处于等待状态,等待其他事件,再继续处理。
- ➢ inactive：当前服务没有运行。

（2）daemon 的预设状态。

- ➢ enabled：开机启动。
- ➢ disabled：开机不启动。
- ➢ static：自己不启动,可被其他服务唤醒（依存性服务）。
- ➢ mask：这个 daemon 无论如何都不会被启动,已被强制注销。可通过 systemctl unmask 方式改回原来的状态。

8. 通过 systemctl 管理不同的 target unit

在 CentOS 7. x 的默认情况下，有 26 个 target unit。其中使用率较高的"target"有如下几个：

- graphical. target：GUI 模式，包含 multi-user. target 项目。
- multi-user. target：纯字符模式。
- rescue. target：救援模式。
- emergency. target：紧急模式。无法使用 rescue. target 时，尝试这种模式。
- shutdown. target：关机模式。
- getty. target：设定 tty 个数，修改 tty 设置。

命令格式如下：

systemctl [command] [unit. target]

- get-default   // 取得目前的 target
- set-default   // 设定 unit. target 成为下一个预设的启动模式
- isolate   // 切换到后面的模式

为了方便，systemd 提供了几个简单的指令进行模式切换。

- systemctl poweroff   // 关机
- systemctl reboot   // 重启
- systemctl suspend   // 暂停模式
- systemctl hibernate   // 休眠模式
- systemctl rescue   // 救援模式
- systemctl emergency   // 紧急救援模式

9. systemctl 服务配置文件

systemctl 服务配置文件通常由以下三部分组成：

（1）[Unit]：定义与 unit 类型无关的通用选项，用于提供 unit 的扫描信息，unit 行为及依赖关系等。

（2）[Service]：与特定类型相关的专用选项；此处为 service 类型。

（3）[Install]：定义由"systemctl enable"及"systemctl disable"命令在实现服务启用或禁用时用到的一些选项。

10. systemctl 服务配置文件参数说明

（1）[Unit]部分。

- Description：当使用 systemctl list-units 时，会输出给管理员看的简易说明。
- Documentation：提供给管理员能够进行进一步文件查询的功能。提供的文件可以是如下的数据格式：

Documentation＝http://www......

Documentation＝man:sshd(8)

Documentation＝file:/etc/ssh/sshd_config

➢ After:定义 unit 的启动次序,表示当前 unit 应该晚于哪些 unit 启动,其功能与 Before 相反。以 sshd. service 的内容为例,After 后面有 network. target 以及 sshd-keygen. service,但是若这两个 unit 没有启动而强制启动 sshd. service,那么 sshd. service 应该能够启动。

➢ Before:与 After 的意义相反,是在什么服务启动前启动某个服务的意思。这仅是规范服务启动的顺序,并非强制要求的意思。

➢ Requires:定义 unit 需要在哪个 daemon 启动后才能够启动,即设置依赖服务。若此项设置的前导服务没有启动,那么此 unit 就不会被启动。

➢ Wants:与 Requires 刚好相反,定义 unit 之后还要启动什么服务比较好的意思,也并非强制,主要目的是希望为使用者创建比较友好的操作环境。因此,这个 Wants 后面接的服务如果没有启动,其实不会影响 unit 本身。

➢ Conflicts:代表冲突的服务。即这个项目后面接的服务如果被启动,那么这个 unit 本身就不能启动;系统 unit 启动,则此项目后的服务就不能启动。

(2)[Service]部分。

➢ Type:说明 daemon 的启动方式,会影响到 ExecStart。

➢ simple:默认值,这个 daemon 主要由 ExecStart 接的指令串来启动,启动后常驻内存。

➢ forking:由 ExecStart 启动的程序通过 spawns 延伸出其他子程序来作为此 daemon 的主要服务。原生的父程序在启动结束后就会终止运行。传统的 unit 服务大多属于这种项目。例如,httpd 这个 WWW 服务,当 httpd 程序因为运行过久即将终止时,systemd 会重新生出另一个子程序持续运行后,再将父程序删除。

➢ oneshot:与 simple 类似,但这个程序在工作完毕后就结束了,不会常驻内存。

➢ dbus:与 simple 类似,但这个 daemon 必须要在取得一个 D-BUS 的名称后,才会继续运行。因此设置这个项目时,通常也要设置"BusName="才行。

➢ idle:与 simple 类似,意思是要执行这个 daemon 必须要等所有的工作都顺利执行完毕后才可以。这类的 daemon 通常是开机到最后才执行即可的服务。比较重要的项目为 simple、forking 与 oneshot。毕竟很多服务需要子程序(forking),而更多的动作只需要在开机的时候执行一次(oneshot),如文件系统的检查与挂载等。

➢ EnvironmentFile:可以指定启动脚本的环境配置文件。例如将 sshd. service 的配置文件写入/etc/sysconfig/sshd 中。也可以使用"Environment="后面接多个不同的 Shell 变量来进行设置。

➢ ExecStart:实际执行此 daemon 的指令或脚本程序。也可以使用 ExecStartPre(之前)以及 ExecStartPost(之后)两个设置项目,在实际启动服务前进行额外的指令行为。但是要特别注意的是,指令串仅接受"指令 参数 参数..."的格式,不能接受<、>、>>、|、& 等特殊字符,很多的 Bash 语法也不支持。所以,要使用这些特殊的字符时,最好直接写入指令脚本中。不过上述的语法也不是完全不能用。若要支持比较完整的 Bash 语法,需要使用 Type=oneshot 才行。其他的 Type 不能支持这些字符。

➢ ExecStop:与 systemctl stop 的执行有关,关闭此服务时所进行的指令。

➢ ExecReload:与 systemctl reload 有关的指令行为。

➢ Restart:当设置 Restart=1 时,则此 daemon 服务终止后,会再次启动此服务。举例来说,如果在 tty2 使用文字界面登录,操作完毕后退出,tty2 就基本结束服务了。但又会立刻出现一个新的 tty2 登录界面等待登录,这就是 Restart 的功能。除非使用 systemctl 强制将此服务关闭,否则这个服务会一直重复产生。

➢ RemainAfterExit:当设置 RemainAfterExit＝1 时,则这个 daemon 所属的所有程序都终止之后,此服务会再尝试启动。这对于 Type＝oneshot 的服务很有帮助。

➢ TimeoutSec:若由于某些原因导致无法顺利"正常启动或正常结束"该服务的情况下,则要进入"强制结束"状态。

➢ KillMode:可以是 process、control-group、none 的其中一种,如果是 process,则 daemon 终止时,只会终止主要的程序(ExecStart 接的后面那串指令),如果是 control-group,则由此 daemon 所产生的其他 control-group 的程序,也都会被关闭。如果是 none,则没有程序会被关闭。

➢ RestartSec:与 Restart 有点相关性,意思是如果这个服务被关闭后需要重新启动时,大概要 sleep 多长时间。默认是 100 ms。

（3）〔Install〕部分。

➢ WantedBy:这个设置后面接的大部分是 ＊.target unit。意思是,这个 unit 本身是附挂在某个 target unit 下面的。一般来说,大多数服务性质的 unit 都是附挂在 multi-user.target 下面的。

➢ Also:当目前这个 unit 本身被 enable 时,Also 后面接的 unit 也被 enable 的意思。也就是具有相依性的服务可以写在这里。

➢ Alias:进行一个链接的别名的意思。当 systemctl enable 相关的服务时,则此服务会进行链接文件的创建。以 multi-user.target 为例,它用来作为默认操作环境 default.target 的规划,因此当设置用 default.target 时,/etc/systemd/system/default.target 文件就会链接到 /usr/lib/systemd/system/multi-user.target。

11. systemctl 针对 timer 的配置文件

（1）systemd.timer 的优势。

由于所有 systemd 服务产生的信息都会被记录(log),因此比 crond 在 debug 上面要更清楚方便得多。各项 timer 的工作可以跟 systemd 服务相结合,也可以跟 control group(cgroup, 用来取代/etc/secure/limit.conf 的功能)结合,来限制该工作的资源利用,虽然还是有些弱点。例如,systemd 的 timer 并没有 E-mail 通知功能(除非自己写一个),也没有类似 anacron 的一段时间内的随机取样功能(random_delay)。此外,crond 最小的单位到分,systemd 的单位可以到秒甚至是毫秒。

一般来说,想要使用 systemd 的 timer 功能,必要组件有:

➢ 系统的 timer.target 一定要启动。

➢ 要有个 sname.service 的服务存在(sname 是自己指定的名称)。

➢ 要有个 sname.timer 的时间启动服务存在。

（2）〔Timer〕部分,见表 1-5-1。

表 1-5-1　[Timer]设置参数

设置参数	参数意义说明
OnActiveSec	当 timers.target 启动多久之后才执行这个 unit
OnBootSec	当开机完成多久之后才执行
OnStartupSec	当 systemd 第一次启动多久之后才执行
OnUnitActiveSec	这个 timer 配置文件所管理的那个 unit 服务在最后一次启动后,隔多久再执行一次
OnUnitInactiveSec	这个 timer 配置文件所管理的那个 unit 服务在最后一次停止后,隔多久再执行一次
OnCalendar	使用实际时间(非循环时间)的方式来启动服务。unit 一般不太需要设置,基本都是设置 sname.server+ sname.timer,如果 sname 并不相同时,在.timer 的文件中,需要指定是哪一个 service unit
Persistent	当使用 OnCalendar 的设置时,指定该功能要不要持续进行的意思。通常设置为 yes,能够满足类似 anacron 的功能

(3) OnCalendar 的时间。

基本语法格式如下:

英文周名　YYYY-MM-DD　HH:MM:SS

【例】:Thu　2021-08-12　13:50:00

常用的间隔时间单位有:

➢ us 或 usec:微秒(10^{-6}秒)

➢ ms 或 msec:毫秒(10^{-3}秒)

➢ s,sec,second,seconds

➢ m,min,minute,minutes

➢ h,hr,hour,hours

➢ d,day,days

➢ w,week,weeks

➢ month,months

➢ y,year,years

【例】

隔 3 小时:3 h 或 3 hr 或 3 hours

隔 300 分钟过 10 秒:10 s 300 m

隔 5 天又 100 分钟:100 m 5 day

注:通常英文的写法,小单位写前面,大单位写后面。所以先秒、再分、再小时、再天数等。

此外,也可以使用英文常用的口语化日期代表,例如 today,tomorrow 等,见表 1-5-2。

表 1-5-2　英文与时间格式对照

英　文	实际的时间格式代表
Now	Thu 2021-08-12 13:50:00(当前系统时间)
Today	Thu 2021-08-12 00:00:00
Tomorrow	Fri 2021-08-13 00:00:00

续表

英　文	实际的时间格式代表
Hourly	-- :00:00
Daily	-- * 00:00:00
Weekly	Mon -- * 00:00:00
Monthly	--01 00:00:00
+3 h 10 m	Thu 2021-08-12 17:00:00
2021-08-15	Sun 2021-08-15 00:00:00

12. CentOS 7. x 默认启动的服务简介

CentOS 7. x 默认启动的服务内容见表 1-5-3。

表 1-5-3　CentOS 7. x 服务简介

服务名称	功能简介
abrtd	(系统)abrtd 服务可以为使用者提供一些方式,让使用者可以针对不同的应用软件设计错误登录的机制。当软件产生问题时,使用者就可以根据 abrtd 的登录文件进行排错的操作。还有其他的 abrt-xxx. service 均是使用这个服务来加强应用程序 debug 任务的
accounts-daemon (可关闭)	(系统)使用 accounts service 计划所提供的一系列 D-BUS 界面来进行使用者账号信息的查询。基本与 useradd,usermod,userdel 等软件有关
alsa-X (可关闭)	(系统)开头为 alsa 的服务有不少,这些服务大部分都与音效有关。一般来说,服务器打不开图形界面,这些服务可以关闭
atd	(系统)单一的例行性工作调度。抵挡机制的配置文件在/etc/at. {allow,deny}
auditd	系统需 SELinux 安全控制信息的审计写入/var/log/audit/audit. log 中
avahi-daemon (可关闭)	(系统)也是一个用户端的服务,可以通过 Zeroconf 自动的分析与管理网络。Zeroconf 较常用在笔记本电脑与行动设备上
brandbot rhel- *	(系统)这些服务大多用于开机过程中所需要的各种侦测环境的脚本,同时也提供网络界面的启动与关闭
chronyd ntpd ntpdate	(系统)都是网络校正时间的服务。一般来说,可能需要的仅有 chronyd
cpupower	(系统)提供 CPU 的运行规范。可以参考/etc/sysconfig/cpupower 得到更多的信息
crond	(系统)配置文件为/etc/crontab,计划任务
cups (可关闭)	(系统/网络)用来管理打印机的服务,可以提供网络连线的功能,有点类似打印服务器的功能
dbus	(系统)使用 D-BUS 的方式在不同的应用程序之间传送信息,使用的方向如应用程序间的信息传递,每个使用者登录时提供的信息数据等
dm-event multipathd	(系统)监控设备对应表(device mapper)的主要服务
dmraid-activationmdmonitor	(系统)用来启动 Software RAID 的重要服务

服务名称	功能简介
dracut-shutdown	(系统)用来处理 initramfs 的相关行为
ebtables	(系统/网络)通过类似 iptables 这种防火墙规则的设置方式,设计网卡作为桥接时的封包分析政策。如果没有使用虚拟化,或者启用了 firewalld,这个服务可以不启动
emergency rescue	(系统)进入紧急模式或者是救援模式的服务
firewalld	(系统/网络)就是防火墙。以前有 iptables 与 ip6tables 等防火墙机制,新的 firewalld 搭配 firewall-cmd 指令,可以快速地创建好防火墙系统
gdm	(系统)GNOME 的登录管理员,是图形界面上一个很重要的登录管理服务
getty@	(系统)要在本机系统产生几个文字界面(tty)登录的服务
hyper ksm libvirt * vmtoolsd	(系统)跟创建虚拟机有关的许多服务。如果不适用于虚拟机,那么这些服务可以先关闭
irqbalance	(系统)如果系统是多核心的硬件,那么这个服务要启动时,可以自动地分配系统中断(IRQ)之类的硬件资源
iscsi *	(系统)可以挂载来自网络磁盘机的服务
kdump(可关闭)	Linux 核心如果出错时,用来记录内存
lvm2- *	(系统)跟 LVM 相关性较高的许多服务
microcode	(系统)Intel 的 CPU 会提供一个外挂的微指令集给系统运行
ModemManager Network NetworkManager *	(系统/网络)主要就是调制解调器、网络设置等服务
quotaon	(系统)启动 Quota 要用到的服务
rc-local	(系统)相容于 /etc/rc.d/rc.local 的调用方式。必须要让 /etc/rc.d/rc.local 具有 x 的权限后,这个服务才能真的运行。否则,写入 /etc/rc.d/rc.local 的脚本还是不能运行
rsyslog	(系统)这个服务可以记录系统所产生的各项信息,包括 /var/log/messages 内的几个重要的登录文件
smartd	(系统)这个服务可以自动侦测硬盘状态,如果硬盘发生问题,还能够自动地汇报给系统管理员
sysstat	(系统)事实上,系统中的 sar 指令会记载某些时间点下系统的资源使用情况,包括 CPU/流量/输入输出量等,当 sysstat 服务启动后,这些记录的数据才能够写入记录文档(log)中去
systemd- *	(系统)大都是属于系统运行过程所需要的服务,没必要时不要更动它的默认状态
plymount * upower	(系统)与图形界面相关性较高的一些服务

注:上面的服务是 CentOS 7.x 默认启动的,这些默认启动的服务很多是针对桌面计算机设计的,如果是在服务器上,那么有很多服务是可以关闭的。

13. 其他常用网络服务的说明

CentOS 7.x 其他常用网络服务内容见表 1-5-4。

表 1-5-4　CentOS 7. x 常用网络服务介绍

服务名称	功能简介
dovecot	(网络)可以设置 POP3/IMAP 等收受信件的服务,如果 Linux 主机是 E-mail server,才需要这个服务
httpd	(网络)这个服务可以让 Linux 服务器成为 www server
named	(网络)这是领域名称服务器(Domain Name System)的服务
nfs nfs-server	(网络)这就是 Network Filesystem,是 UNIX-Like 之间互相作为网络磁盘机的一个功能
smb nmb	(网络)这个服务可以让 Linux 仿真成 Windows 中网络上的网上邻居
vsftpd	(网络)作为文件传输服务器(FTP)的服务
sshd	(网络)这是远端连线服务器的软件功能,这个通信协议比 Telnet 好的地方在于 sshd 在传送数据时可以进行加密
rpcbind	(网络)达成 RPC 协议的重要服务,包括 NFS、NIS 等都需要它的协助
postfix	(网络)寄件的邮件主机。因为系统还是会产生很多 E-mail 信息

任务实施

【实例一】注销服务(图 1-5-1)

systemctl mask cups. path　　　//注销打印服务

注:当注销一个服务时,systemctl 命令将该服务启动脚本链接到"/dev/null"空设备上,这样就再也无法启动了。

systemctl unmask cups. path　　　//恢复打印服务

```
[root@localhost ~]# systemctl mask cups.path
Created symlink from /etc/systemd/system/cups.path to /dev/null.
[root@localhost ~]# systemctl unmask cups.path
Removed symlink /etc/systemd/system/cups.path.
[root@localhost ~]#
[root@localhost ~]#
```

图 1-5-1　注销服务

【实例二】列出系统已经启动的 units(图 1-5-2)

systemctl list-units　　　//列出系统已经启动的 units

```
[root@localhost ~]# systemctl list-units
UNIT                         LOAD    ACTIVE SUB      DESCRIPTION
proc-sys-fs-binfmt_misc.automount loaded active waiting    Arbitrary Executable F
sys-devices-pci0000:00-0000:00:07.1-ata2-host2-target2:0:0-2:0:0-block-sr0.dev
sys-devices-pci0000:00-0000:00:10.0-host0-target0:0:0-0:0:0-block-sda-sda1.dev
sys-devices-pci0000:00-0000:00:10.0-host0-target0:0:0-0:0:0-block-sda-sda2.dev
sys-devices-pci0000:00-0000:00:10.0-host0-target0:0:0-0:0:0-block-sda.device l
sys-devices-pci0000:00-0000:00:11.0-0000:02:00.0-usb2-2\x2d2-2\x2d2.1-2\x2d2.1:1
sys-devices-pci0000:00-0000:00:11.0-0000:02:00.0-usb2-2\x2d2-2\x2d2.1-2\x2d2.1:1
```

图 1-5-2　列出系统已经启动的 units

【实例三】查看系统服务,列出所有已安装的 units(图 1-5-3)

systemctl list-unit-files　　　//列出系统已安装的 units

```
[ root@localhost ~]# systemctl list-unit-files
UNIT FILE                              STATE
proc-sys-fs-binfmt_misc.automount      static
dev-hugepages.mount                    static
dev-mqueue.mount                       static
proc-fs-nfsd.mount                     static
proc-sys-fs-binfmt_misc.mount          static
sys-fs-fuse-connections.mount          static
sys-kernel-config.mount                static
sys-kernel-debug.mount                 static
tmp.mount                              disabled
var-lib-nfs-rpc_pipefs.mount           static
brandbot.path                          disabled
cups.path                              enabled
systemd-ask-password-console.path      static
systemd-ask-password-plymouth.path     static
systemd-ask-password-wall.path         static
session-1.scope                        static
```

图 1-5-3　列出所有已安装的 units

【实例四】列出指定类型的 units（图 1-5-4）

systemctl list-unit --type＝service --all　　//列出指定类型的 units

```
[ root@localhost ~]# systemctl list-units --type=service --all
 UNIT                       LOAD      ACTIVE   SUB     DESCRIPTION
 abrt-ccpp.service          loaded    active   exited  Install ABRT coredump hoo
 abrt-oops.service          loaded    active   running ABRT kernel log watcher
 abrt-vmcore.service        loaded    inactive dead    Harvest vmcores for ABRT
 abrt-xorg.service          loaded    active   running ABRT Xorg log watcher
 abrtd.service              loaded    active   running ABRT Automated Bug Report
 accounts-daemon.service    loaded    active   running Accounts Service
 alsa-restore.service       loaded    inactive dead    Save/Restore Sound Card S
 alsa-state.service         loaded    active   running Manage Sound Card State (
●apparmor.service           not-found inactive dead    apparmor.service
 atd.service                loaded    active   running Job spooling tools
 auditd.service             loaded    active   running Security Auditing Service
 auth-rpcgss-module.service loaded    inactive dead    Kernel Module supporting
 avahi-daemon.service       loaded    active   running Avahi mDNS/DNS-SD Stack
 blk-availability.service   loaded    active   exited  Availability of block dev
 bluetooth.service          loaded    active   running Bluetooth service
 brandbot.service           loaded    inactive dead    Flexible Branding Service
 chronyd.service            loaded    active   running NTP client/server
```

图 1-5-4　列出指定类型的 units

【实例五】测试当前的系统模式（图 1-5-5）

systemctl get-default　　//测试当前的系统模式

```
[ root@localhost ~]# systemctl get-default
graphical.target
[ root@localhost ~]#
```

图 1-5-5　测试当前的系统模式

【实例六】设定下一个启动模式（图 1-5-6）

systemctl set-default multi-user.target　　//设定系统模式

```
[ root@localhost ~]# systemctl set-default multi-user.target
Removed symlink /etc/systemd/system/default.target.
Created symlink from /etc/systemd/system/default.target to /usr/lib/systemd/system
/multi-user.target.
```

图 1-5-6　设定下一个启动模式

【实例七】在不重启的情况下，将当前模式设为纯文字模式

systemctl isolate multi-user. target 　　//当前模式为纯文字模式

【实例八】列出目前的 target 环境下，使用到哪些 units（图 1-5-7）

systemctl list-dependencies 　　　　//列出目前的 target 环境下所用到的 units

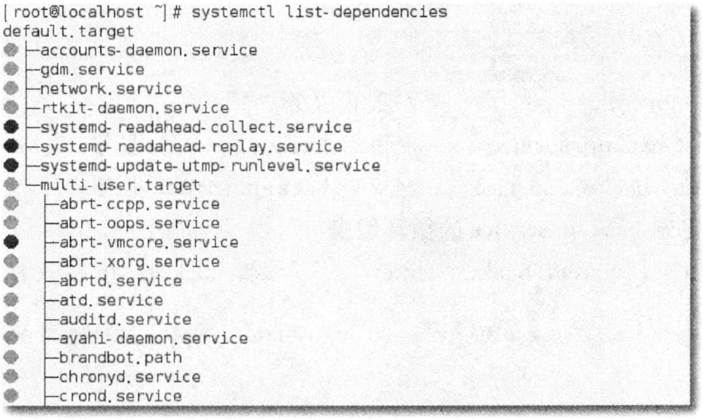

```
[ root@localhost ~]# systemctl list-dependencies
default.target
●—accounts-daemon.service
●—gdm.service
●—network.service
●—rtkit-daemon.service
●—systemd-readahead-collect.service
●—systemd-readahead-replay.service
●—systemd-update-utmp-runlevel.service
●—multi-user.target
  —abrt-ccpp.service
  —abrt-oops.service
  —abrt-vmcore.service
  —abrt-xorg.service
  —abrtd.service
  —atd.service
  —auditd.service
  —avahi-daemon.service
  —brandbot.path
  —chronyd.service
  —crond.service
```

图 1-5-7　目前的 target 环境下所用到的 unit

【实例九】列出都有哪些服务用到当前的 target（图 1-5-8）

systemctl list-dependencies --reverse 　　//列出哪些服务用到目前的 target

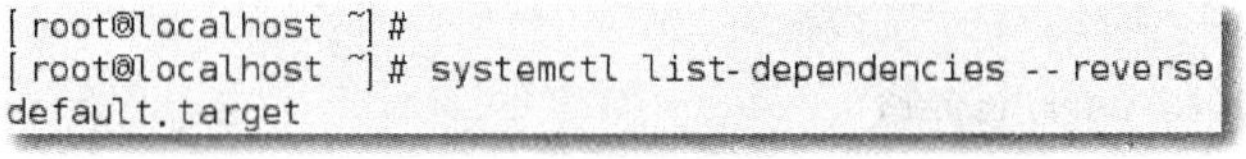

```
[ root@localhost ~]#
[ root@localhost ~]# systemctl list-dependencies --reverse
default.target
```

图 1-5-8　列出都有哪些服务用到当前的 target

【实例十】定制一个属于自己的备份服务

定制一个系统日志备份服务，要求按照计划任务将系统日志按当前日期命名并进行备份。

vim backup. sh 　　//编写一个脚本

脚本内容如下：

```
#!/bin/bash
source="/etc/home/root/var/lib"
target="/backups/backup-system-$(date+%Y-%m-%d).tar.gz"
[! -d /backups]&&mkdir /backups
tar -zcvf ${target} ${source}& /backups/bak$(date+%Y-%m-%d).log
```

chmod a+x /root/backup. sh 　　　　//修改脚本文件权限

vim /etc/system/system/backup. service 　　//编辑备份服务文件

编辑内容如下：

```
[Unit]
Description=backup my server
Resquires=atd. service 　　//由于后面调用了"at now"命令,所以这里需要设置依存关系
```

```
[Service]
Type=simple
ExecStart=/bin/bash-c"echo /root/backup.sh|at now"
[Install]
WantedBy=multi-user.target
```

systemctl daemon-reload   //重载服务

systemctl start backup.service   //重启 backup.service 服务

systemctl status backup.service   //检查 backup.service 服务

【实例十一】定制 backup.service 的循环服务

vim /etc/systemd/system/backup.timer   //编辑 backup.timer 文件

编辑内容如下：

```
[Unit]
Description=backup my server timer
[Timer]
OnBootSec=2hrs
OnUnitActiveSec=2Days
[Install]
WantedBy=multi-user.target
```

systemctl daemon-reload   //重载服务

systemctl enable backup.service   //设置开机启动 backup.service 服务

systemctl restart backup.service   //重启 backup.service 服务

systemctl list-unit-files|grep backup //查询服务

任务六 弱口令检测

任务描述

　　服务器一直承载着企业机构中最为重要的数据，很容易引起外来入侵者的窥探，遭遇入侵。不同服务都具有各自服务特色的弱口令，有一部分是服务安装时的默认密码。比如，MySQL 数据库的默认密码为空；不同的 FTP 工具其默认的账号密码也不同，如"账号 ftp，密码 ftp""账号 anonymous，密码 anonymous/空"等。因此，我们在检测一个服务的弱口令时，也可以尝试用比较常见的账号及密码进行服务登录。由于弱口令更多是因为人们的安全意识淡薄、安全管理缺失造成的，因此作为系统管理员应该时常对系统中的弱口令进行检测，并制定策略进行修改与防护。随着网络时代的迅速发展，互联网上针对弱口令攻击的工具日益完善，这无论对于企业还是个人来说，都是一个巨大的威胁，更需要增强人们的安全意识来避免黑客攻击。

学习指导

　　1. 了解弱口令的相关介绍。
　　2. 了解扫描端口的命令。
　　3. 了解 JR 工具的用法。
　　4. 了解 NMAP 命令的用法。

知识链接

1. 弱口令介绍

　　弱口令（Weak Password）没有严格和准确的定义，通常认为，容易被别人（他们有可能对此很了解）猜测到或被破解工具破解的口令均为弱口令。弱口令指的是仅包含简单数字和字母的口令，例如"123""abc"等，因为这样的口令很容易被别人破解，从而使用户的计算机面临风险，因此不推荐用户使用。

2. john the ripper 使用方法

语法格式：john［选项］［密码文件名］

注：所有的选项均对大小写不敏感，而且也不需要全部输入，只要不与其他参数冲突即可，如-restore 参数只要输入-res 即可。

选项：

➢ -pwfile:＜file＞［,..］:用于指定存放密文所在的文件名,可以输入多个文件,文件名以"，"分隔,也可以使用"＊"或者"?"这两个通配符引用一批文件。或者也可以不使用此参数,将文件名放在命令行的最后即可。

➢ -wordfile:＜字典文件名＞-stdin:用于指定解密用的字典文件名。也可以使用 stdio 来输入,就是在键盘中输入。

➢ -rules:在解密过程中使用单词规则变化功能。如将尝试 cool 单词的其他可能,cooler. Cool 等,详细规则可以在 john. ini 文件中的［List. Rules:Wordlist］部分查到。

➢ -incremental［:＜模式名称＞］:使用遍历模式,就是组合密码的所有可能情况,详细规则可以在 john. ini 文件中的［Incremental］部分查到。

➢ -single:使用单一模式进行解密,主要是根据用户名产生变化来猜测解密,可以消灭"笨蛋"用户。其组合规则可以在 john. ini 文件中的［List. Rules:Single］部分查到。

➢ -external:＜模式名称＞:使用自定义的扩展解密模式,可以在 john. ini 中定义自己需要的密码组合方式。john 也在 ini 文件中给出了几个示例,在 ini 文件的［List. External］中所定义的自定义破解功能。

➢ -restore［:＜文件名＞］:继续上次的破解工作,john 被中断后,当前的解密进度情况被存放在 restore 文件中,可以拷贝这个文件到一个新的文件中。如果参数后不带文件名,john 默认使用 restore 文件。

➢ -makechars:＜文件名＞:制作一个字符表,如果所指定的文件已经存在,则进行覆盖。john 尝试使用内在规则在相应密钥空间中生成一个最有可能击中的密码组合,它会参考在 john. pot 文件中已经存在的密钥。

➢ -show:显示已经破解的密码,因为 john. pot 文件中并不包含用户名,所以应该输入相应的包含密码的文件名,john 会输出包含被解密的用户及其密码的详细表格。

3. NMAP 命令解读

NMAP 命令是一款开放源代码的网络探测和安全审核工具,它的设计目标是快速地扫描大型网络。

语法:nmap［选项］［参数］

选项：

➢ -O:激活操作探测；

➢ -P0:只进行扫描,不 ping 主机；

➢ -PT:同 TCP 的 ping；

➢ -sV:探测服务版本信息；

➢ -sP:ping 扫描,仅发现目标主机是否存活；

➢ -ps:发送同步(SYN)报文;

➢ -PU:发送 UDP ping;

➢ -PE:强制执行直接的 ICMP ping;

➢ -PB:默认模式,可以使用 ICMP ping 和 TCP ping;

➢ -6:使用 IPv6 地址;

➢ -v:得到更多选项信息;

➢ -d:增加调试信息的输出;

➢ -oN:以人们可阅读的格式输出;

➢ -oX:以 xml 格式向指定文件输出信息;

➢ -oM:以机器可阅读的格式输出;

➢ -A:使用所有高级扫描选项;

➢ --resume:继续上次执行完的扫描;

➢ -P:指定要扫描的端口,可以是一个单独的端口,也可以是用逗号隔开的多个端口,使用"-"表示端口范围;

➢ -e:在多网络接口的 Linux 系统中,指定扫描使用的网络接口;

➢ -g:将指定的端口作为源端口进行扫描;

➢ --ttl:指定发送的扫描报文的生存期;

➢ --packet-trace:显示扫描过程中收发报文统计;

➢ --scanflags:设置在扫描报文中的 TCP 标志。

参数:

➢ ip 地址:指定待扫描报文中的 TCP 地址。

任务实施

【实例一】JR 工具的安装与使用

步骤1:安装 JR 工具,如图 1-6-1 和图 1-6-2 所示。

wget http://www.openwall.com/john/j/john-1.8.0.tar.gz　　//获取 JR 工具包

```
[root@localhost ~]# wget http://www.openwall.com/john/j/john-1.8.0.tar.gz
--2017-12-30 21:43:44--  http://www.openwall.com/john/j/john-1.8.0.tar.gz
正在解析主机 www.openwall.com (www.openwall.com)... 195.42.179.202
正在连接 www.openwall.com (www.openwall.com)|195.42.179.202|:80... 已连接。
已发出 HTTP 请求,正在等待回应... 200 OK
长度:5450412 (5.2M) [application/x-tar]
正在保存至: "john-1.8.0.tar.gz"

100%[====================================>] 5,450,412   16.4KB/s 用时 8m 11s

2017-12-30 21:51:56 (10.8 KB/s) - 已保存 "john-1.8.0.tar.gz" [5450412/5450412])
```

图 1-6-1　获取 JR 工具包

tar zxvf john-1.8.0.tar.gz　　//安装 JR 工具包

```
[root@localhost ~]# tar zxvf john-1.8.0.tar.gz
john-1.8.0/README
john-1.8.0/doc/CHANGES
john-1.8.0/doc/CONFIG
john-1.8.0/doc/CONTACT
john-1.8.0/doc/COPYING
john-1.8.0/doc/CREDITS
john-1.8.0/doc/EXAMPLES
john-1.8.0/doc/EXTERNAL
```

图 1-6-2　安装 JR 工具包

步骤 2：使用 JR 工具并检测，如图 1-6-3～图 1-6-8 所示。

make 　　　//查看所支持的系统类型

```
[root@localhost src]# make
To build John the Ripper, type:
        make clean SYSTEM
where SYSTEM can be one of the following:
linux-x86-64-avx        Linux, x86-64 with AVX (2011+ Intel CPUs)
linux-x86-64-xop        Linux, x86-64 with AVX and XOP (2011+ AMD CPUs)
linux-x86-64            Linux, x86-64 with SSE2 (most common)
linux-x86-avx           Linux, x86 32-bit with AVX (2011+ Intel CPUs)
linux-x86-xop           Linux, x86 32-bit with AVX and XOP (2011+ AMD CPUs)
linux-x86-sse2          Linux, x86 32-bit with SSE2 (most common, if 32-bit)
linux-x86-mmx           Linux, x86 32-bit with MMX (for old computers)
linux-x86-any           Linux, x86 32-bit (for truly ancient computers)
linux-alpha             Linux, Alpha
linux-sparc             Linux, SPARC 32-bit
linux-ppc32-altivec     Linux, PowerPC w/AltiVec (best)
linux-ppc32             Linux, PowerPC 32-bit
linux-ppc64             Linux, PowerPC 64-bit
```

图 1-6-3　查看所支持的系统类型

make clean linux-x86-64 　　　//进行编译

```
[root@localhost src]# make clean linux-x86-64
rm -f ../run/john ../run/unshadow ../run/unafs ../run/unique ../run/john.bin ../
run/john.com ../run/unshadow.com ../run/unafs.com ../run/unique.com ../run/john.
exe ../run/unshadow.exe ../run/unafs.exe ../run/unique.exe
rm -f ../run/john.exe john-macosx-* *.o *.bak core
rm -f detect bench generic.h arch.h tmp.s
cp /dev/null Makefile.dep
ln -sf x86-64.h arch.h
```

图 1-6-4　进行编译

cd ../run 　　　//切换目录
vim password.lst 　　　//编辑字典文件，添加弱口令

```
#!comment: For more wordlists, see http://www.openwall.com/wordlists/
123456
12345
password
password1
123456789
12345678
1234567890
abc123
computer
tigger
1234
qwerty
money
carmen
mickey
```

图 1-6-5　编辑字典文件

./john /etc/shadow/ 　　　　//对"etc/shadow"进行检测

```
[root@localhost run]# ./john /etc/shadow
Loaded 3 password hashes with 3 different salts (crypt, generic crypt(3) [?/64])
Press 'q' or Ctrl-C to abort, almost any other key for status
0g 0:00:00:04 14% 1/3 0g/s 223.2p/s 223.2c/s 223.2C/s user1[..User199999h
0g 0:00:14:11 34% 2/3 0g/s 77.75p/s 212.9c/s 212.9C/s sweetness0..grateful0
```

图 1-6-6　对"etc/shadow"进行检测

./john -show /etc/shadow 　　　　/* 查看分析结果,由于我们在前面章节修改过密码策略,所以本次没有检测到弱口令 */

注:实际上,分析结果已经保存在"john.pot"文件中了。

```
[root@localhost run]# ./john -show /etc/shadow
0 password hashes cracked, 3 left
```

图 1-6-7　查看分析结果

>john.pot 　　　　　　　　　　　　　　　　　　　//清空"john.pot"文件
./john -wordlist＝password.lst /etc/shadow 　　　//指定自命名的字典文件

```
[root@localhost run]# >john.pot
[root@localhost run]# ./john -wordlist=password.lst /etc/shadow
```

图 1-6-8　清空"john.pot"文件并指定自命名的字典文件

【实例二】利用 NMAP 命令进行网络端口扫描

步骤 1:安装 NMAP 工具。

yum install nmap * -y 　　　//安装 NMAP 工具

步骤 2:NMAP 工具的使用。

(1) 查看本机开放的端口,如图 1-6-9 和图 1-6-10 所示。

nmap 127.0.0.1 　　　　//检查 TCP 端口

```
[root@localhost ~]# nmap 127.0.0.1

Starting Nmap 6.47 ( http://nmap.org ) at 2017-12-31 10:19 CST
Nmap scan report for localhost (127.0.0.1)
Host is up (0.000012s latency).
Not shown: 996 closed ports
PORT     STATE SERVICE
22/tcp   open  ssh
25/tcp   open  smtp
111/tcp  open  rpcbind
631/tcp  open  ipp
```

图 1-6-9　检查 TCP 端口

nmap -sU 127.0.0.1 　　　　//检查 UDP 端口

```
[root@localhost ~]# nmap -sU 127.0.0.1

Starting Nmap 6.47 ( http://nmap.org ) at 2017-12-31 10:22 CST
Nmap scan report for localhost (127.0.0.1)
Host is up (0.000014s latency).
Not shown: 999 closed ports
PORT      STATE          SERVICE
5353/udp  open|filtered  zeroconf

Nmap done: 1 IP address (1 host up) scanned in 1.42 seconds
```

图 1-6-10　检查 UDP 端口

（2）扫描 192.168.0.0/24 网段有哪些主机提供 FTP 服务，如图 1-6-11 所示。

nmap -p 21 192.168.0.0/24 　　　　//扫描指定网段的 21 号端口

```
[root@localhost ~]# nmap -n -sP 192.168.0.0/24

Starting Nmap 6.47 ( http://nmap.org ) at 2017-12-31 11:05 CST
Nmap scan report for 192.168.0.1
Host is up (0.0085s latency).
PORT    STATE   SERVICE
21/tcp  closed  ftp
MAC Address: 70:62:B8:D7:B5:68 (D-Link International)
```

图 1-6-11　192.168.0.0/24 网段

（3）检测 192.168.0.0/24 网段有哪些存活主机，如图 1-6-12 所示。

nmap -n -sP 192.168.0.0/24 　　　　//-n 禁用反向解析，检测网段存活主机

```
[root@localhost ~]# nmap -n -sP 192.168.0.0/24

Starting Nmap 6.47 ( http://nmap.org ) at 2017-12-31 11:28 CST
Nmap scan report for 192.168.0.1
Host is up (0.028s latency).
MAC Address: 70:62:B8:D7:B5:68 (D-Link International)
Nmap scan report for 192.168.0.2
Host is up (0.000086s latency).
MAC Address: E0:94:67:53:8A:63 (Intel Corporate)
```

图 1-6-12　检测网段存活主机

（4）探测目标主机开放的端口，可以指定一个以逗号分隔的端口列表（如-PS22,23,25,80），如图 1-6-13 所示。

nmap -PS21,22,23,25 192.168.0.28 　　　　//探测目标主机 21,22,23,25 号端口

```
[root@localhost ~]# nmap -PS21,22,23,25 192.168.0.28

Starting Nmap 6.47 ( http://nmap.org ) at 2017-12-31 11:39 CST
Failed to resolve "-PS21,22,23,25".
Nmap scan report for 192.168.0.28
Host is up (0.0000060s latency).
Not shown: 998 closed ports
PORT     STATE SERVICE
22/tcp   open  ssh
111/tcp  open  rpcbind

Nmap done: 1 IP address (1 host up) scanned in 0.74 seconds
```

图 1-6-13　探测目标主机 21,22,23,25 号端口

（5）使用 UDP ping 探测主机，如图 1-6-14 所示。

nmap -PU 192.168.0.0/24 　　　　//使用 UDP ping 探测主机

```
[root@localhost ~]# nmap -PU 192.168.0.0/24

Starting Nmap 6.47 ( http://nmap.org ) at 2017-12-31 12:03 CST
Nmap scan report for 192.168.0.1
Host is up (0.012s latency).
Not shown: 997 closed ports
PORT      STATE SERVICE
23/tcp    open  telnet
80/tcp    open  http
5431/tcp  open  park-agent
MAC Address: 70:62:B8:D7:B5:68 (D-Link International)
```

图 1-6-14　使用 UDP ping 探测主机

（6）使用 SYN 扫描，又称为半开放扫描（高效快速），如图 1-6-15 所示。

nmap -sS 192.168.0.0/24 　　　　//SYN 扫描指定网段

图 1-6-15　使用 SYN 扫描

注：当 SYN 扫描不能使用时，可以使用 TCP Connect()扫描 namp -St 192.168.0.0/24。

（7）确定目标主机支持哪些 IP 协议（TCP、ICMP、IGMP 等），如图 1-6-16 所示。

nmap -sO 192.168.0.0/24　　　//确定目标主机所支持的协议

图 1-6-16　确定目标主机所支持的协议

任务描述

　　日志是 IT 系统在运行过程中产生的事件的记录。通过日志，IT 管理员可以了解系统的运行状况；通过日志，IT 管理员可以检验信息系统安全机制的有效性；通过日志，业务管理员可以了解业务的发展情况。

　　日志是系统安全结构中的一个重要内容，是提供攻击发生的唯一真实证据。日志分析就是对有关操作系统、系统应用或用户活动所产生的一系列的计算机安全事件进行记录和分析的过程。管理员采用日志分析审计系统来监视系统的状态和活动，对日志文件进行分析，及时发现系统中存在的安全问题，并采取相关措施进行修复。Linux 系统中的日志子系统对于系统安全来说非常重要，它记录了系统每天发生的各种各样的事情，包括哪些用户曾经或者正在使用系统，可以通过日志来检查错误发生的原因。更重要的是，在系统受到黑客攻击后，日志可以记录攻击者留下的痕迹。通过查看这些痕迹，系统管理员可以发现黑客攻击的某些手段以及特点，从而进行处理，为抵御下一次攻击做好准备。

学习指导

　　1. 了解系统日志的重要性。
　　2. 了解系统日志的相关文件。
　　3. 了解日志的基本知识。
　　4. 了解日志的安全使用方法。

知识链接

1. 系统日志的重要性

　　在一个完整的信息系统中，日志系统是一个非常重要的功能组成部分。它可以记录系统产生的所有行为，并按照某种规范表达出来。可以使用日志系统所记录的信息为系统排错，优化系统的性能，或者根据这些信息调整系统的行为。在安全领域，日志可以反映出很多的安全攻击行为，比如登录错误、异常访问等。日志还能告诉我们很多关于网络中所发生事件的信息,包括性能信息、故障检测和入侵检测。日志会成为在事故发生后查明事件的一个很好的"取证"信息来源。日志也可以为审计进行审计跟踪。

2.日志信息等级划分

日志等级通常分为四种:DEBUG、INFO、WARN、ERROR。

(1) DEBUG:系统调试信息,通常用于开发过程中对系统运行情况的监控,在实际运行环境中不进行输出。

(2) INFO:系统运行的关键性信息,通常用于监控系统的运行情况。

(3) WARN:警告信息,系统存在潜在的问题,有可能引起运行异常,但此时并未产生异常。

(4) ERROR:系统错误信息,需要进行及时处理和优化。

这里列出了各种等级的日志信息,在开发过程中,要将信息设置为哪种等级需要开发者自己进行判断。

日志管理对系统来说非常重要,完整的日志在系统维护中起着非常重要的作用。日志就像对系统进行分析的工具,工具便捷了,对系统分析起来就能达到事半功倍的效果。管理员必须要明白日志的价值和意义,万万不可忽略和轻视,并且在系统设计之初就建议制定一份关于日志管理的说明规范,明确哪些方法、操作必须进行日志输出,在进行系统运维的过程中也要严格遵守。

3. Linux 日志子系统

Linux 系统中的日志子系统对于系统安全来说非常重要,它记录了系统每天发生的各种各样的事情,包括哪些用户曾经或者正在使用系统,可以通过日志来检查错误发生的原因,更重要的是,在系统受到黑客攻击后,日志可以记录攻击者留下的痕迹,通过查看这些痕迹,系统管理员可以发现黑客攻击的某些手段以及特点,从而进行处理,为抵御下一次攻击做好准备。

在 Linux 系统中,有三类主要的日志子系统:

(1) 连接时间日志:由多个程序执行,把记录写入/var/log/wtmp 和/var/run/utmp,login 等程序会更新 wtmp 和 utmp 文件,使系统管理员能够跟踪谁在何时登录系统。

(2) 进程统计:由系统内核执行,当一个进程终止时,为每个进程向进程统计文件(pacct 或 acct)中写入一个记录。进程统计的目的是为系统中的基本服务提供命令使用统计。

(3) 错误日志:由 Syslogd 守护程序执行,各种系统守护进程、用户程序和内核通过 Syslogd 守护程序向文件/var/log/messages 报告值得注意的事件。另外,还有许多 UNIX 程序创建的日志;像 HTTP 和 FTP 这样提供网络服务的服务器也保持详细的日志。

4.用户日志的使用

(1) 用户日志使用注意事项。

系统管理人员应该提高警惕,随时注意各种可疑状况,并且按时和随机地检查各种系统日志文件,包括一般信息日志、网络连接日志、文件传输日志以及用户登录日志等。在检查这些日志时,要注意是否有不合常理的时间记载。例如:

➢ 用户在非常规的时间登录;

➢ 不正常的日志记录,比如日志的残缺不全或者是诸如 wtmp 这样的日志文件无故地缺少了中间的记录文件;

  ➢ 用户登录系统的 IP 地址和以往的不一样;

  ➢ 用户登录失败的日志记录,尤其是那些一再连续尝试进入失败的日志记录;

  ➢ 非法使用或不正当使用超级用户权限 su 的指令;

  ➢ 无故或者非法重新启动各项网络服务的记录。

另外,尤其提醒管理人员注意的是,日志并不是完全可靠的。高明的黑客在入侵系统后,经常会清除入侵痕迹。所以需要综合运用以上的系统命令,全面、综合地进行审查和检测,切忌断章取义,否则很难发现入侵或者做出错误的判断。

(2)用户日志文件使用命令。

utmp 与 wtmp 日志文件是多数 Linux 日志子系统的关键,它保存了用户登录和退出的记录。有关当前登录用户的信息记录在文件 utmp 中,登录和退出记录在文件 wtmp 中,数据交换、关机以及重启的机器信息也都记录在 wtmp 文件中。所有的记录都包含时间戳。时间戳对于日志来说非常重要,因为很多攻击行为都与时间有极大关系。这些文件在具有大量用户的系统中增长十分迅速。例如,wtmp 文件可以无限增长,除非定期截取。

许多系统以一天或者一周为单位把 wtmp 配置成循环使用。它通常由 cron 运行的脚本来修改,这些脚本重新命名并循环使用 wtmp 文件。utmp 文件被各种命令文件使用,包括 who、w、users 和 finger。而 wtmp 文件被程序 last 和 ac 使用。但它们都是二进制文件,不能被诸如 tail 命令剪切或合并(使用 cat 命令)。用户需要使用 who、w、users、last 和 ac 来运行这两个文件包含的信息。具体命令用法如下:

➢ who 命令:who 命令查询 utmp 文件并报告当前登录的每个用户。who 的默认输出包括用户名、终端类型、登录日期及远程主机。使用该命令,系统管理员可以查看当前系统存在哪些不法用户,从而对其进行审计和处理。如果指明了 wtmp 文件名,则 who 命令查询所有以前的记录。例如,命令 who/var/log/wtmp 报告自 wtmp 文件创建或删改以来的每一次登录。

➢ users 命令:users 用单独的一行打印出当前登录的用户,每个显示的用户名对应一个登录会话。如果一个用户有不止一个登录会话,那其用户名将显示相同的次数。

【例】查看当前系统登录的用户。

［root@localhost ～］# users

root root

可以看到当前系统只登录了一个 root 用户。

➢ last 命令:last 命令往回搜索 wtmp 以显示自文件第一次创建以来登录过的用户。系统管理员可以周期性地对这些用户的登录情况进行审计和考核,从而发现其中存在的问题,确定不法用户,并进行处理。

注:使用上述命令显示的信息太多,区分度很小。所以,可以通过指明用户来显示其登录信息即可。

【例】使用 last devin 来显示 devin 的历史登录信息。

［root@localhost ～］# last devin

wtmp begins Thu Jun 15 11:03:24 2017

➢ ac 命令:ac 命令根据当前的/var/log/wtmp 文件中的登录和退出来报告用户连接的时

间(小时),如果不使用标志,则报告总的时间。另外,可以加一些参数,例如,last -t 7 表示显示上一周的报告。lastlog 命令表示 lastlog 文件在每次有用户登录时被查询,可以使用 lastlog 命令检查某特定用户上次登录的时间,并格式化输出上次登录日志/var/log/lastlog 的内容。它根据 UID 排序显示登录名、端口号(tty)和上次登录时间。如果一个用户从未登录过,lastlog 显示"**Never logged**"。注意需要以 root 身份运行该命令。

5. 使用 Syslog 设备

Syslog 已被许多日志函数采纳,用在许多保护措施中,任何程序都可以通过 Syslog 记录事件。Syslog 可以记录系统事件,可以写入一个文件或设备中,或给用户发送一个信息。它能记录本地事件或通过网络记录另一个主机上的事件。

Syslog 设备核心包括一个守护进程(/etc/syslogd)和一个配置文件(/etc/syslog. conf)。通常情况下,多数 Syslog 信息被写入/var/adm 或/var/log 目录下的信息文件中(messages. *)。一个典型的 Syslog 记录包括生成程序的名字和一个文本信息,还包括一个设备和一个优先级范围。系统管理员通过使用 syslog. conf 文件,可以对生成的日志的位置及其相关信息进行灵活配置,满足应用的需要。例如,如果想把所有邮件消息记录到一个文件中,则做如下操作:

♯Log all the mail messages in one place

mail. * /var/log/maillog

其他设备也有自己的日志。UUCP 和 news 设备能产生许多外部消息。它把这些消息存到自己的日志(/var/log/spooler)中,并把级别限为\"err\"或更高。例如:

♯ Save news errors of level crit and higher in a special file.

uucp,news. crit /var/log/spooler

当一个紧急消息到来时,Syslog 设备可能想让所有的用户都得到,也可能想让自己的日志接收并保存。例如:

♯Everybody gets emergency messages,plus log them on anther machine

*. emerg *

*. emerg @ ♯

用户可以在一行中指明所有的设备。下面的例子把 info 或更高级别的消息送到/var/log/messages,除了 mail 以外。级别\"none\"禁止一个设备,例如:

♯Log anything(except mail)of level info or higher

♯Don\'t log private authentication messages!

*. info:mail. none;autHPriv. none /var/log/messages

在有些情况下,可以把日志送到打印机,这样网络入侵者怎么修改日志都不能清除入侵的痕迹。因此,Syslog 设备是一个攻击者的显著目标,破坏了它将会使用户很难发现入侵以及入侵的痕迹,因此要特别注意保护其守护进程以及配置文件。

6. 程序日志的使用

许多程序通过维护日志来反映系统的安全状态。su 命令允许用户获得另一个用户的权限,所以其安全性很重要,它的文件为 sulog,同样的还有 sudolog。另外,诸如 Apache 等 Http 的服务器都有两个日志:access_log(客户端访问日志)和 error_log(服务出错日志)。

FTP 服务的日志记录在 xferlog 文件中,Linux 下的邮件传送服务(Send-mail)日志一般存放在 maillog 文件中。

程序日志的创建和使用在很大程度上依赖于用户的良好习惯。一个优秀的管理员,对于任何与系统安全或者网络安全相关的维护,都应该包含日志功能。这样不但便于程序的调试和纠错,更重要的是,能够给程序的使用方提供日志的分析功能,从而使系统管理员能够较好地掌握程序乃至系统的运行状况和用户行为,及时采取行动,排除和阻断意外以及恶意的入侵行为。

Linux 系统下程序日志由相应的应用程序独立管理,例如:

(1) Web 服务日志管理程序:/var/log/httpd/。

管理的日志文件:access_log、error_log。

(2) 代理服务日志管理程序:/var/log/squid/。

管理的日志文件:access_log、cache. log、squid. out、store. log。

常用的 Linux 日志分析工具有:

(1) 文本查看、grep 过滤检索、Webmin 管理套件。

(2) awk、sed 等文本过滤、格式化编辑工具。

(3) Webalizer、Awstats 等专用日志分析工具。

7. 主要日志文件介绍

日志默认保存位置为/var/log。主要的日志文件包括:

(1) 内核及公共消息日志:/var/log/messages。

(2) 计划任务日志:/var/log/cron。

(3) 系统引导日志:/var/log/dmesg。

(4) 邮件系统日志:/var/log/maillog。

(5) 最近的用户登录事件:/var/log/lastlog。

(6) 用户验证相关的安全性事件:/var/log/secure。

(7) 当前登录用户详细信息:/var/log/wtmp。

(8) 用户登录、注销及系统开、关机等事件:/var/run/utmp。

8. 日志管理策略

(1) 及时做好备份和归档。

(2) 延长日志保存期限。

(3) 控制日志访问权限。日志中可能会包含各类敏感信息,如账户、口令等。

(4) 集中管理日志。

➢ 将服务器的日志文件发到统一的日志文件服务器。

➢ 便于日志信息的统一收集、整理和分析。

➢ 杜绝日志信息的意外丢失、恶意篡改或删除。

任务实施

【实例一】常见日志查询

(1) 显示当前正在登录的用户,如图 1-7-1 所示。

who　　//访问 utmp 记录,显示当前正在登录的用户

```
[root@localhost ~]# who
root        :0              2017-12-30 19:32 (:0)
root        pts/0           2017-12-30 19:38 (:0)
root        pts/1           2017-12-30 22:15 (:0)
```

图 1-7-1　显示当前正在登录的用户

(2) 显示从文件第一次创建以来登录过的用户,如图 1-7-2 所示。

last　　//访问 wtmp 文件,显示从文件第一次创建以来登录过的用户

```
[root@localhost ~]# last
root        pts/2       :0              Sat Dec 30 23:07    still logged in
root        pts/1       :0              Sat Dec 30 22:15    still logged in
root        pts/1       :0              Sat Dec 30 22:09 - 22:15  (00:06)
root        pts/0       :0              Sat Dec 30 19:38    still logged in
root        pts/0       :0              Sat Dec 30 19:32 - 19:38  (00:06)
root        :0          :0              Sat Dec 30 19:32    still logged in
(unknown    :0          :0              Sat Dec 30 19:31 - 19:32  (00:00)
root        tty1                        Sat Dec 30 19:31 - 19:31  (00:00)
root        pts/0       :0              Sat Dec 30 19:30 - 19:31  (00:00)
root        :0          :0              Sat Dec 30 19:30 - 19:31  (00:00)
(unknown    :0          :0              Sat Dec 30 19:29 - 19:30  (00:00)
root        tty1                        Sat Dec 30 19:29 - 19:29  (00:00)
root        pts/0       :0              Sat Dec 30 19:29 - 19:29  (00:00)
```

图 1-7-2　显示从文件第一次创建以来登录过的用户

(3) 查看用户累次登录记录,如图 1-7-3 所示。

last root　　//查看 root 用户累次登录记录

```
[root@localhost ~]# last root
root        pts/2       :0              Sat Dec 30 23:07    still logged in
root        pts/1       :0              Sat Dec 30 22:15    still logged in
root        pts/1       :0              Sat Dec 30 22:09 - 22:15  (00:06)
root        pts/0       :0              Sat Dec 30 19:38    still logged in
root        pts/0       :0              Sat Dec 30 19:32 - 19:38  (00:06)
root        :0          :0              Sat Dec 30 19:32    still logged in
root        tty1                        Sat Dec 30 19:31 - 19:31  (00:00)
root        pts/0       :0              Sat Dec 30 19:30 - 19:31  (00:00)
root        :0          :0              Sat Dec 30 19:30 - 19:31  (00:00)
root        tty1                        Sat Dec 30 19:29 - 19:29  (00:00)
root        pts/0       :0              Sat Dec 30 19:29 - 19:29  (00:00)
root        :0          :0              Sat Dec 30 19:28 - 19:29  (00:00)
root        tty1                        Sat Dec 30 19:26 - 19:28  (00:01)
root        pts/0       :0              Sat Dec 30 17:54 - 19:26  (01:31)
root        :0          :0              Sat Dec 30 17:54 - 19:26  (01:32)
root        pts/0       :0              Sat Dec 30 17:51 - 17:52  (00:00)
```

图 1-7-3　查看用户累次登录记录

(4) 统计用户登录的总时间,如图 1-7-4 所示。

ac root　　//统计 root 用户登录的总时间

```
[root@localhost ~]# ac root
        total    1129.85
[root@localhost ~]#
```

图 1-7-4　统计用户登录的总时间

(5) 统计所有系统用户最后登录的时间，如图 1-7-5 所示。

last log　　//统计所有系统用户最后登录的时间

```
[root@localhost ~]# lastlog
用户名           端口     来自             最后登陆时间
root             :0                        六 12月 30 19:32:11 +0800 2017
bin                                        **从未登录过**
daemon                                     **从未登录过**
adm                                        **从未登录过**
lp                                         **从未登录过**
sync                                       **从未登录过**
shutdown                                   **从未登录过**
halt                                       **从未登录过**
mail                                       **从未登录过**
operator                                   **从未登录过**
games                                      **从未登录过**
ftp                                        **从未登录过**
nobody                                     **从未登录过**
systemd-bus-proxy                          **从未登录过**
systemd-network                            **从未登录过**
dbus                                       **从未登录过**
```

图 1-7-5　统计所有系统用户最后登录的时间

注：此记录存放在/var/log/lastlog 文件中。

【实例二】内核及系统日志查询

➢ 主要程序：/sbin/rsyslogd。

➢ 配置文件：/etc/rsyslog. conf。

(1)查看配置文件内容，如图 1-7-6 所示。

grep -v "^$" /etc/rsyslog. conf　//查看内核及系统日志配置文件内容

```
[root@localhost ~]# grep -v "^$" /etc/rsyslog.conf
# rsyslog configuration file
# For more information see /usr/share/doc/rsyslog-*/rsyslog_conf.html
# If you experience problems, see http://www.rsyslog.com/doc/troubleshoot.html
#### MODULES ####
# The imjournal module bellow is now used as a message source instead of imuxsoc
k.
```

图 1-7-6　查看配置文件内容

可以查看到的内容包括服务类型、消息级别、日志存放位置，如图 1-7-7 所示。

```
#### RULES ####
# Log all kernel messages to the console.
# Logging much else clutters up the screen.
#kern.*                                                 /dev/console
# Log anything (except mail) of level info or higher.
# Don't log private authentication messages!
*.info;mail.none;authpriv.none;cron.none                /var/log/messages
# The authpriv file has restricted access.
authpriv.*                                              /var/log/secure
# Log all the mail messages in one place.
mail.*                                                  -/var/log/maillog
# Log cron stuff
cron.*                                                  /var/log/cron
```

图 1-7-7　查看到的内容

(2) 查看日志记录的一般格式，如图 1-7-8 所示。

grep"＜....＞" /var/log/messages　　//查看日志记录

记录格式：时间戳 主机名 子系统 ＜消息级别＞ 消息字段内容

```
[root@localhost ~]# grep "<...>" /var/log/messages
Dec 29 20:51:48 bogon ModemManager[665]: <info> ModemManager (version 1.6.0-2.e
l7) starting in system bus...
Dec 29 20:51:53 bogon NetworkManager[729]: <info> [1514551913.6795] NetworkMana
ger (version 1.4.0-12.el7) is starting...
Dec 29 20:51:53 bogon NetworkManager[729]: <info> [1514551913.6799] Read config
: /etc/NetworkManager/NetworkManager.conf
Dec 29 20:51:53 bogon NetworkManager[729]: <info> [1514551913.7734] manager[0x7
f33ff2e10c0]: monitoring kernel firmware directory '/lib/firmware'.
Dec 29 20:51:53 bogon NetworkManager[729]: <info> [1514551913.8177] dns-mgr[0x7
f33ff2c0aa0]: init: dns=default, rc-manager=file
Dec 29 20:51:53 bogon NetworkManager[729]: <info> [1514551913.8878] manager[0x7
f33ff2e10c0]: WiFi hardware radio set enabled
Dec 29 20:51:53 bogon NetworkManager[729]: <info> [1514551913.8881] manager[0x7
f33ff2e10c0]: WWAN hardware radio set enabled
```

图 1-7-8　查看日志记录的一般格式

【实例三】配置日志服务器

设置环境如下：

（1）日志服务器。

IP 地址：172.16.8.100/24。

主机名：lser. sevenwin. org。

（2）日志客户端。

IP 地址：172.16.8.101/24。

主机名：lcli. sevenwin. org。

步骤 1：在日志服务器上构建 LAMP。

① yum -y install httpd *　　　　　　　　　//安装 Apache 服务器

② yum -y install mariadb *　　　　　　　　//安装 MariaDB 数据库

③ yum -y install php php-gd php-xml php-mysqlnd rsyslog-mysql liburl-devel net-snmp-devel　　//安装 PHP 与其他相关软件

④ systemctl enable mariadb. service　　　　//设置数据库服务开机运行

⑤ systemctl start mariadb. service　　　　//启动数据库服务

⑥ mysqladmin -u root password 9865321　　//设置数据库管理员 root 密码

⑦ systemctl enable httpd. service　　　　　//设置 Apache 服务开机运行

⑧ systemctl start httpd. service　　　　　//启动 Apache 服务

⑨ vim /var/www/html/test. php　　　　　//创建测试页

编辑内容如下：

```
<?php
        phpinfo();
?>
```

⑩ 打开浏览器进行测试，如图 1-7-9 所示。

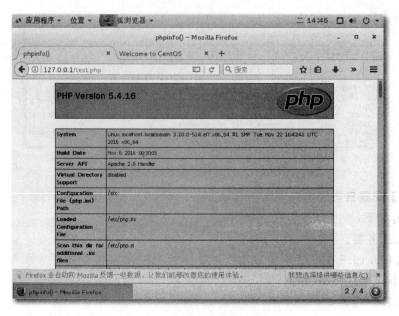

图 1-7-9　打开浏览器进行测试

步骤 2：配置日志服务器数据库。

① rpm -ql rsyslog-mysql. x86_64　　　/* 查看 rsyslog-mysql 包生成的文件，如图 1-7-10 所示 */

```
[root@localhost ~]# rpm - ql rsyslog- mysql.x86_64
/usr/lib64/rsyslog/ommysql.so
/usr/share/doc/rsyslog-8.24.0/mysql-createDB.sql
[root@localhost ~]#
```

图 1-7-10　查看 rsyslog-mysql 包生成的文件

② cat/usr/share/doc/rsyslog-8. 24. 0/mysql-createDB. sql　　　/* 查看文件 mysql-createDB. sql，如图 1-7-11 所示 */

```
[root@localhost ~]# cat /usr/share/doc/rsyslog- 8.24.0/mysql- createDB.sql
CREATE DATABASE Syslog;
USE Syslog;
CREATE TABLE SystemEvents
CREATE TABLE SystemEventsProperties
```

图 1-7-11　查看文件 mysql-createDB. sql

③ 由图 1-7-11 可知，此文件在数据库中定义了两张表，使用此文件生成所需要的数据库并验证，如图 1-7-12 所示。

cd/usr/share/doc/rsyslog-8. 24. 0/

mysql -u root -p < mysql-createDB. sql　　　//生成所需要的数据库和表

mysql -u root -p　　　　　　　　　　　　//连接数据库

show database　　　　　　　　　　　　　//查看数据库

```
[root@localhost /]# cd /usr/share/doc/rsyslog-8.24.0/
[root@localhost rsyslog-8.24.0]# mysql -u root -p < mysql-createDB.sql
Enter password:
[root@localhost rsyslog-8.24.0]# mysql -u root -p
Enter password:
Welcome to the MariaDB monitor.  Commands end with ; or \g.
Your MariaDB connection id is 8
Server version: 5.5.56-MariaDB MariaDB Server

Copyright (c) 2000, 2017, Oracle, MariaDB Corporation Ab and others.

Type 'help;' or '\h' for help. Type '\c' to clear the current input state
ment.

MariaDB [(none)]> show databases;
+--------------------+
| Database           |
+--------------------+
| information_schema |
| Syslog             |
| mysql              |
| performance_schema |
| test               |
```

图 1-7-12　生成所需要的数据库并验证

④ vim /etc/rsyslog.conf　　//配置服务器 rsyslog 的主配置文件

编辑内容如图 1-7-13 所示。

$ ModLoad ommysql

. :ommysql:localhost,Syslog,rsyslog,1357900　　/* localhost 表示本机,Syslog 表示数据库名,rsyslog 表示数据库账号,1357900 表示数据库密码 */

```
# The imjournal module bellow is now used as a message source instead of
imuxsock.
$ModLoad imuxsock # provides support for local system logging (e.g. via l
ogger command)
$ModLoad imjournal # provides access to the systemd journal
#$ModLoad imklog # reads kernel messages (the same are read from journald
)
#$ModLoad immark  # provides --MARK-- message capability
$ModLoad ommysql
*.* : ommysql: localhost, Syslog, rsyslog,1357900
# Provides UDP syslog reception
```

图 1-7-13　配置服务器 rsyslog 的主配置文件

⑤ 配置服务器 rsyslogd 的主配置文件,开启相关日志模块。

编辑内容如图 1-7-14 所示。

$ ModLoad immark　　　//immark 是模块名,支持日志标记

$ ModLoad imudp　　　　//imudp 是模块名,支持 UDP 协议

$ UDPServerRun 514　　//允许 514 端口接收,使用 UDP 和 TCP 协议转发日志

```
$ModLoad immark # provides --MARK-- message capability
$ModLoad ommysql
*.* : ommysql: localhost, Syslog, rsyslog,1357900
# Provides UDP syslog reception
$ModLoad imudp
$UDPServerRun 514
```

图 1-7-14　配置服务器 rsyslogd 的主配置文件开启相关日志模块

⑥ setenforce 0　　//设置 SELinux 在警告模式下运行,如图 1-7-15 所示

```
[ root@localhost ~] # setenforce 0
[ root@localhost ~] # getenforce
Permissive
```

图 1-7-15　设置 SELinux 在警告模式下运行

注：需要配置防火墙，开放 TCP 与 UDP 514 端口、TCP 3306 端口、TCP 80 端口。

⑦ systemctl restart rsyslog. service　　//重启服务，如图 1-7-16 所示

```
[ root@localhost /] #
[ root@localhost /] # systemctl restart rsyslog.service
[ root@localhost /] #
```

图 1-7-16　重启服务

⑧ tail /var/log/messages　　//在日志服务器上查看，如图 1-7-17 所示

```
[ root@localhost /] # tail /var/log/messages
Dec 31 14:00:01 localhost systemd: Starting Session 47 of user root.
Dec 31 14:01:02 localhost systemd: Started Session 48 of user root.
Dec 31 14:01:02 localhost systemd: Starting Session 48 of user root.
Dec 31 14:03:39 localhost systemd: Stopping System Logging Service...
Dec 31 14:03:39 localhost rsyslogd: [ origin software="rsyslogd" swVersion
="8.24.0" x-pid="51764" x-info="http://www.rsyslog.com"] exiting on signa
l 15.
```

图 1-7-17　在日志服务器上查看

步骤 3：安装 LogAnalyzer。

① 获取安装包。

wget http:// download. adiscon. com/loganalyzer/loganalyzer-3. 6. 6. tar. gz　　/* 获取安装包，如图 1-7-18 所示 */

```
[ root@localhost /] # wget http://download.adiscon.com/loganalyzer/loganaly
zer-3.6.6.tar.gz
--2017-12-31 14:07:55--  http://download.adiscon.com/loganalyzer/loganaly
zer-3.6.6.tar.gz
正在解析主机 download.adiscon.com (download.adiscon.com)... 138.201.116.1
27, 2a01:4f8:c17:44a6::2
正在连接 download.adiscon.com (download.adiscon.com)|138.201.116.127|:80.
.. 已连接。
```

图 1-7-18　获取安装包

② 安装 LogAnalyzer。

tar zxvf loganalyzer-3. 6. 6. tar. gz　　//安装软件包，如图 1-7-19 所示

```
[ root@localhost /] # tar zxvf loganalyzer-3.6.6.tar.gz
loganalyzer-3.6.6/
loganalyzer-3.6.6/ChangeLog
loganalyzer-3.6.6/INSTALL
loganalyzer-3.6.6/doc/
loganalyzer-3.6.6/doc/free_support.html
loganalyzer-3.6.6/doc/manual.html
loganalyzer-3.6.6/doc/professional_services.html
```

图 1-7-19　安装软件包

步骤 4：使用 Web 向导安装 LogAnalyzer。

① mkdir -p /var/www/html/loganalyzer　　//创建 Web 站点目录

② 在上一步安装软件包后，在"loganalyzer-3. 6. 6"目录下产生一个"/src"目录，里面是 Web 安装向导站点文件，需要将文件放置到 Web 站点发布目录。

rsync -a src/ */ var/www/html/loganalyzer　　　/* 将文件同步至所创建的 Web 站点发布目录 */

③ LogAnalyzer 的 Web 安装页面，如图 1-7-20 所示。

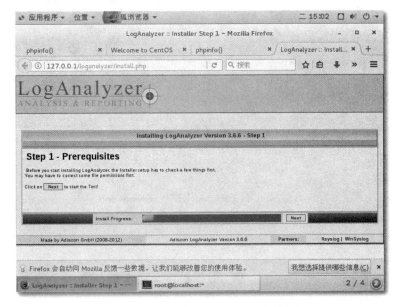

图 1-7-20　LogAnalyzer 的 Web 安装页面

④ 在安装之前，首先需要在"/var/www/html/loganalyzer"目录下创建一个"config. php"文件，并且文件的权限需要设置为"rw-rw-rw-"，否则会提示错误，如图 1-7-21 所示。

```
[root@localhost /]# cd /var/www/html/loganalyzer
[root@localhost loganalyzer]# touch config.php
[root@localhost loganalyzer]# chmod 666 config.php
[root@localhost loganalyzer]#
```

图 1-7-21　创建一个"config. php"文件

⑤ 单击"Next"，进入验证文件权限页面，Web 安装向导会自动检测到所创建的"config. php"文件，如图 1-7-22 所示。

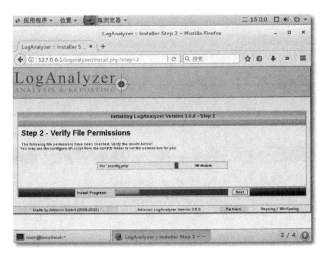

图 1-7-22　验证文件权限页面

⑥ 单击"Next",进入基础配置页面,需要完成连接 MariaDB 数据库的配置,如图 1-7-23 所示。

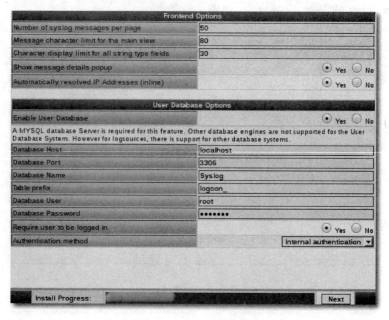

图 1-7-23　基础配置页面

⑦ 单击"Next",进入创建表页面,如图 1-7-24 所示。

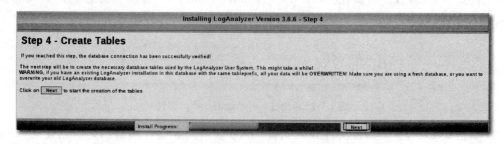

图 1-7-24　创建表页面

⑧ 单击"Next",进入创建 SQL 记录页面,如图 1-7-25 所示。

图 1-7-25　创建 SQL 记录页面

⑨ 单击"Next",进入创建主要用户账号页面,如图 1-7-26 所示。

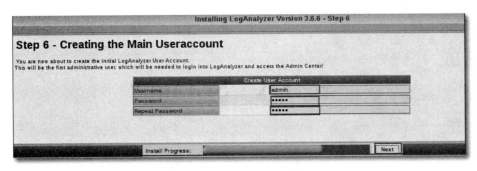

图 1-7-26　创建主要用户账号页面

⑩ 单击"Next",进入创建第一个系统消息源页面,如图 1-7-27 所示。

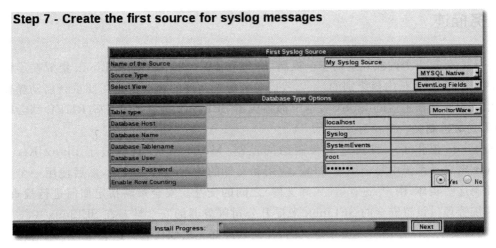

图 1-7-27　创建第一个系统消息源页面

注:Source Type＝MySQL Native;Database Tablename＝SystemEvents。

⑪ 单击"Next",进入完成页面,如图 1-7-28 所示。

图 1-7-28　完成页面

任务八 SELinux

任务描述

　　SELinux 是一个内核级别的安全机制，从 Linux 2.6 之后就将 SELinux 集成在了内核当中。因为 SELinux 是内核级别的，所以我们对其配置文件的修改都是需要重新启动操作系统才能生效的。现在主流的 Linux 版本中都集成了 SELinux 机制，CentOS/RHEL 都会默认开启 SELinux 机制。

　　SELinux 提供了一种灵活的强制访问控制（MAC）系统，且内嵌于 Linux Kernel 中。SELinux 定义了系统中每个用户、进程、应用和文件的访问和转变权限，然后使用一个安全策略来控制这些实体（用户、进程、应用和文件）之间的交互。安全策略指定如何进行检查，这就要求系统管理员设置安全的 SELinux 来提升公司服务器的安全性。在 SELinux 中没有 root 这个概念，安全策略是由管理员来定义的，任何软件都无法取代它。这意味着那些潜在的恶意软件所能造成的损害可以被控制在最小。

学习指导

　　1. 了解 SELinux 的重要性。
　　2. 了解 SELinux 的相关文件。
　　3. 了解 SELinux 的基本知识。
　　4. 了解 SELinux 的安全使用方法。

知识链接

1. 什么是 SELinux

　　SELinux 是"Security Enhanced Linux"的缩写，字面意思就是安全强化的 Linux。那么所谓的"安全强化"是强化哪个部分？是网络资源还是权限管理？

　　SELinux 是由美国国家安全局（NSA）开发的，当初开发 SELinux 是因为很多企业界发现，通常系统出现问题的原因大部分都是由"内部员工的资源误用"导致的，实际由外部发动的攻击反而没有这么严重。那么什么是"员工资源误用"呢？举例来说，如果有个不是很懂系统的系统管理员为了自己设置的方便,将网页所在目录/var/www/html/的权限设置为 drwxr-wxrwx 时,会发生什么事情? 由于所有的系统资源都是通过程序来进行存取的,/var/www/html/如果设置为 777,代表所有程序均可对该目录进行存取,万一真的启动了 WWW 服务器软件,那么该软件所触发的程序将可以写入该目录,而该程序却是对整个 Internet 提供服务的。只要有心人接触到这个程序,而且该程序刚好又有提供使用者进行写入的功能,那么外部的人很可能就会对系统写入些莫名其妙的东西,造成的安全问题就不言而喻了。

为了控管这方面的权限与程序问题,美国国家安全局着手处理了操作系统这方面的控管。由于 Linux 是自由软件,源代码是公开的,因此使用 Linux 作为研究目标,最后将研究结果整合到 Linux 核心中,这就是 SELinux。所以说,SELinux 是整合到核心的一个模块,也就是说,SELinux 是进行程序文件等细部权限设置依据的一个核心模块。由于启动网络服务的也是程序,因此刚好也是能够控制网络服务能否存取系统资源的一道关卡。所以,在讲 SELinux 对系统的存取控制之前,先来回顾一下之前谈到的系统文件权限与使用者之间的关系。

SELinux 访问控制是基于与所有系统资源(包括进程)关联的安全上下文(Type Enforcement Security Context)的,安全上下文包括三个组件:用户、角色和类型标识符。类型标识符是访问控制的主要基础。

在 SELinux 中,访问控制的主要特性是类型强制,在主体(即进程)与客体之间通过指定 allow 规则进行访问授权,主体的类型(即域类型)是源,客体的类型是目标,访问被授予特定的客体类别,为每个客体类别设置细粒度的许可。

类型强制的一个关键优势是,它可以控制哪个程序可能运行在给定的域类型上,因此,它允许对单个程序进行访问控制(比起用户级的安全控制要安全得多),使程序进入另一个域(即以一个给定的进程类型运行),叫作域转变,通过 SELinux 的 allow 规则紧密控制,SELinux 也允许通过 type_transition 文件使域转变自动发生。

SELinux 在访问控制安全上下文中不直接使用角色标识符,相反,所有的访问都是基于类型的,角色用于关联允许的域类型,这样可以设置类型强制允许的功能组合到一起,将用户作为一个角色进行认证。

SELinux 提供了一个可选的 MLS 访问控制机制(完整的 SELinux 限制),它提供了更多的访问限制,MLS 特性是依靠 TE 机制建立起来的,MLS 扩展了安全上下文的内容,包括一个当前的(或低)安全级别和一个可选的高安全级别。

2. DAC 与 MAC 的区别

自主式存取控制(Discretionary Access Control,DAC):系统账号主要分为系统管理员(root)与一般用户,而这两种身份能否使用系统上的文件资源,则与 rwx 的权限设置有关。需要注意的是,各种权限设置对 root 是无效的。因此,当某个程序想要对文件进行存取时,系统就会根据该程序的所有者/群组,并比对文件的权限,若通过权限检查,就可以存取该文件。这种存取文件系统的方式被称为自主式存取控制,基本就是依据程序的所有者与文件资源的 rwx 权限来决定有无存取权限。不过这种 DAC 的存取控制有几个困扰:root 具有最高的权限,如果不小心某个程序被有心人士取得,且该程序属于 root 的权限,那么这个程序就可以在系统上进行任何资源的存取;使用者可以取得程序来变更文件资源的存取权限,如果不小心将某个目录的权限设置为 777,那么该目录对任何人的权限会变成 rwx,因此该目录就会被任何人任意存取。这些问题是非常严重的。尤其是当系统被某些漫不经心的系统管理员所掌控时,他们甚至觉得目录权限调为777也没有什么大的危险。

为了避免DAC容易发生的问题,SELinux导入了委任式存取控制方法。

委任式存取控制(Mandatory Access Control,MAC):可以针对特定的程序与特定的文件资源进行权限控管。也就是说,即使是root,在使用不同的程序时,所能取得的权限也要由当时程序的设置而定。这样,针对控制的"主体"变成了"程序",而不是使用者。此外,这个主体程序也不能任意使用系统文件资源,因为每个文件资源也有针对该主体程序设置可取用的权限,所以控制项目就细得多。由于整个系统程序和文件很多,一项一项控制很麻烦,因此SELinux也提供一些默认的政策,并在该政策内提供多个规则,可以根据需要选择是否启用这个控制规则。

在委任式存取控制的设置下,系统服务程序能够活动的空间变小。举例来说,WWW服务器软件的达成程序为httpd程序,默认情况下httpd仅能在/var/www/目录下存取文件,如果httpd程序想要到其他目录去存取数据时,除了规则设置要开放外,目标目录也要设置成httpd可读取的模式才行。这样即使httpd被其他非授权人员取得了控制权,也无权浏览/etc/shadow等重要的配置文件。

3. SELinux的运行机制

SELinux决策过程如图1-8-1所示。

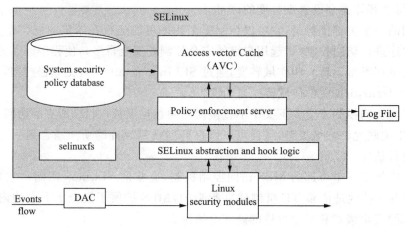

图1-8-1　SELinux决策过程

当一个subject(如一个应用)试图访问一个object(如一个文件)时,Kernel中的策略执行服务器将检查AVC(Access Vector Cache),在AVC中,subject和object的权限被缓存。如果基于AVC的数据不能做出决定,则请求安全服务器,安全服务器在一个矩阵中查找"应用＋文件"的安全环境,然后根据查询结果允许或拒绝访问,拒绝消息细节位于/var/log/messages中。

4. SELinux的优缺点

(1) SELinux的缺点。

① 存在特权用户root。

任何人只要得到root的权限,在整个系统中都可以为所欲为。这一点与Windows一样,对于文件访问权的划分不够详细。

在 Linux 系统中,对于文件的操作,只有属主、属组及其他这三类划分。对于其他这一类里的用户再划分就没有办法了。

② SUID 程序的权限升级。

如果设置了 SUID 权限的程序有了漏洞,很容易被攻击者利用。DAC 问题文件目录的所有者可以对文件进行所有的操作,这给系统整体的管理带来不便。对于以上这些不足,防火墙、入侵检测系统都是无能为力的。

(2) SELinux 的优点。

SELinux 系统比起通常的 Linux 系统,安全性能要高得多,它通过对用户、进程权限的最小化,即使受到攻击,进程或者用户权限被夺去,也不会对整个系统造成重大影响。

① MAC,对访问的控制彻底化。

对所有文件、目录、端口这类资源的访问,都可以是基于策略设定的,这些策略是由管理员定制的,一般用户是没有权限更改的。对于进程只赋予最小的权限。

② TE(Type Enforcement),对于进程只赋予最小的权限,TE 在 SELinux 中非常重要。

TE 的特点是对所有的文件都赋予一个叫作 type 的文件类型标签,对于所有的进程赋予一个叫作 domain 的标签。domain 标签能够执行的操作也是由 access vector 在策略中设定好的。例如 Apache 服务器,httpd 进程只能在 httpd_t 中运行,这个 httpd_t 的 domain 能执行的操作,比如能读取网页内容文件赋予 httpd_sys_content_t,密码文件赋予 shadow_t,TCP 的 80 端口赋予 http_port_t 等。如果在 access vector 中不允许 http_t 对 http_port_t 进行操作,Apache 就无法启动。反过来说,只允许 80 端口,只允许读取被标为 httpd_sys_content_t 的文件,httpd_t 就不能用别的端口,也不能更改那些被标为 httpd_sys_content_t 的文件(read only)。

③ domain 迁移,防止权限升级。

在用户环境中运行点对点下载软件 azureus,当前的 domain 是 fu_t。考虑到安全问题,打算让它在 azureus_t 中运行,要是在 terminal 中用命令启动 azureus,它的进程的 domain 就会默认继承实行的 shell 的 fu_t。

有了 domain 迁移,可以让 azureus 在指定的 azureus_t 中运行,在安全方面,这种做法更可取,它不会影响到 fu_t。下面是 domain 迁移指示的例子:

domain_auto_trans(fu_t,azureus_exec_t,azureus_t)

意思是,当在 fu_t domain 中,执行了被标为 azureus_exec_t 的文件时,domain 从 fu_t 迁移到 azureus_t。注意,因为哪一个 domain 能迁移到 httpd_t 是在策略中设定好的,所以要是手动(/etc/init. d/httpd start)启动 Apache,可能仍然留在 sysadm_t 中,就不能完成正确的迁移。要用 run_init 命令来手动启动。

④ RBAC(Role Base Access Control),对于用户只赋予最小的权限。

对于用户来说,被划分成一些 role,即使是 root 用户,要是不在 sysadm_r 中,也是不能实现 sysadm_t 管理操作的。因为哪些 role 可以执行哪些 domain 也是在策略中设定的,role 是可以迁移的,但是也只能按策略规定的迁移。

5. SELinux 的运行模式

SELinux 通过 MAC 的方式来控管程序,它控制的主体是程序,而目标则是该程序能否读取的"文件资源",所以先来说明一下相关性。

（1）主体（subject）：SELinux 主要想管理的就是程序，因此可以将"主体"跟本章谈到的 process 画上等号。

（2）目标（object）：主体程序能否存取的"目标资源"一般就是文件系统。因此这个目标项目可以同文件系统画上等号。

（3）政策（policy）：由于程序与文件数量庞大，因此 SELinux 会依据某些服务来制定基本的存取安全性政策。这些政策内还会有详细的规则来指定不同的服务开放某些资源的存取与否。

在目前的 CentOS 7.x 中仅提供三个主要政策，分别是：

➤ targeted：针对网络服务限制较多，针对本机限制较少，是默认的政策。

➤ minimum：由 targeted 修订而来，仅针对选择的程序来保护。

➤ mls：完整的 SELinux 限制，限制方面较为严格。建议使用默认的 targeted 政策即可。

➤ 安全上下文：有点类似于文件系统的 rwx。安全上下文的内容与设置是非常重要的。如果设置错误，某些服务（主体程序）就无法存取文件系统（目标资源）。

6. 主要的身份识别类型

（1）unconfined_u：不受限的用户，该文件来自不受限的程序。一般来说，使用可登录账号取得 bash 后，默认的 bash 环境是不受 SELinux 管制的，因为 bash 并不是特别的网络服务。因此，这个不受 SELinux 限制的 bash 程序所产生的文件，其身份识别大多就是 unconfined_u 这个"不受限"用户。

（2）system_u：系统用户，大部分就是系统自己产生的文件。

7. SELinux 伪文件系统

/sys/fs/selinux/伪文件系统类似于/proc/伪文件系统，它存储了 SELinux 系统的状态。系统管理员和用户不需要操作这部分（通常借助相关的命令修改其状态）。/sys/fs/selinux/目录内容如下：

```
-rw-rw-rw-   1 root root 0 Sep 22 13:14 access
dr-xr-xr-x   1 root root 0 Sep 22 13:14 booleans
--w-------   1 root root 0 Sep 22 13:14 commit_pending_bools
-rw-rw-rw-   1 root root 0 Sep 22 13:14 context
-rw-rw-rw-   1 root root 0 Sep 22 13:14 create
--w-------   1 root root 0 Sep 22 13:14 disable
-rw-r--r--   1 root root 0 Sep 22 13:14 enforce
-rw-------   1 root root 0 Sep 22 13:14 load
-r--r--r--   1 root root 0 Sep 22 13:14 mls
-r--r--r--   1 root root 0 Sep 22 13:14 policyvers
-rw-rw-rw-   1 root root 0 Sep 22 13:14 relabel
-rw-rw-rw-   1 root root 0 Sep 22 13:14 user
```

【例】如果使用命令 cat enforce 查看 enforce 文件内容,结果为:

1　　//强制模式 enforcing mode　　或　　0　　//警告模式 permissive mode

8. SELinux 的配置文件

SELinux 配置文件或策略文件位于/etc/目录下。

(1) /etc/sysconfig/selinux 配置文件。

/etc/sysconfig/selinux 是一个符号链接,真正的配置文件为/etc/selinux/config。

配置 SELinux 有如下两种方式:

➤ 使用配置工具:Security Level Configuration Tool(system-config-selinux)。

➤ 编辑配置文件:/etc/sysconfig/selinux。

配置文件包含如下配置选项:

➤ 打开或关闭 SELinux。

➤ 设置系统执行哪一个策略。

➤ 设置系统如何执行策略。

(2) 配置文件选项。

① SELinux=enforcing|permissive|disabled　　　//定义 SELinux 的高级状态

➤ Enforcing:SELinux 安全策略置于强制模式。

➤ Permissive:SELinux 安全策略置于警告模式。

➤ Disabled:SELinux 完全被禁用,SELinux 内核和伪文件系统脱钩,处于未注册状态。

② SELinuxTYPE=targeted|strict　　　//指定 SELinux 执行哪一个策略

➤ Targeted:只有目标网络 daemons 保护。每个 daemon 是否执行策略,可通过 system-config-selinux 进行配置,保护常见的网络服务,为 SELinux 默认值。可使用如下工具设置每个 daemon 的布尔值:

getsebool -a　　　//列出 SELinux 的所有布尔值

setsebool　　　//设置 SELinux 布尔值

如:

setsebool -P dhcpd_disable_trans=0　　　//-P 表示使用 reboot 后仍然有效

➤ Strict:对 SELinux 执行完全的保护。为所有的 subjects 和 objects 定义安全环境,且每一个 action 由策略执行服务器处理。提供符合 Role-based-Access Control(RBAC)的 policy,具备完整的保护功能,保护网络服务、一般指令及应用程序。

③ SETLOCALDEFS=0|1　　　//控制如何设置本地定义(users and booleans)

➤ 1:这些定义由 load_policy 控制,load_policy 来自文件/etc/selinux/<policyname>。

➤ 0:由 semanage 控制。

(3) /etc/selinux/目录。

/etc/selinux/是存放所有策略文件和主要配置文件的目录。其目录内容有:

-rw-r--r--　1 root root　448 Sep 22 17:34 config

drwxr-xr-x　5 root root 4096 Sep 22 17:27 strict

drwxr-xr-x　5 root root 4096 Sep 22 17:28 targeted

9. 类型强制的安全上下文

安全上下文是一个简单的、一致的访问控制属性，在 SELinux 中，类型标识符是安全上下文的主要组成部分，由于历史原因，一个进程的类型通常被称为一个域（domain），"域"和"域类型"意思都一样，我们不必苛刻地去区分或避免使用术语域，通常，我们认为域、域类型、主体类型和进程类型都是同义的，即都是安全上下文中的"Type"。

SELinux 对系统中的许多命令做了修改，通过添加一个-Z选项显示客体和主体的安全上下文。

（1）系统根据 PAM 子系统中的 pam_selinux. so 模块设定登录者运行程序的安全上下文。

（2）文件的安全上下文规则如下：

➤ rpm 包安装：会根据 RPM 包内记录生成安全上下文。

➤ 手动创建的文件：会根据 policy 中的规定设置安全上下文。

➤ cp：会重新生成安全上下文。

➤ mv：安全上下文不变。

10. 安全上下文的格式

所有操作系统访问控制都是以关联的客体和主体的某种类型的访问控制属性为基础的。在 SELinux 中，访问控制属性叫作安全上下文。所有客体（文件、进程间通信通道、套接字、网络主机等）和主体（进程）都有与其关联的安全上下文。常常用下面的格式指定或显示安全上下文：

USER:ROLE:TYPE[LEVEL[:CATEGORY]]

安全上下文中的用户和角色标识符除了对强制有一点约束之外，对类型强制访问控制策略没什么影响。对于进程，用户和角色标识符显得更有意义，因为它们是用于控制类型和用户标识符的联合体，这样就能与 Linux 用户账号关联起来；然而，对于客体，用户和角色标识符几乎很少使用，为了规范管理，客体的角色常常是 object_r，客体的用户常常是创建客体的进程的用户标识符，它们在访问控制上没什么作用。

标准 Linux 安全中的用户 ID 和安全上下文中的用户标识符之间的区别，就技术而论，它们是正交标识符，分别用于标准的和安全增强的访问控制机制，这两者之间的每次相互关联都是通过登录进程按照规范严格规定的，而不是通过 SELinux 策略直接强制实施的。

（1）USER。

① user identity：类似于 Linux 系统中的 UID，提供身份识别，用来记录身份，是安全上下文的一部分。

② 三种常见的 user：

➤ user_u：普通用户登录系统后的预设。

➤ system_u：开机过程中系统进程的预设。

➤ root：root 登录后的预设。

③ 在 targeted policy 中，users 不是很重要。

④ 在 strict policy 中比较重要，所有预设的 SELinux users 都是以"_u"结尾的，root 除外。

（2）ROLE。

① 文件、目录和设备的 role：通常是 object_r。

② 程序的 role：通常是 system_r。

③ 用户的 role：targeted policy 为 system_r；strict policy 为 sysadm_r、staff_r、user_r。用户的 role，类似于系统中的 GID，不同角色具备不同的权限；用户可以具备多个 role，但是同一时间内只能使用一个 role。

④ 使用基于 RBAC（Roles Based Access Control）的 strict 和 mls 策略中，用来存储角色信息。

（3）TYPE。

① type：用来将主体和客体划分为不同的组，给每个主体和系统中的客体定义了一个类型；为进程运行提供最低的权限环境。

② 当一个类型与执行中的进程相关联时，其 type 也称为 domain。

③ type 是 SELinux security context 中最重要的部位，是 SELinux type enforcement 的心脏，预设值以 _t 结尾。

LEVEL 和 CATEGORY：定义层次和分类，只用于 mls 策略中。

➢ LEVEL：代表安全等级，目前已经定义的安全等级为 s0～s15，等级越来越高。

➢ CATEGORY：代表分类，目前已经定义的分类为 c0～c1023。

11. SELinux 的基本操作

SELinux 是个经过安全强化的 Linux 操作系统，实际上，原来的应用软件基本不用修改就能在它上面运行。真正做了特别修改的 RPM 包只有 50 多个。

常用命令如下：

➢ getenforce：得到当前的 SELinux 值。

例如：

```
［root@python bin］# getenforce
Permissive
```

➢ setenforce：更改当前的 SELinux 值，后面可以跟 enforcing、permissive 或者 1、0。

例如：

```
［root@python bin］# setenforce permissive
```

➢ sestatus：显示当前的 SELinux 信息。

例如：

```
［root@python bin］# sestatus -v
SELinux status: enabled
SELinuxfs mount: /selinux
```

```
Current mode: permissive
Mode from config file: permissive
Policy version: 20
Policy from config file: refpolicy
Process contexts:
Current context: user_u: user_r: user_t
Init context: system_u: system_r: init_t
/sbin/mingetty system_u: system_r: getty_t
/usr/sbin/sshd system_u: system_r: sshd_t
File contexts:
Controlling term: user_u: object_r: user_devpts_t
/etc/passwd system_u: object_r: etc_t
/etc/shadow system_u: object_r: shadow_t
/bin/bash system_u: object_r: shell_exec_t
/bin/login system_u: object_r: login_exec_t
/bin/sh system_u: object_r: bin_t -> system_u: object_r: shell_exec_t
/sbin/agetty system_u: object_r: getty_exec_t
/sbin/init system_u: object_r: init_exec_t
/sbin/mingetty system_u: object_r: getty_exec_t
```

➢ newrole：在一个新的 context 或 role 中运行一个新的 shell。

例如：

```
[root@python ~]# newrole -r sysadm_r
Authenticating root.
口令：
```

➢ restorecon：通过为适当的文件或安全环境标记扩展属性，设置一个或多个文件的安全环境。

➢ fixfiles：一般是对整个文件系统的，后面一般跟 relabel，对整个系统 relabel 后，一般重新启动。如果在根目录下有".autorelabel"空文件，每次重新启动时都调用 fixfiles relabel。

➢ getsebool：getsebool -a，查看所有布尔值。

➢ setsebool：参数-P，永久性设置。

➢ chcon：修改文件、目录的安全上下文。

命令格式：

chcon -u[user]

chcon -r[role]

chcon -t[type]

chcon -R

例如：

```
［root@python tmp］# ls -context test. txt
-rw-r-r- root root root:object_r:staff_tmp_t test. txt
［root@python tmp］# chcon -t etc_t test. txt
［root@python tmp］# ls -lZ test. txt
-rw-r-r- root root root:object_r:etc_t test. txt
```

➤ setfiles：与 chcon 一样，可以更改一部分文件的上下文，不需要对整个文件系统重新设定上下文。

➤ star：是 tar 在 SELinux 下的互换命令，能把文件的上下文也一起备份起来。

➤ ls：在命令后加-Z 或者加-context。

例如：

```
［root@python azureus］# ls -Z
-rwxr-xr-x fu fu user_u:object_r:user_home_t azureus
-rw-r-r- fu fu user_u:object_r:user_home_t Azureus2. jar
-rw-r-r- fu fu user_u:object_r:user_home_t Azureus. png
```

➤ cp：可以加参数-Z,-context＝CONTEXT 在拷贝时指定目的地文件的安全上下文。

➤ find：可以加参数-context 查特定的 type 文件。

➤ run_init：在 sysadm_t 中手动启动一些如 Apache 之类的程序，也可以让它正常进行 domain 迁移。

➤ ps：进程 domain 的确认。程序在哪个 domain 中运行，可以在 ps 命令后加-Z。

例如：

```
［root@python /］# ps -eZ
LABEL PID TTY TIME CMD
system_u:system_r:init_t 1 ? 00:00:00 init
system_u:system_r:kernel_t 2 ? 00:00:00 ksoftirqd/0
system_u:system_r:kernel_t 3 ? 00:00:00 watchdog/0
```

➤ id：role 的确认和变更，用来确认用户的 security context。

例如：

```
［root@python ～］# id
uid＝0(root) gid＝0(root) groups＝0(root),1(bin),2(daemon),3(sys),4(adm),6
(disk),10(wheel) context＝root:staff_r:staff_t
```

这里，虽然是 root 用户，但也只是在一般的 role 和 staff_t 中运行，如果在 enforcing 模式下，这时的 root 对于系统管理工作来说什么也干不了。例如：

```
[root@python ~]# newrole -r sysadm_r
Authenticating root.
口令：
[root@python ~]# id
uid=0(root) gid=0(root) groups=0(root),1(bin),2(daemon),3(sys),4(adm),6
(disk),10(wheel) context=root:sysadm_r:sysadm_t
```

➢ audit2allow：用 Python 写的命令，主要用来处理日志，把日志中违反策略的动作记录转换成 access vector，对开发安全策略非常有用。在 refpolicy 中，它的功能比以前有了很大扩展。

例如：

```
[root@python log]# cat dmesg | audit2allow -m local > local.te
```

➢ checkmodule -m -o local.mod local.te：编译模块。
例如：

```
[root@python log]# checkmodule -m -o local.mod local.te
checkmodule:loading policy configuration from local.te
checkmodule:policy configuration loaded
checkmodule:writing binary representation(version 5) to local.mod
```

➢ semodule_package：创建新的模块。
例如：

```
[root@python log]# semodule_package -o local.pp -m local.mod
```

➢ semodule：可以显示、加载、删除模块。
例如：

```
[root@python log]# semodule -i local.pp
```

➢ semanage：一个功能强大的策略管理工具，有了它即使没有策略的源代码，也是可以管理安全策略的。因为书中主要介绍用源代码来修改策略，详细用法可以参考它的 man 手册。

12. 对比 SELinux 和标准 Linux 的访问控制属性

在标准 Linux 中，主体的访问控制属性是与进程通过在内核中的进程结构关联的真实有效的用户和组 ID，这些属性通过内核利用大量工具进行保护，包括登录进程和 setuid 程序，对于客体（如文件），文件的 inode 包括一套访问模式位、文件用户和组 ID。以前的访问控制基于读/写/执行这三个控制位，文件所有者、文件所有者所属组、其他人各一套。

在 SELinux 中,访问控制属性总是安全上下文三人组(用户:角色:类型)形式,所有客体和主体都有一个关联的安全上下文。需要特别指出的是,因为 SELinux 的主要访问控制特性是类型强制,安全上下文中的类型标识符决定了访问权。

注:SELinux 是在标准 Linux 基础上增加了类型强制,这就意味着标准 Linux 和 SELinux 访问控制都必须满足要先能访问一个客体。例如,如果我们对某个文件有 SELinux 写入权限,但没有该文件的 w 许可,那么也不能写该文件。表 1-8-1 总结了标准 Linux 和 SELinux 之间访问控制属性的对比。

表 1-8-1　标准 Linux 和 SELinux 的访问控制属性对比

访问属性	标准 Linux	SELinux
进程安全属性	真实有效的用户和组 ID	安全上下文
客体安全属性	访问模式、文件用户和组 ID	安全上下文
访问控制基础	进程用户/组 ID 和文件的访问模式,此访问模式基于文件的用户/组 ID	在进程类型和文件类型之间允许的许可

13. 定制策略

FC 4、RHEL 4、CentOS 4 等都是采用策略 1. X 版本的,并且提供策略源代码的 RPM 包。从 CentOS 5 开始策略的版本从 1. X 升级到 2. X。2. X 版本的 refpolicy(reference policy)最大的变化就是引入模块(module)这个概念,同一套策略源代码可以支持 Multi Level Security(MLS)和 non-MLS。

标准的 CentOS 5 不提供源代码的 RPM 包。CentOS 5 提供的 audit2allow、semanage、semodule 也是可以开发一些简单的策略模块的。但是,要做策略模块的开发,增加一个 role 之类的,最好还是下载 refpolicy 的源代码。

(1) 策略源文件的安装。

从 CVS 服务器下载的源代码是最新的,如果遇到像 make 的时候出错,那么最好把系统中和 SELinux 有关的那些包更新到最新状态。

例如:从 source Forge 的 CVS 服务器下载源代码。

```
[root@python src]# cd /usr/local/src
[root@python src]# cvs -d:pserver:anonymous@cvs.sourceforge.net:/cvsroot/serefpolicy login
[root@python src]# cvs -z3 -d:pserver:anonymous@cvs.sourceforge.net:/cvsroot/serefpolicy co -P refpolicy
[root@python src]# cd refpolicy/
[root@python src]# make install-src
```

(2) 源代码目录结构。

每一个模块由 3 个文件构成,比如 sudo. fc 就是和命令 sudo 相关的文件的定义标签,sudo. te 是 TE 定义,包括 TE 访问规则等,sudo. if 是一个外部模块调用这个模块的接口定义。

例如:

```
[root@python src]# cd /etc/selinux/refpolicy/src/policy
[root@python policy]# cp build. conf build. conf. org
[root@python policy]# vi build. conf
[root@python policy]# diff build. conf build. conf. org
32c32
< DISTRO=redhat
> #DISTRO=redhat
43c43
< MONOLITHIC=n
> MONOLITHIC=y
[root@python src]# make conf
[root@python src]# make
```

在/etc/selinux/refpolicy/src/policy 下生成很多以 pp 为后缀的文件,这些就是 SELinux 模块。接下来修改/etc/sysconfig/selinux,设成 SELinuxTYPE=refpolicy,然后 reboot 启动后,确认策略的适用情况,看到的版本是 20。

例如:

```
[root@python ~]$ /usr/sbin/sestatus
SELinux status: enabled
SELinuxfs mount: /selinux
Current mode: permissive
Mode from config file: permissive
Policy version: 20
Policy from config file: refpolicy
```

14. 给程序定制 domain

开发程序策略的一般步骤:

(1) 给文件、端口之类的 object 赋予 type 标签。

(2) 设置 Type Enforcement(domain 迁移、访问许可)。

(3) 策略加载。

(4) permissive 模式下运行程序。

(5) 确认日志,用 audit2allow 生成访问许可。

(6) 重复上述动作,直到没有违反的日志出现。

(7) 切换到 enforcing 模式,正式运用。

15. 如何在 FC5 中追加一个 azureus. pp 模块

① ps -efZ|grep azureus   //查看 azureus 详细进程及所在 domain

```
[root@python azureus]$ ps -efZ|grep azureus
user_u:user_r:user_t fu 1751 1732 0 22:28 pts/3 00:00:00 /bin/bash ./azureus
```

② 追加 3 个文件。

azureus. fc

注:这里只定义一个文件,实际情况下还要定义 azureus_t 能写的目录等。

```
[root@python apps]# more azureus. fc
/home/fu/azureus -- gen_context(user_u:object_r:azureus_exec_t,s0)
```

azureus. te

```
[root@python apps]# more azureus. te
policy_module(azureus,1. 0. 0)
type azureus_t;
type azureus_exec_t;
role user_r types azureus_t;
require {
type user_t;
};
domain_type(azureus_t)
domain_entry_file(azureus_t,azureus_exec_t)
domain_auto_trans(user_t,azureus_exec_t,azureus_t)
```

azureus. if

注:实际上没有别的模块要调用 azureus,所以这个文件就是空文件也不要紧。

```
[root@python apps]# more azureus. if
# policy/modules/apps/azureus. if
## Myapp example policy
## Execute a domain transition to run azureus.
## Domain allowed to transition.
##
interface('azureus_domtrans','
gen_requires('
type azureus_t,azureus_exec_t;
')
domain_auto_trans( $1,azureus_exec_t,azureus_t)
```

```
allow $1 azureus_t:fd use;
allow azureus_t $1:fd use;
allow $1 azureus_t:fifo_file rw_file_perms;
allow $1 azureus_t:process sigchld;
')
```

③ 编辑 module.conf 文件。

```
azureus=module      //确认/etc/selinux/refpolicy/src/policy 里 MONOLITHIC=n
make; make load     //重新 make 策略
[root@python policy]# pwd
/etc/selinux/refpolicy/src/policy
[root@python policy]# make; make load
[root@python policy]# semodule -l | grep azureus
```

④ 查看/home/fu/azureus/azureus 的 security context，刚才在 azureus.fc 中期望它是 user_u:object_r:azureus_exec_t，但依旧继承了默认的 user_u:object_r:user_home_t，若不是需要设置的文件标签，domain 是无法从 user_t 迁移到 azureus_t 的，因为 relabel 会对整个文件系统重新设标签，所以用 chcon 命令来改标签。

```
[root@python azureus]# chcon -t azureus_exec_t azureus
```

⑤ 再查看新标签，变成 azureus_exec_t 了。

```
[root@python policy]# ls -lZ /home/fu/azureus/
-rwxr-xr-x fu fu user_u:object_r:azureus_exec_t azureus
-rw-r-r- fu fu user_u:object_r:user_home_t Azureus2.jar
```

⑥ 接下来退出 root 用户，以用户 fu 登录，运行 azureus 命令。

```
[root@python azureus]# ps -efZ|grep azureus
user_u:user_r:azureus_t fu 8703 8647 0 23:23 pts/1 00:00:00 /bin/bash ./azureus
user_u:user_r:azureus_t fu 8717 8703 4 23:24 pts/1 00:01:29 java -Djava.ext.dirs=/
usr/lib/jvm/java-1.4.2-gcj-1.4.2.0/jre/lib/ext -Xms16m -Xmx128m -cp /home/fu/azu-
reus/Azureus2.jar:/home/fu/azureus/swt.jar -Djava.library.path=/home/fu/azureus -
Dazureus.install.path=/home/fu/azureus org.gudy.azureus2.ui.swt.Main
user_u:user_r:user_t root 9347 1956 0 23:59 pts/2 00:00:00 grep azureus
```

⑦ 增加一个专用的 role。
➢ 修改/etc/selinux/refpolicy/src/policy/policy/modules/kernel/kernel.te 文件。
```
[root@python kernel]# vi kernel.te
```

在 role user_r 下面添加如下内容：

role madia_r；

domain. te

➤ 修改/etc/selinux/refpolicy/src/policy/policy/modules/kernel/domain. te 文件。

［root@python kernel］# vi domain. te

在 role user_r types domain 下面添加如下内容：

role madia_r type domain；

➤ 修改/etc/selinux/refpolicy/src/policy/policy/modules/system/userdomain. te 文件。

［root@python system］# vi userdomain. te

在第 5 行追加 madia_r，如下所示：

role sysadm_r，staff_r，user_r，madia_r；

在 unpriv_user_template(user)下面添加如下内容：

unpriv_user_template(madia)

➤ 修改/etc/selinux/refpolicy/src/policy/policy/user 文件。

注：users 和策略 1. X 中的 users 差不多，定义用户能利用的 role。

［root@python policy］# vi users

添加内容如下：

gen_user(madia, madia, madia_r, s0, s0)

rolemap

➤ 修改/etc/selinux/refpolicy/src/policy/policy/ rolemap 文件。

［root@python policy］# vi rolemap

在 user_r user user_t 下面添加如下内容：

madia_r madia madia_t

➤ make load　　//重新 make 策略

［root@python policy］# make load

➤ 修改/etc/selinux/refpolicy/seusers 文件。

注：seusers 是系统一般用户和 SELinux 的用户映射。

［root@python refpolicy］# vi seusers

添加内容如下：

madia：madia

➤ 修改/etc/selinux/refpolicy/contexts/default_type 文件。

注：决定用户登录时的默认 role。

［root@python refpolicy］# vi contexts/default_type

添加内容如下：

madia_r：madia_t

default_contexts

➤ 修改/etc/selinux/refpolicy/contexts/default_contexts 文件。

［root@python refpolicy］# vi contexts/default_contexts

添加内容如下：

system_r:local_login_t madia_r:madia_t staff_r:staff_t user_r:user_t sysadm_r:sysadm_t

以 madia 用户重新登录,查看是否进入 madia_t。

注:决定用户登录时的默认 security context。

[madia@python ～]$ id

uid=501(madia) gid=501(madia) groups=501(madia) context=madia:madia_r:madia_t

任务实施

【实例一】查询 SELinux 状态

SELinux 状态如图 1-8-2 所示。

```
[root@localhost ~]# sestatus
SELinux status:                 enabled
SELinuxfs mount:                /sys/fs/selinux
SELinux root directory:         /etc/selinux
Loaded policy name:             targeted
Current mode:                   enforcing
Mode from config file:          enforcing
Policy MLS status:              enabled
Policy deny_unknown status:     allowed
Max kernel policy version:      28
[root@localhost ~]#
```

图 1-8-2　查询 SELinux 状态

【实例二】查询 SELinux 激活状态

SELinux 激活状态如图 1-8-3 所示。

```
[root@localhost ~]# selinuxenabled
[root@localhost ~]# echo $?
0
[root@localhost ~]#
```

图 1-8-3　查询 SELinux 激活状态

注:如果为-256 为非激活状态。

【实例三】获取本机 SELinux 策略值

本机 SELinux 策略值如图 1-8-4 所示。

```
[root@localhost ~]# getsebool -a
abrt_anon_write --> off
abrt_handle_event --> off
abrt_upload_watch_anon_write --> on
antivirus_can_scan_system --> off
antivirus_use_jit --> off
auditadm_exec_content --> on
authlogin_nsswitch_use_ldap --> off
authlogin_radius --> off
authlogin_yubikey --> off
awstats_purge_apache_log_files --> off
boinc_execmem --> on
cdrecord_read_content --> off
cluster_can_network_connect --> off
```

图 1-8-4　获取本机 SELinux 策略值

【实例四】让 Apache 可以访问位于非默认目录下的网站文件

步骤 1:查看 Apache 发布目录的 SELinux 上下文,如图 1-8-5 所示。

semanage fcontext -l |grep"/var/www"　//查看默认/var/www 目录的 SELinux 上下文

步骤 2:从中可以看到 Apache 只能访问包含 httpd_sys_content_t 标签的文件。

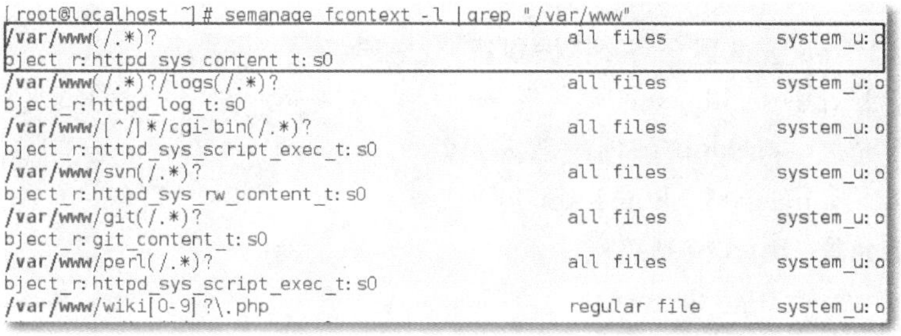

```
[root@localhost ~]# semanage fcontext -l |grep "/var/www"
/var/www(/.*)?                                     all files          system_u:o
bject_r:httpd_sys_content_t:s0
/var/www(/.*)?/logs(/.*)?                          all files          system_u:o
bject_r:httpd_log_t:s0
/var/www/[^/]*/cgi-bin(/.*)?                       all files          system_u:o
bject_r:httpd_sys_script_exec_t:s0
/var/www/svn(/.*)?                                 all files          system_u:o
bject_r:httpd_sys_rw_content_t:s0
/var/www/git(/.*)?                                 all files          system_u:o
bject_r:git_content_t:s0
/var/www/perl(/.*)?                                all files          system_u:o
bject_r:httpd_sys_script_exec_t:s0
/var/www/wiki[0-9]?\.php                           regular file       system_u:o
```

图 1-8-5 查看 Apache 发布目录的 SELinux 上下文

如下所示：

/var/www(/. *)? all files system_u:object_r:httpd_sys_content_t:s0

若 Apache 使用/srv/www 作为网站文件目录，则需要给这个目录下的文件增加 httpd_sys_content_t 标签。/srv/www 目录下的文件添加默认标签类型示例：

semanage fcontext -a -t httpd_sys_content_t '/srv/www(/. *)? '

步骤 3：重新标注新标签，如图 1-8-6 所示。

restorecon -Rv /srv/www //用新的标签类型标注已有文件

这样 Apache 就可以使用该目录下的文件构建网站了。

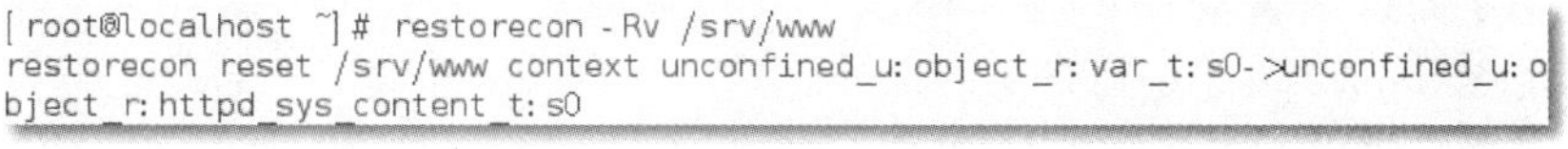

```
[root@localhost ~]# restorecon -Rv /srv/www
restorecon reset /srv/www context unconfined_u:object_r:var_t:s0->unconfined_u:o
bject_r:httpd_sys_content_t:s0
```

图 1-8-6 重新标注新标签

步骤 4：当从用户主目录下将某个文件复制到 Apache 网站目录下时，Apache 默认无法访问，因为用户主目录下的文件标签是 user_home_t。此时就需要 restorecon 将其恢复为可被 Apache 访问的 httpd_sys_content_t 类型。

restorecon reset /srv/www/foo. com/html/file. html context unconfined_u:object_r:user_home_t:s0->system_u:object_r:httpd_sys_content_t:s0 /* 将用户主目录下的文件标签恢复为可被 Apache 访问的 httpd_sys_content_t 类型 */

semanage fcontext -a -t httpd_sys_content_t "/web(/. *)?" /* 新建一条规则，指定 Web 目录及其下的所有文件的扩展属性为 httpd_sys_content_t */

【实例五】让 Apache 侦听非标准端口

semanage port -a -t http_port_t -p tcp 888 //添加新端口 TCP888

【实例六】允许 Ftpd 匿名用户可写

setsebool -P allow_ftpd_anon_write=1

【实例七】允许用户访问自己的根目录

setsebool -P ftp_home_dir 1

【实例八】允许 daemon 运行 Ftpd

setsebool -P ftpd_is_daemon 1

【实例九】关闭 SELinux 对 ftpd 的保护

setsebool -P ftpd_disable_trans 1

【实例十】允许 Httpd 匿名用户可写

setsebool -P allow_httpd_anon_write=1

setsebool -P allow_httpd_sys__anon_write＝1

【实例十一】Httpd 被设置允许 cgi 被执行

setsebool -P httpd_enable_cgi 1

【实例十二】允许 Apache 访问创建私人网站

setsebool -P httpd_enable_homedirs 1

【实例十三】允许 Httpd 控制终端

setsebool -P httpd_tty_comm 1

【实例十四】Httpd 之间相互独立

setsebool -P httpd_unified 0

【实例十五】同 Httpd 环境一样运行

setsebool -P httpd_builtin_ing 0

【实例十六】Httpd 可以连接到网络

setsebool -P httpd_can_network_connect 1

【实例十七】禁用 suexec 过渡

setsebool -P httpd_suexec_disable_trans 1

【实例十八】允许 daemon 用户启动 Httpd

setsebool -P httpd_disable_trans 1

【实例十九】允许修改 DNS 的主 zone 文件

setsebool -P named_write_master_zones 1

【实例二十】允许 daemon 启动 Named

setsebool -P named_disable_trans 1

【实例二十一】设置 NFS 只读

setsebool -P nfs_export_all_ro 1

【实例二十二】设置 NFS 可读写

setsebool -P nfs_export_all_rw 1

【实例二十三】允许本机访问远程 NFS 的根目录

setsebool -P use_nfs_home_dirs 1

【实例二十四】Samba 允许匿名用户可写

setsebool -P allow_smbd_anon_write＝1

【实例二十五】允许根目录访问

setsebool -P samba_enable_home_dirs 1

【实例二十六】允许本机访问远程 Samba 根目录

setsebool -P use_samba_home_dirs 1

【实例二十七】允许 daemon 启动 Samba

setsebool -P smbd_disable_trans 1

【实例二十八】允许匿名用户可写

setsebool -P allow_rsync_anon_write＝1

【实例二十九】允许 daemon 启动 Rsync

setsebool -P rsync_disable_trans 1

第二篇

Linux服务安全配置

Linux FUWU ANQUAN PEIZHI

任务一 SSH服务安全配置

任务描述

公司机房偏离公司的办公地点,但平时要用到机房的服务器,为了公司员工能够安全、有效、快速地连接到机房的服务器,要求有关部门对所有服务器进行 SSH 安全规划,配置 SSH 服务,让所有人能安全地使用和工作。SSH 服务是最常用的远程登录服务,虽然比 Telnet 安全,但是也存在一定的安全漏洞,这就要求系统管理员对 SSH 的授权访问权限和授权用户进行严格的定义,以避免一些存在恶意的人对系统中的数据和进程进行破坏。

学习指导

1. 了解 SSH 服务机制。
2. 详细解读 SSH 服务的配置文件。
3. 了解 SSH 服务的配置方法。
4. 了解 SSH 服务的安全配置方法。

知识链接

1. 什么是 SSH?

SSH(Secure Shell),由 IETF 的网络小组(Network Working Group)制定,是建立在应用层基础上的安全协议。SSH 是目前较可靠,专为远程登录会话和其他网络服务提供安全性的协议。利用 SSH 协议可以有效防止远程管理过程中的信息泄露问题。SSH 最初是 UNIX 系统上的一个程序,后来又迅速扩展到其他操作平台。正确使用 SSH 可弥补网络中的漏洞。SSH 客户端适用于多种平台。几乎所有的 UNIX 平台,包括 HP-UX、Linux、AIX、Solaris、Digital、UNIX、Irix 以及其他平台,都可运行 SSH。

2. SSH 的功能

传统的网络服务程序,如 FTP、POP 和 Telnet 本质上都是不安全的,因为它们使用明文传送口令和数据,别有用心的人可以非常容易地截获这些口令和数据。而且,这些服务程序的安全验证方式也有其弱点,就是很容易受到"中间人(man-in-the-middle)"的攻击。所谓"中间人"的攻击方式,就是"中间人"冒充真正的服务器接收你传给服务器的数据,然后再冒充你把数据传给真正的服务器。服务器和你之间的数据传送被"中间人"进行篡改之后,就会出现很严重的问题。使用SSH,可以把所有传输的数据进行加密,这样"中间人"这种攻击方式就不可能实现了,而且也能够防止DNS欺骗和IP欺骗。使用SSH还可以压缩传输数据,加快传输速度。SSH有很多功能,既可以代替Telnet,又可以为FTP、POP及PPP提供一个安全的"通道"。

3. SSH 协议结构

SSH协议主要由三部分组成:

（1）传输层协议[SSH-TRANS]。

传输层协议提供了服务器认证、保密性及完整性。此外,它有时还提供压缩功能。SSH-TRANS通常运行在TCP/IP连接上,也可能用于其他可靠数据流上。SSH-TRANS提供了强力的加密技术、密码主机认证技术及完整性保护技术。该协议中的认证基于主机,但该协议不执行用户认证。更高层的用户认证协议可以设计为在此协议之上。

（2）用户认证协议[SSH-USERAUTH]。

用户认证协议用于向服务器提供客户端用户鉴别功能,运行在传输层协议SSH-TRANS上。当SSH-USERAUTH开始运行后,它从低层协议那里接收会话标识符(从第一次密钥交换中的交换哈希值)。会话标识符唯一标识此会话并且适用于标记以证明私钥的所有权。SSH-USERAUTH也需要知道低层协议是否提供保密性。

（3）连接协议[SSH-CONNECT]。

连接协议将多个加密隧道分成逻辑通道。它运行在用户认证协议上,提供了交互式登录话路、远程命令执行、转发TCP/IP连接和转发X11连接。

4. SSH 验证

从客户端来看,SSH提供两种级别的安全验证。

（1）第一种级别（基于口令的安全验证）:只要知道自己的账号和口令,就可以登录到远程主机。所有传输的数据都会被加密,但是不能保证正在连接的服务器就是想连接的服务器。可能会有别的服务器在冒充真正的服务器,也就是受到"中间人"这种方式的攻击。

（2）第二种级别（基于密钥的安全验证）:需要依靠密钥,也就是必须创建一对密钥(公用密钥与私人密钥),并把公用密钥放在需要访问的服务器上。如果要连接到SSH服务器上,客户端软件就会向服务器发出请求,请求用密钥进行安全验证。服务器收到请求后,先在该服务器的主目录下寻找公用密钥,然后把它和发送过来的公用密钥进行比较。如果两个密钥一致,服务器就用公用密钥加密"质询"(challenge),并把它发送给客户端软件。客户端软件收到"质询"后就可以用私人密钥解密再把它发送给服务器。用这种方式,必须知道自己密钥的口令。但是,与第一种级别相比,第二种级别不需要在网络上传送口令。

第二种级别不仅要加密所有传送的数据,而且"中间人"这种攻击方式也是不可能实现的(因为对方没有私人密钥)。

5. sshd_config 文件详解

(1) Port 56100：SSH 服务端口号，可以改成高端口，一般端口扫描工具不会扫描高端口。

(2) AddressFamily any：SSH 服务的协议簇，可以用 IPv4、IPv6 或者直接使用 any。

(3) Protocol 2：SSH 服务协议版本，默认为 1，建议使用 2，1 有漏洞。

(4) KeyRegenerationInterval 3600：在 SSH-1 协议下，短命的服务器密钥将以此指令设置的时间为周期（秒），不断重新生成。这个机制可以尽量减少密钥丢失或者黑客攻击造成的损失。

(5) ServerKeyBits 2048：指定临时服务器密钥的长度。1024 存在认证漏洞，安全最低长度为 2 048 位。

(6) LogLevel ERROR：日志级别，可以使用 QUIET、FATAL、ERROR、INFO（默认）、VERBOSE、DEBUG、DEBUG1、DEBUG2、DEBUG3。

(7) LoginGraceTime 30：限制用户必须在指定的时限内认证成功，建议设置低时限，增加暴力破解难度，单位为秒。

(8) MaxAuthTries 3：最多登录尝试次数，建议设置次数低一些，增加暴力破解难度。

(9) on yes：使用纯 RSA 公钥认证。

(10) PubkeyAuthentication yes：使用公钥认证，推荐使用，安全高效。

(11) AuthorizedKeysFile .ssh/authorized_keys：用户公钥文件的保存路径，默认为用户 home 目录下 .ssh 隐藏文件夹中的 authorized_keys，建议更换到其他目录，防止丢失或者被恶意登录者找到并篡改。

(12) PermitEmptyPasswords no：不允许空密码登录，这个太危险。

(13) GSSAPIAuthentication no：不基于 GSSAPI 的用户认证，建议关闭，优化性能。

(14) UsePAM no：使用 PAM 认证，如果不用 LDAP 之类的登录，建议关闭，优化性能。

(15) X11Forwarding no：如果没有使用 x11 转发最好关闭，优化性能。

(16) PrintMotd no：登录打印公告信息，可以修改或者关闭，修改 /etc/motd 来阻止恶意登录者，默认会显示一些系统信息，关闭，减少恶意登录者获取的信息量，防止被恶意利用。

(17) PrintLastLog no：不打印最后登录信息，减少恶意登录者获取的信息量，防止被恶意利用。

(18) TCPKeepAlive yes：保持长连接，加快连接速度，优化性能。

(19) PidFile /var/run/sshd.pid：SSH 服务的 Pid 文件。

(20) Banner none：不显示系统 Banner 信息，如果开启会在每次登录时显示系统信息，减少恶意登录者获取的信息量，防止被恶意利用。

(21) PermitRootLogin no：禁止 root 用户登录，降低远程登录的用户权限。

(22) PasswordAuthentication no：禁止使用用户名和密码登录，使用公钥登录，防止针对用户名和密码的暴力破解。

6. SFTP 介绍

SFTP（Secure File Transfer Protocol，安全文件传送协议），可以为传输文件提供一种安全的加密方法。SFTP 与 FTP 有着几乎一样的语法和功能。SFTP 为 SSH 的一部分，是一种传输档案至 Blogger 服务器的安全方式。其实在 SSH 软件包中，已经包含了一个叫作 SFTP

的安全文件传输子系统,SFTP本身没有单独的守护进程,它必须使用SSHD守护进程(端口号默认是22)来完成相应的连接操作,所以从某种意义上说,SFTP并不像一个服务器程序,而更像是一个客户端程序。SFTP同样是使用加密传输认证信息和传输数据,所以,使用SFTP是非常安全的。但是,由于这种传输方式使用了加密/解密技术,因此传输效率比普通的FTP要低得多,如果对网络安全性要求比较高,可以使用SFTP代替FTP。

7. SFTP连接方法

Windows中可以使用Core FTP、FileZilla、WinSCP、Xftp来连接SFTP进行上传、下载文件,建立、删除目录等操作。Linux下直接在终端中输入sftp username@remote ip(or remote host name)。出现验证时,只需填入正确的密码即可实现远程连接。登录成功后终端呈现出:

sftp>....

在SFTP环境下的操作和一般FTP的操作类似,ls、rm、mkdir、dir、pwd等指令都是对远端进行操作,如果要对本地操作,只需在上述的指令上加"l"变为:lls、lcd、lpwd等。FTP的上传和下载如下:

➤ 上传:put/path/filename(本地主机) /path/filename(远端主机)。

➤ 下载:get/path/filename(远端主机) /path/filename(本地主机)。

另外SFTP在非正规端口(正规的是22号端口)的登录命令格式如下:

sftp -o port=1000 username@remote ip

8. SFTP/SCP协议与FTP协议之间的差别

(1) 和普通FTP不同的是,SFTP/SCP传输协议默认采用加密方式来传输数据,SFTP/SCP确保传输的一切数据都是加密的。而FTP一般采用明文方式传输数据,当然现在也有带SSL的加密FTP,有些服务器软件也可以设置成"只允许加密连接",但是毕竟不是默认设置,需要我们手工调整,而且很多用户都会忽略这个设置。

(2) 普通FTP仅使用21号端口作为命令传输,由服务器和客户端协商另外一个随机端口进行数据传送。在pasv模式下,服务器端需要侦听另一个端口。假如服务器在路由器或者防火墙后面,端口映射会比较麻烦,因为无法提前知道数据端口编号,无法映射。(现在的FTP服务器大都支持限制数据端口随机取值范围,在一定程度上解决了这个问题,但仍然要映射21号以及一个数据端口范围,还有些服务器通过UPnP协议与路由器协商动态映射,但比较少见。)

(3) 网络中还有一些UNIX系统的机器,因在它们上面自带了SCP等客户端,不用再安装其他软件来实现传输目的。

(4) SFTP/SCP属于开源协议,可以免费使用,不像FTP在使用上存在安全或版权问题。所有SFTP/SCP传输软件(服务器端和客户端)均免费并开源,方便我们开发各种扩展插件和应用组件。

注:在提供安全传输的前提下,SFTP还是存在一些不足的,例如它的账号访问权限是严格遵照系统用户实现的,只有将该账户添加为操作系统某用户,才能够保证其可以正常登录SFTP服务器。

9. VNC 介绍

VNC(Virtual Network Computer,虚拟网络计算机)是一款优秀的远程控制工具软件,由著名的 AT&T 欧洲研究实验室开发。VNC 是基于 UNIX 和 Linux 操作系统的免费的开源软件,远程控制能力强大,高效实用,其性能可以和 Windows 和 MAC 中的任何远程控制软件媲美。在 Linux 中,VNC 主要包括 vncserver、vncviewer、vncpasswd 和 vncconnect 四个命令。大多数情况下用户只需要其中的两个命令:vncserver 和 vncviewer。

10. VNC 的组成

VNC 基本由两部分组成,一部分是客户端的应用程序(vncviewer);另一部分是服务器端的应用程序(vncserver)。

VNC 的基本运行原理和 Windows 下的一些远程控制软件很相像。VNC 的服务器端应用程序在 UNIX 和 Linux 操作系统中适应性很强,图形用户界面十分友好,看上去和 Windows 下的软件界面也很类似。在任何安装了客户端应用程序的 Linux 平台的计算机都能十分方便地和安装了服务器端应用程序的计算机相互连接。另外,服务器端还内建了 Java Web 接口,用户通过服务器端对其他计算机进行操作就能通过 Netscape 显示出来,这样的操作过程和显示方式比较直观方便。

11. VNC 命令描述

(1) vncserver:此服务程序必须在主(或遥控)计算机上运行。只能作为使用者(不需要 root 用户身份)使用此项服务。

(2) vncviewer:本地应用程序,用于远程接入运行 vncserver 的计算机并显示其环境。需要知道远程计算机的 IP 地址和 vncserver 设定的密码。

(3) vncpasswd:vncserver 的密码设置工具。vncserver 服务程序没有设置密码将不能运行。如果没有设置,运行 vncserver 时会提示输入一个密码。所以一般不会单独运行这个命令来设置密码。

(4) vncconnect:告诉 vncserver 连接到远程一个运行 vncviewer 的计算机的 IP 地址和端口号。这样就可以避免给其他人一个接入的密码。

(5) Xvnc:一个 vnc"主控"程序,一般来说不需要直接运行。(vncserver 和 vncviewer 实际上是 Xvnc 的脚本)查找所有可用的选项时,运行 Xvnc-help。

出于安全考虑,一般不建议直接以超级用户账号运行 vncserver 程序。如果需要超级用户的环境,请以一般用户登录后再使用 su 命令登录超级用户账号。

12. VNC 运行的工作流程

(1) VNC 客户端通过浏览器或 VNC Viewer 连接至 VNC Server。

(2) VNC Server 传送一对话窗口至客户端,要求输入连接密码,以及存取的 VNC Server 显示装置。

(3) 在客户端输入联机密码后,VNC Server 验证客户端是否具有存取权限。

(4) 若是客户端通过 VNC Server 的验证,客户端即要求 VNC Server 显示桌面环境。

(5) VNC Server 通过 X Protocol 要求 X Server 将画面显示控制权交由 VNC Server 负

责。

（6）VNC Server 将由 X Server 的桌面环境利用 VNC 通信协议送至客户端，并且允许客户端控制 VNC Server 的桌面环境及输入装置。

任务实施

【实例一】SSH 的一般用法

通常使用 SSH 来允许用户登录一个远程主机并执行命令。SSH 还支持隧道和 X11 连接。SSH 也可以使用 SFTP 或 SCP 传输文件。

（1）远程主机 Shell 访问（取代 Telnet 和 Rlogin 等使用明文的不安全协议），如图 2-1-1 所示。

格式：ssh［ip-address］或者 ssh［domain-name］

```
[root@localhost ~]# ssh 192.168.0.28
The authenticity of host '192.168.0.28 (192.168.0.28)' can't be established.
ECDSA key fingerprint is 53:ca:14:36:d6:2a:0f:b9:68:4c:e1:59:38:62:05:46.
Are you sure you want to continue connecting (yes/no)? yes
Warning: Permanently added '192.168.0.28' (ECDSA) to the list of known hosts.
root@192.168.0.28's password:
Last login: Sun Dec 31 15:57:58 2017
```

图 2-1-1　远程主机 Shell 访问

（2）远程主机（代替 rsh）执行单一命令，如图 2-1-2 所示。

格式：ssh［ip-address］［command］或者 ssh［domain-name］［command］

```
[root@localhost ~]# ssh 192.168.0.30 reboot
The authenticity of host '192.168.0.30 (192.168.0.30)' can't be established.
ECDSA key fingerprint is 53:ca:14:36:d6:2a:0f:b9:68:4c:e1:59:38:62:05:46.
Are you sure you want to continue connecting (yes/no)? yes
Warning: Permanently added '192.168.0.30' (ECDSA) to the list of known hosts
root@192.168.0.30's password:
Connection to 192.168.0.30 closed by remote host.
```

图 2-1-2　远程主机（代替 rsh）执行单一命令

（3）通过 SCP 命令将文件在本地主机与远程服务器之间进行复制，如图 2-1-3 所示。

```
[root@localhost ~]# scp 192.168.0.30:/etc/passwd ./
root@192.168.0.30's password:
passwd                          100% 2513     2.5KB/s   00:00
[root@localhost ~]#
```

图 2-1-3　通过 SCP 命令将文件在本地主机与远程服务器之间进行复制

（4）结合 SFTP 作为 FTP 文件传输的一个安全替代品，如图 2-1-4 所示。

```
[root@localhost ~]# sftp 192.168.0.30:/opt/www/
root@192.168.0.30's password:
Connected to 192.168.0.30.
Changing to: /opt/www/
sftp>
```

图 2-1-4　结合 SFTP 作为 FTP 文件传输的一个安全替代品

（5）结合 Rsync 有效安全备份、复制和镜像文件到一个本地或远程主机，如图 2-1-5 所示。

```
[root@localhost ~]# rsync -avz --delete 192.168.0.30:/usr/src ./
root@192.168.0.30's password:
receiving incremental file list
src/
src/debug/
src/kernels/

sent 23 bytes  received 87 bytes  31.43 bytes/sec
total size is 0  speedup is 0.00
```

图 2-1-5　结合 Rsync 有效安全备份、复制和镜像文件到一个本地或远程主机

（6）端口转发，如图 2-1-6 所示。

```
[root@localhost ~]# ssh -L 2222:192.168.0.28:22 192.168.0.30
root@192.168.0.30's password:
[root@localhost ~]# netstat -atpn | grep 2222
tcp     0     0 127.0.0.1:2222          0.0.0.0:*
4113/ssh
tcp6    0     0 ::1:2222                :::*
4113/ssh
```

图 2-1-6　端口转发

（7）从一个远程主机转发 X 会话。

编辑/etc/ssh/sshd_config 文件，修改第 113 行与 115 行，修改内容如图 2-1-7 所示。

```
#AllowAgentForwarding yes
AllowTcpForwarding yes
#GatewayPorts no
X11Forwarding yes
```

图 2-1-7　修改内容

编辑完毕后重启服务，如图 2-1-8 所示。

```
[root@localhost ~]# systemctl restart sshd.service
[root@localhost ~]#
```

图 2-1-8　重启服务

连接测试，测试正常，如图 2-1-9 所示。

```
[root@localhost ~]# ssh -X root@localhost
The authenticity of host 'localhost (::1)' can't be established.
ECDSA key fingerprint is 53:ca:14:36:d6:2a:0f:b9:68:4c:e1:59:38:62:05:46.
Are you sure you want to continue connecting (yes/no)? yes
Warning: Permanently added 'localhost' (ECDSA) to the list of known hosts.
root@localhost's password:
Last login: Sat Jan  6 21:30:24 2018
/usr/bin/xauth:  file /root/.Xauthority does not exist
```

图 2-1-9　连接测试

（8）使用 SSHFS 将一个远程 SSH 服务器上的目录安全地挂载到本地计算机文件系统中使用。

首先安装 EPEL，EPEL 中包含许多官方源里没有的软件包，下载 EPEL 以方便以后的操作。

rpm -Uvh http://mirrors.zju.edu.cn/epel/epel-release-latest-7.noarch.rpm /*下载安装 EPEL */

安装 SSHFS 和 fuse-utils。

yum -y install sshfs fuse-utils　　　　　　//使用 yum 安装 SSHFS 和 fuse-utils

使用 SSHFS 进行测试,可以用 IP 地址或者域名来进行连接。

sshfs root@192.168.0.28:opt /mnt　　　//使用 SSHFS 进行连接

查看是否完成挂载,如图 2-1-10 所示。

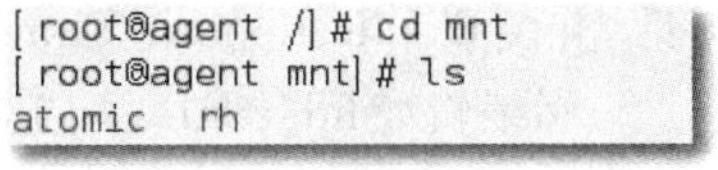

```
[root@agent /]# cd mnt
[root@agent mnt]# ls
atomic  rh
```

图 2-1-10　查看是否完成挂载

【实例二】SSH 安全性和配置

(1) 将 root 账户仅限制为控制台访问。

vim /etc/ssh/sshd_config　　　　　//编辑 sshd_config 配置文件

修改内容如下:

PermitRootLogin no

systemctl restart sshd. service　　　//重启 SSH 服务

(2) 配置 TCP Wrappers,对远程主机进行访问控制。

vim /etc/hosts. deny　　　//编辑 hosts. deny 文件

添加内容如下:

sshd:ALL　　　　　　　　//拒绝所有远程主机访问 sshd 服务

vim /etc/hosts. allow　　　//编辑 hosts. allow 文件

添加内容如下:

sshd:172. 16. 8.　　　　　//仅允许 172. 16. 8. X 网段访问

(3) 在工作站或个人 PC 上,关闭 SSH 服务并卸载 SSH 服务包。

systemctl stop sshd. service　　　　//关闭 SSH 服务

yum -y remove openssh-server　　　//卸载 SSH 服务包

(4) 通过控制用户账号,限制用户对 SSH 的访问,如图 2-1-11 所示。

vim /etc/ssh/sshd_config　　　　　//编辑 sshd_config 配置文件

在文件尾部添加如下内容:

AllowUserrs　　　sftp　　　　//允许用户 SFTP 使用 SSH 访问

DenyUsers　　　　ftp　　　　//禁止用户 FTP 使用 SSH 访问

systemctl restart sshd. service　　　//重启 SSH 服务

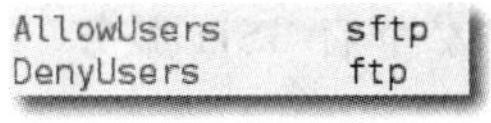

```
AllowUsers      sftp
DenyUsers       ftp
```

图 2-1-11　限制用户对 SSH 的访问

(5) 配置 SSH 服务仅适用于 SSH Protocol 2,如图 2-1-12 所示。

vim /etc/ssh/sshd_config　　　　　//编辑 sshd_config 配置文件

修改内容如下:

Protocol 2　　　　　　　　　　//启用 SSH Protocol 2

systemctl restart sshd. service　　　//重启 SSH 服务

```
#   Port 22
 Protocol 2
#   Cipher 3des
#   Ciphers aes128-ctr,aes192-ctr,aes256-ctr,arcfour256,arcfour128,aes128-cb
c,3des-cbc
```

图 2-1-12　配置 SSH 服务

（6）设置 SSH 不支持限制会话，并配置 Idle Logout Timeout 间隔。如图 2-1-13 所示。

vim /etc/ssh/sshd_config　　　//编辑 sshd_config 配置文件

修改内容如下：

ClientAliveInterval　　600　　　//设置 SSH 连接超时断开时间为 600 s

ClientAliveCountMax　　0　　　//设置 SSH 连接允许超时的次数为 0 次

systemctl restart sshd.service　　//重启 SSH 服务。

```
        SendEnv LANG LC_CTYPE LC_NUMERIC LC_TIME LC_COLLATE LC_MONETARY LC_M
ESSAGES
        SendEnv LC_PAPER LC_NAME LC_ADDRESS LC_TELEPHONE LC_MEASUREMENT
        SendEnv LC_IDENTIFICATION LC_ALL LANGUAGE
        SendEnv XMODIFIERS

ClientAliveInterval     600
ClientAliveCountMax      0
```

图 2-1-13　配置 Idle Logout Timeout 间隔

（7）禁用空密码，设置密码重试次数，如图 2-1-14 所示。

vim /etc/ssh/sshd_config　　　//编辑 sshd_config 配置文件

修改内容如下：

PermitEmptyPasswords no　　　//禁止使用空密码

MaxAuthTries 6　　　　　　　//设置密码重试次数为 6 次

systemctl restart sshd.service　　//重启 SSH 服务

```
PermitEmptyPasswords no
PasswordAuthentication yes
MaxAuthTries 6
```

图 2-1-14　设置密码重试次数

（8）禁用基于主机的身份验证，如图 2-1-15 所示。

vim /etc/ssh/sshd_config　　　//编辑 sshd_config 配置文件

修改内容如下：

HostbasedAuthentication no　　　//禁止主机身份验证

systemctl restart sshd.service　　//重启 SSH 服务

```
    HostbasedAuthentication no
#   GSSAPIAuthentication no
#   GSSAPIDelegateCredentials no
#   GSSAPIKeyExchange no
#   GSSAPITrustDNS no
#   BatchMode no
```

图 2-1-15　禁用基于主机的身份验证

（9）禁用用户的.rhosts 文件，如图 2-1-16 所示。

vim /etc/ssh/sshd_config　　　//编辑 sshd_config 配置文件

修改内容如下：

IgnoreRhosts yes　　　　　　　　　//禁用用户的.rhosts文件

systemctl restart sshd.service　　//重启SSH服务

```
IgnoreRhosts yes
CheckHostIP yes
AddressFamily any
ConnectTimeout 0
StrictHostKeyChecking ask
```

图2-1-16　禁用用户的.rhosts文件

（10）修改SSH的侦听端口与可用网络接口，如图2-1-17所示。

vim /etc/ssh/sshd_config　　　　　//编辑sshd_config配置文件

修改内容如下：

Port 22　　　　　　　　　　　　//绑定SSH到指定的网络端口

ListenAddress 172.168.1.100　　//绑定SSH到指定的网络接口

systemctl restart sshd.service　　//重启SSH服务

```
#
Port 22
ListenAddress 172.168.1.100
#AddressFamily any
#ListenAddress 0.0.0.0
#ListenAddress ::
```

图2-1-17　修改SSH的侦听端口与可用网络接口

（11）升级SSH补丁版本，如图2-1-18所示。

yum update openssh-server openssh openssh-clients -y　　//升级SSH补丁

```
[root@localhost ~]# yum update openssh-server openssh openssh-clients -y
已加载插件：fastestmirror
Loading mirror speeds from cached hostfile
 * atomic: atomic.melbourneitmirror.net
 * base: centos.ustc.edu.cn
 * extras: centos.ustc.edu.cn
 * updates: ftp.sjtu.edu.cn
正在解决依赖关系
```

图2-1-18　升级SSH补丁版本

【实例三】SSH身份认证

（1）登录验证对象：服务器中的本地用户账号。

（2）登录验证方式。

① 密码验证：核对用户名、密码是否匹配。

② 密钥对验证：核对客户的私钥、服务端公钥是否匹配。

步骤1：在服务器端设置SSH身份认证方式，如图2-1-19所示。

vim /etc/ssh/sshd_config　　　　　//编辑sshd_config配置文件

修改内容：

PubkeyAuthentication yes　　　　　//设置密钥对验证

PasswordAuthentication no　　　　　//设置关闭用户账户认证

AuthorizedKeysFile.ssh/id_rsa.pub　//设置认证公钥文件

systemctl restart sshd.service　　//重启SSH服务

```
PubkeyAuthentication yes
PasswordAuthentication no
# The default is to check both .ssh/authorized_keys and .ssh/authorized_keys2
# but this is overridden so installations will only check .ssh/authorized_keys
AuthorizedKeysFile        .ssh/id_rsa.pub
```

图 2-1-19　在服务器端设置 SSH 身份认证方式

步骤 2：在客户端和服务器端分别创建一个用户，并设置密码（用 root 用户也可以，这里不建议使用），如图 2-1-20 所示。

useradd -m sam　　　　//创建用户 sam，并自动创建用户目录

passwd sam　　　　　　//为 sam 用户设置密码

```
[ root@agent ~] # useradd - m sam
[ root@agent ~] # passwd sam
更改用户 sam 的密码 。
新的 密码 :
重新输入新的 密码 :
passwd：所有的身份验证令牌已经成功更新 。
```

图 2-1-20　创建用户并设置密码

步骤 3：创建密钥对（客户端）。

（1）私钥文件：id_rsa。

（2）公钥文件：id_rsa.pub。

为用户 sam 配置一个口令，并生成密钥对，如图 2-1-21 所示。

```
[sam@agent ~]$ ssh- keygen - t rsa
Generating public/private rsa key pair.
Enter file in which to save the key (/home/sam/.ssh/id_rsa):
Created directory '/home/sam/.ssh'.
Enter passphrase (empty for no passphrase):
Enter same passphrase again:
Your identification has been saved in /home/sam/.ssh/id_rsa.
Your public key has been saved in /home/sam/.ssh/id_rsa.pub.
The key fingerprint is:
c3:7e: fb: 3b: 2c: 15: a0: ca: 4c: a5: 80: e9: 56: 84: 44: 8e sam@agent
The key's randomart image is:
+ -[ RSA 2048]----+
|  oo=.           |
| o+ o   . .      |
|E... . o . .     |
|  o   o. .  .    |
|   . +.S         |
|    +. .         |
|     ...o        |
|      ...o       |
|      .ooo       |
+----------------+
```

图 2-1-21　为用户 sam 配置一个口令，并生成密钥对

步骤 4：上传公钥文件 id_rsa.pub，导入公钥信息，如图 2-1-22 所示。

公钥库文件：~/.ssh/authorized_keys scp /home/sam/.ssh/id_rsa.pubroot@192.168.0.28:/home/sam/.ssh　　　　/* 使用 SCP 对公钥文件进行远程拷贝，一定要确保服务器端的 sam 目录下存在.ssh 目录，如果没有则创建 */

```
[ root@agent /] # scp /home/sam/.ssh/id_rsa.pub root@192.168.0.28: /home/sam/.ssh
id_rsa.pub                              100%  391      0.4KB/s   00:00
```

图 2-1-22　导入公钥信息

ll /home/sam/.ssh/　　　//在服务器端查看是否成功复制，如图 2-1-23 所示

```
[root@server /]# ll /home/sam/.ssh/
总用量 4
-rw-r--r-- 1 root root 391 1月    7 10:03 id_rsa.pub
```

图 2-1-23　在服务器端查看是否成功复制

步骤 5：在客户端使用 sam 用户进行连接验证，连接到服务器端的 sam 用户，连接前需关闭 SELinux，如图 2-1-24 所示。

ssh sam@192.168.0.28　　　//远程登录

```
[root@agent /]# su sam
[sam@agent /]$ ssh sam@192.168.0.28
Last login: Sun Jan 7 10:21:22 2018
```

图 2-1-24　连接验证

【实例四】配置 SFTP 安全

步骤 1：创建 SFTP 账号目录。

mkdir -p /var/sftp/sftp　　　//创建 SFTP 账号目录

步骤 2：SFTP 账户直接使用 Linux 操作系统账户。

groupadd sftp　　　//添加 SFTP 组

useradd -M -d /var/sftp -g sftp sftp_admin　　　/* 添加 SFTP 账号"sftp_admin"并指定属组及属主目录 */

步骤 3：配置 SFTP 账号密码，如图 2-1-25 所示。

echo "123456" | passwd --stdin sftp　　　//配置 SFTP 账号密码为 123456

```
[root@localhost ~]# echo "123456" | passwd --stdin sftp
更改用户 sftp 的密码 。
passwd：所有的身份验证令牌已经成功更新。
```

图 2-1-25　配置 SFTP 账号密码

步骤 4：编辑 SSH 配置文件，如图 2-1-26 所示。

vim /etc/ssh/sshd_config　　　//编辑 sshd_config 文件

修改内容如下：

#Subsystem sftp /usr/libexec/openssh/sftp-server　　　//将此行注释掉

添加内容如下：

Match User sftp

　　　　ChrootDirectory /var/sftp/sftp

　　　　ForceCommand　　internal-sftp

Match Group sftp

　　　　ChrootDirectory %h

　　　　ForceCommand　　internal-sftp

```
# override default of no subsystems
#Subsystem       sftp       /usr/libexec/openssh/sftp-server
Subsystem        sftp       internal-sftp
AllowUsers       sftp
DenyUsers        ftp
Match User sftp
        ChrootDirectory /var/sftp/sftp
        ForceCommand    internal-sftp
Match Group sftp
        ChrootDirectory %h
        ForceCommand    internal-sftp
```

图 2-1-26　编辑 SSH 配置文件

步骤 5：设置目录权限，如图 2-1-27 所示。

目录权限设置上要遵循两点：

（1）ChrootDirectory 设置的目录权限及其所有的上级文件夹权限，属主和属组必须是 root。

（2）ChrootDirectory 设置的目录权限及其所有的上级文件夹权限，只有属主能拥有写权限，也就是说权限最大设置只能是 755。

chmod 755 -R ./　　　　　//修改目录权限为 rwxr-xr-x

cd sftp　　　　　　　　　//进入目录 sftp

mkdir test　　　　　　　　/* 创建目录 test。由于文件夹权限的问题，SFTP 账号都不具有写权限，需要在每个用户的属主目录下创建一个具有写权限的目录，用于资料上传 */

chown sftp. sftp test　　　//修改 test 目录的属主

```
[root@localhost ~]# cd /var/sftp
[root@localhost sftp]# chmod 755 -R ./
[root@localhost sftp]# cd sftp
[root@localhost sftp]# mkdir test
[root@localhost sftp]# chown sftp.sftp test
```

图 2-1-27　设置目录权限

步骤 6：在客户端测试，可以看到连接服务端成功，并且在用户属主目录下不具有写权限，如图 2-1-28 所示。

```
[root@localhost ~]# sftp sftp@192.168.0.35
sftp@192.168.0.35's password:
Connected to 192.168.0.35.
sftp> ls
test
sftp> mkdir test1
Couldn't create directory: Permission denied
sftp> cd test
sftp> mkdir test1
sftp> ls
test1
```

图 2-1-28　在客户端测试

【实例五】配置 VNC 远程安全访问

步骤 1：安装 VNC-Server。

yum -y install tigervnc-server tigervnc　　　//安装 VNC-Server

步骤 2：编辑配置文件。

cp/lib/systemd/system/vncserver@. service /etc/systemd/system/vncserver@:3. service　　/* 把默认配置文件从/lib/systemd/system/vncserver@. servic 复制到/etc/systemd/

system/下 */

vim /etc/systemd/system/vncserver@\:3.service   //编辑配置文件

将<USRR>修改为需要远程登录的账号 root，如图 2-1-29 所示。

```
# Clean any existing files in /tmp/.X11-unix environment
ExecStartPre=/usr/bin/vncserver -kill %i
ExecStart=/usr/bin/vncserver %i
PIDFile=/home/root/.vnc/%H%i.pid
ExecStop=/usr/bin/vncserver -kill %i
```

图 2-1-29　将<USRR>修改为需要远程登录的账号 root

步骤 3：重新加载 systemd，配置 VNC 口令，如图 2-1-30 所示。

systemctl daemon-reload   //重新加载 systemd

vncpasswd   //配置 VNC 口令

```
[root@localhost ~]# systemctl daemon-reload
[root@localhost ~]# vncpasswd
Password:
Verify:
[root@localhost ~]#
```

图 2-1-30　配置 VNC 口令

步骤 4：调整防火墙。

firewall-cmd --permanent --add-service vnc-server   //允许 vnc-server 服务访问

systemctl restart firewalld.service   //重启防火墙

步骤 5：设置 VNC 为默认启动。

systemctl enable vncserver@:3.service   //设置 VNC 为默认启动

步骤 6：启动并测试 VNC-Server，如图 2-1-31 所示。

注：第一次运行时，需要配置口令。

```
[root@localhost ~]# vncserver :3

New 'agent:3 (root)' desktop is agent:3

Creating default startup script /root/.vnc/xstartup
Creating default config /root/.vnc/config
Starting applications specified in /root/.vnc/xstartup
Log file is /root/.vnc/agent:3.log
```

图 2-1-31　启动并测试 VNC-Server

步骤 7：在 Linux 客户端上安装 TigerVNC，如图 2-1-32 所示。

yum -y install tigervnc   //安装 TigerVNC

vncviewer   //运行 TigerVNC

图 2-1-32　安装 TigerVNC

步骤8：利用 SSH 隧道增强 VNC 的安全性，如图 2-1-33 所示。

构建 SSH 的端口转发（隧道），命令格式如下：

ssh – v – C – L 本地端口:本地地址:远程端口 远程地址

ssh – v – C – L 5903:agent:5903 192.168.0.35   //构建 SSH 端口转发

```
[root@agent ~]# ssh -v -C -L 5903: agent:5903 192.168.0.35
OpenSSH_6.6.1, OpenSSL 1.0.1e-fips 11 Feb 2013
debug1: Reading configuration data /etc/ssh/ssh_config
debug1: /etc/ssh/ssh_config line 56: Applying options for *
debug1: Connecting to 192.168.0.35 [192.168.0.35] port 22.
debug1: Connection established.
```

图 2-1-33   利用 SSH 隧道增强 VNC 的安全性

步骤9：运行 Vncviewer，进行 VNC 连接测试，如图 2-1-34 所示。

vncviewer 127.0.0.1:3   //连接地址是 127.0.0.1，证明隧道是起作用的

```
[root@agent ~]# vncviewer 127.0.0.1:3
                    VNC 认证          _   ×
   ?    密码：                              多见 README.txt)
        [     ]                           erVNC 的信息。
                      确定 ✓   取消
DecodeManager: Decoding data on main thread
CConn:      已连接到主机 127.0.0.1 的端口 5903
```

图 2-1-34   进行 VNC 连接测试

任务二 FTP服务安全配置

任务描述

同大多数 Internet 服务一样，FTP 也是一个客户机/服务器系统。用户通过一个客户机程序连接至在远程计算机上运行的服务器程序。依照 FTP 协议提供服务，进行文件传送的计算机就是 FTP 服务器，而连接 FTP 服务器，遵循 FTP 协议与服务器传送文件的计算机就是 FTP 客户端。

由于公司内部资源众多，平时工作产生的资料也很多，但是各部门的资源共享、资料传输、资源互通性不是很高，严重影响了工作效率，因此要求有关部门进行全公司的服务器规划，搭建 FTP 服务来提升公司各部门的资源互通，达成有效提升工作效率的目标。

学习指导

1. 了解 FTP 服务工作机制。
2. 了解 FTP 服务相关配置文件。
3. 详细解读 FTP 服务主配置文件。
4. 详细解读 FTP 服务安全配置。
5. 了解 FTP 服务安全的使用方法。

知识链接

1. FTP 概述

FTP 服务一般运行在 20 号和 21 号这两个端口。20 号端口用于在客户端和服务器之间传输数据流，而 21 号端口用于传输控制流，并且是命令通向 FTP 服务器的进口。当数据通过数据流传输时，控制流处于空闲状态。而当控制流空闲很长时间后，客户端的防火墙会将其会话置为超时，这样当大量数据通过防火墙时，会产生一些问题。此时，虽然文件可以成功地传输，但因为控制会话会被防火墙断开，传输会产生一些错误。FTP 实现的目标如下：

（1）促进文件的共享（计算机程序或数据）。

（2）鼓励间接或者隐式地使用远程计算机。

（3）向用户屏蔽不同主机中各种文件存储系统的细节。

（4）高效地传输数据。

2.FTP 应用场景

一般来说,使用互联网的首要目的就是实现信息共享,文件传输是信息共享非常重要的一个内容。但是 Internet 是一个非常复杂的计算机环境,有 PC、工作站、MAC、大型机,并且连接在 Internet 上的计算机有上千万台,这些计算机可能运行不同的操作系统,如有运行 UNIX 的服务器,也有运行 DOS、Windows、Mac OS 的 PC。所以各种操作系统之间的文件共享存在问题,很有必要建立一个统一的文件传输协议,这就是 FTP。基于不同的操作系统有不同的 FTP 应用程序,而所有这些应用程序都遵守同一种协议,这样用户就可以把自己的文件传送给别人,或者从其他的用户环境中获得文件。

用户通过一个支持 FTP 协议的客户机程序,连接到远程主机上的 FTP 服务器程序。用户通过客户机程序向服务器程序发出命令,服务器程序执行用户所发出的命令,并将执行的结果返回到客户机。比如说,用户发出一条命令,要求服务器向用户传送某一个文件的拷贝,服务器会响应这条命令,将指定文件送至用户的机器上。客户机程序代表用户接收到这个文件,将其存放在用户目录中。

3.下载和上传

在使用 FTP 的过程中,经常遇到下载（Download）和上传（Upload）这两个概念。下载文件是将文件从远程主机拷贝至自己的计算机上;上传文件是将文件从自己的计算机中拷贝至远程主机上。用 Internet 语言来说,用户可通过客户机程序向（从）远程主机上传（下载）文件。

4.登录和匿名

使用 FTP 时,必须先登录,在远程主机上获得相应的权限以后,方可下载或上传文件。也就是说,要想同哪一台计算机传送文件,就必须具有哪一台计算机的适当授权。这种情况违背了 Internet 的开放性,Internet 上的 FTP 主机何止千万,不可能要求每个用户在每一台主机上都拥有账号。匿名 FTP 就是为解决这个问题而产生的。

匿名 FTP 是这样一种机制,用户可通过它连接到远程主机,并从远程主机上下载文件,而无须成为其注册用户。系统管理员可以建立一个特殊的用户 ID,名为 anonymous,Internet 上的任何人在任何地方都可使用该用户 ID。

5.FTP 的缺点

FTP 也有缺点,概括如下:

（1）密码和文件内容都使用明文传输,信息可能被窃听。

（2）因为必须开放一个随机的端口以创建连接,当防火墙存在时,客户端很难过滤处于主动模式下的 FTP 流量。这个问题通过使用被动模式的 FTP 得到了很大程度地解决。

（3）服务器可能会被告知连接一个第三方计算机的保留端口。

（4）在传输数量很多的小文件时性能不好。

6. FTP 的工作原理和模式

FTP 的数据传输分为命令数据与文件数据,命令传输就是客户端要执行的命令,服务端收到后返回给客户端执行结果,如 ls 等;文件传输就是客户端要传输的数据,服务端与客户端数据连接起来传输。

FTP 的服务端与客户端建立连接大体分为三个步骤:建立连接,传输数据,断开连接。FTP 是基于 TCP 来传输可靠数据的,使用 21 号端口来建立认证通道,20 号端口来建立数据通道。FTP 是明文传输的。

FTP 的用户可分为实体用户(real user)、匿名用户(anonymous user)和访客用户(guest user)。

由于现在的网络架构中,都会有防火墙来阻止端口与高位端口被主动连接,特别是一般来说,20 号端口是被禁止主动连接的,因为 20 号端口是 FTP 的数据端口。为了解决客户端或者服务端的防火墙问题,FTP 采用主动和被动两种模式,通过墙内的一端主动连接墙外的一端,这样就不会被防火墙阻挡。

7. FTP 的主动模式

FTP 的主动模式一般用于服务端存在防火墙的情况,客户端无法主动连接至服务端的 20 号端口,需要由服务端主动连接至客户端的高位数据端口。

(1)两端在建立 TCP 通信通道后,客户端会发送 PORT 请求与服务端的 21 号端口认证连接,并发送、开放用来建立数据连接的高位端口号。

(2)服务端收到后,会通过 20 号端口发送 ACK 响应请求。

(3)服务端通过 20 号端口与客户端发送的高位端口建立数据连接通道。

8. FTP 的被动模式

FTP 的被动模式一般用于客户端存在防火墙的情况,服务端在收到连接请求后因为客户端防火墙而无法到达客户端高位端口,需要客户端主动连接服务端的数据传输端口。

(1)两端在建立 TCP 通信通道连接后,客户端会发送 PASV 请求给服务端。

(2)服务端在收到 PASV 请求后,就会打开一个高位端口作为数据传输端口来响应给客户端,等待客户端连接。

(3)客户端在收到响应后,会连接响应的端口建立数据连接通道。

9. Vsftpd 介绍

Vsftpd 是"very secure FTP daemon"的缩写,安全性是它的一个最大的特点。Vsftpd 是一个 UNIX 类操作系统上运行的服务器的名字,它可以运行在诸如 Linux、BSD、Solaris、HP-UNIX 等系统上,是一个完全免费的、开放源代码的 FTP 服务器软件,具备很多其他 FTP 服务器所不具备的特征,如非常高的安全性需求、带宽限制、良好的可伸缩性、可创建虚拟用户、支持 IPv6、速率高等。

(1)Vsftpd 是以一般身份启动服务的,对 Linux 系统的使用权限较低,所以对 Linux 系统的危害就相对降低了。此外,Vsftpd 亦利用 chroot()函数进行改换根目录的动作,使得系统工具不会被 Vsftpd 服务所误用。

(2) 任何需要具有较高执行权限的 Vsftpd 指令均被一个特殊的上层程序（parent process）所控制，该上层程序享有的较高执行权限功能已经被限制得相当低，并以不影响 Linux 本身的系统为准。

(3) 所有来自客户端，想要使用这个上层程序所提供的较高执行权限 Vsftpd 指令的需求，均被视为"不可信任的要求"来处理，必须经过相当程度的身份确认后，方可利用该上层程序的功能。例如 chown()，Login 的要求等动作。

(4) 此外，在上层程序中，依然使用 chroot() 的功能来限制使用者的执行权限。

10. Vsftp 文件

(1) /etc/pam. d/vsftpd：PAM 认证文件。

(2) /etc/vsftpd/ftpusers：限制登录用户文件。

(3) /etc/vsftpd/user_list：限制登录用户文件。

(4) /etc/vsftpd/vsftpd. conf：Vsftp 主配置文件。

(5) /usr/sbin/vsftpd：主进程文件。

11. Vsftp 主配置文件 vsftpd. conf 说明

(1) anonymous_enable＝YES：是否允许匿名登录 FTP 服务器，默认设置为 YES；用户可使用用户名 FTP 或 anonymous 进行 FTP 登录，口令为用户的 E-mail 地址。如不允许匿名访问则设置为 NO。

(2) /var/ftp/pub：是否允许本地用户（即 Linux 系统中的用户账号）登录 Vsftp 服务器，默认设置为 YES。本地用户登录后会进入用户主目录，而匿名用户登录后进入匿名用户的下载目录。

(3) local_enable＝YES：若只允许匿名用户访问，前面加上 ♯ 注释掉即可阻止本地用户访问 FTP 服务器。

(4) write_enable＝YES：是否允许本地用户对 Vsftp 服务器文件具有写权限，默认设置为 YES。

(5) local_umask＝022：掩码，本地用户默认掩码为 077。♯ 可以设置本地用户的文件掩码为默认 022，也可根据个人喜好将其设置为其他值。

(6) anon_upload_enable＝YES：是否允许匿名用户上传文件，须将全局 write_enable＝YES。默认为 YES。

(7) anon_mkdir_write_enable＝YES：是否允许匿名用户创建新文件夹。

(8) dirmessage_enable＝YES：是否激活目录欢迎信息功能。当用户用 CMD 模式首次访问服务器上的某个目录时，Vsftp 服务器将显示欢迎信息。默认情况下，欢迎信息是通过该目录下的. message 文件获得的。此文件保存自定义的欢迎信息，由用户自己建立。

(9) xferlog_enable＝YES：是否让系统自动维护上传和下载的日志文件。默认情况下，该日志文件为 /var/log/vsftpd. log，也可以通过 xferlog_file 选项对其进行设定。默认值为 NO。

(10) Make sure PORT transfer connections originate from port 20(ftp-data)：是否设定 Vsftp 服务器将启用 FTP 数据端口的连接请求。

(11) connect_from_port_20＝YES：ftp-data 数据传输，21 为连接控制端口。

(12) chown_uploads＝YES：设定是否允许改变上传文件的属主，与下面一个设定项配合使用。注意,不推荐使用 root 用户上传文件。

(13) chown_username＝whoever:设置想要改变的上传文件的属主,如果需要,则输入一个系统用户名。可以把上传的文件都改成 root 属主。whoever 指任何人。

(14) xferlog_file＝/var/log/vsftpd. log:设定系统维护记录 Vsftp 服务器上传和下载情况的日志文件。/var/log/vsftpd. log 是默认的,也可以另设其他。

(15) xferlog_std_format＝YES:是否以标准 xferlog 的格式书写传输日志文件。默认为/var/log/xferlog,也可以通过 xferlog_file 选项对其进行设定。默认值为 NO。

(16) dual_log_enable:附加配置,添加相应的选项将启用相应的设置,是否生成两个相似的日志文件。默认在/var/log/xferlog 和/var/log/vsftpd. log 目录下。前者是 wu_ftpd 类型的传输日志,可以利用标准日志工具对其进行分析;后者是 Vsftpd 类型的日志。

(17) syslog_enable:是否将原本输出到/var/log/vsftpd. log 中的日志输出到系统日志。

(18) idle_session_timeout＝600:设置数据传输中断间隔时间,此语句表示空闲的用户会话中断时间为 600 s。即当数据传输结束后,用户连接 Vsftp 服务器的时间不应超过 600 s。可以根据实际情况对该值进行修改。

(19) data_connection_timeout＝120:设置数据连接超时时间,该语句表示数据连接超时时间为 120 秒,可根据实际情况对其进行修改。

(20) nopriv_user＝ftpsecure:运行 Vsftp 服务器需要的非特权系统用户,默认是 nobody。

(21) async_abor_enable＝YES:是否识别异步 ABOR 请求。如果 FTP Client 下达"async ABOR"指令时,这个设定才需要启用。而此设定不安全,所以通常将其取消。

(22) ascii_upload_enable＝YES:是否以 ASCII 方式传输数据。默认情况下,服务器会忽略 ASCII 方式的请求。启用此选项将允许服务器以 ASCII 方式传输数据。不过,这样可能会导致由"SIZE /big/file"方式引起的 DoS 攻击。

(23) ascii_download_enable＝YES:同上。

(24) ftpd_banner＝Welcome to blah FTP service:登录 Vsftp 服务器时显示的欢迎信息。如有需要,可在需要更改欢迎信息的目录下创建名为. message 的文件,写入欢迎信息后保存。

(25) deny_email_enable＝YES:黑名单设置。如果不希望某些 email address 登录服务器,就可以使用此设定来取消其登录权限。

(26) banned_email_file＝/etc/vsftpd/banned_emails:当上面的 deny_email_enable＝YES 时,可以利用这个设定项来规定哪些邮件地址不可登录 Vsftp 服务器。此文件需用户自己创建,一行一个 email address 即可。

(27) chroot_list_enable＝YES:用户登录 Vsftp 服务器后是否具有访问自己目录以外的其他文件的权限。设置为 YES 时,用户被锁定在自己的 home 目录中,Vsftpd 将在 chroot_list_file 选项值的位置寻找 chroot_list 文件。必须与下面的设置项配合。

(28) chroot_list_file＝/etc/vsftpd/chroot_list:被列入此文件的用户,在登录后将不能切换到自己目录以外的其他目录,从而有利于 Vsftp 服务器的安全管理和隐私保护。此文件需自己建立。

(29) ls_recurse_enable＝YES:是否允许递归查询。默认为关闭,以防止远程用户过多造成过量的 I/O。

(30) listen＝YES:是否允许监听。如果设置为 YES,则 Vsftpd 将以独立模式运行,由

Vsftp 自己监听和处理 IPv4 端口的连接请求。

（31）listen_ipv6＝YES：设定是否支持 IPv6。如要同时监听 IPv4 和 IPv6 端口，则必须运行两套 Vsftpd，采用两套配置文件。同时确保其中有一个监听选项是被注释掉的。

（32）pam_service_name＝vsftpd：设置 PAM 外挂模块提供的认证服务所使用的配置文件名，即/etc/pam.d/vsftpd 文件。此文件中的 file＝/etc/vsftpd/ftpusers 字段，说明 PAM 模块能抵挡的账号内容来自文件/etc/vsftpd/ftpusers。

（33）userlist_enable＝YES/NO：是否允许 ftpusers 文件中的用户登录 Vsftp 服务器，默认为 NO。若此项设为 YES，则允许 user_list 文件中的用户登录 Vsftp 服务器。而如果同时设置了 userlist_deny＝YES，则 user_list 文件中的用户将不允许登录 Vsftp 服务器，甚至连输入密码提示信息都没有。

（34）userlist_deny＝YES/NO：设置是否阻止 user_list 文件中的用户登录 Vsftp 服务器，默认为 YES。

（35）tcp_wrappers＝YES：是否使用 tcp_wrappers 作为主机访问控制方式。tcp_wrappers 可以实现 Linux 系统网络服务中的基于主机地址的访问控制。在/etc 目录中的 hosts.allow 和 hosts.deny 两个文件用于设置 tcp_wrappers 的访问控制。前者设置允许访问记录，后者设置拒绝访问记录。如想限制某些主机对 Vsftp 服务器 192.168.57.2 的匿名访问，编辑/etc/hosts.allow 文件，如在下面增加两行命令：vsftpd:192.168.57.1:DENY 和 vsftpd:192.168.57.9:DENY。表明限制 IP 为 192.168.57.1/192.168.57.9，主机访问 IP 为 192.168.57.2 的 Vsftp 服务器，此时 Vsftp 服务器虽可以 ping 通，但无法连接。

◤ 任务实施 ◢

【实例一】允许本地主机登录 Vsftp 服务器（图 2-2-1）

vim /etc/vsftpd/vsftpd.conf　　//编辑 vsftpd.conf 文件

修改内容如下：

local_enable＝YES

```
# Allow anonymous FTP? (Beware - allowed by default if you comment this out).
anonymous_enable=YES
#
# Uncomment this to allow local users to log in.
# When SELinux is enforcing check for SE bool ftp_home_dir
local_enable=YES
#
# Uncomment this to enable any form of FTP write command.
```

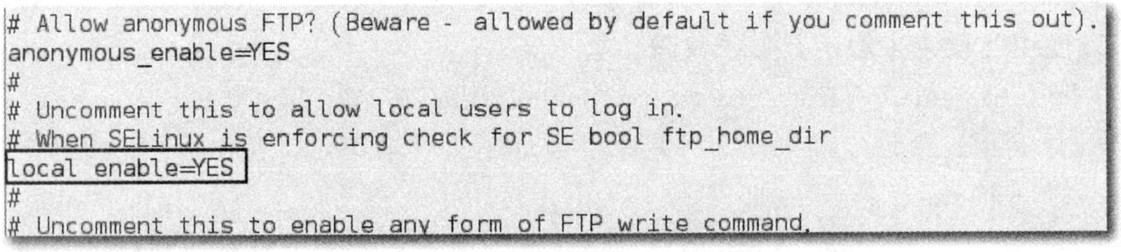

图 2-2-1　允许本地主机登录 Vsftp 服务器

【实例二】允许匿名使用者可以登录 Vsftp 服务器，上传修改文件（图 2-2-2 和图 2-2-3）

vim /etc/vsftpd/vsftpd.conf　　//编辑 vsftpd.conf 文件

编辑内容如下：

anonymous_enable＝YES

anon_mkdir_write_enable＝YES

anon_other_write_enable＝YES

```
# READ THIS: This example file is NOT an exhaustive list of vsftpd options.
# Please read the vsftpd.conf.5 manual page to get a full idea of vsftpd's
# capabilities.
#
# Allow anonymous FTP? (Beware - allowed by default if you comment this out).
anonymous_enable=YES
```

图 2-2-2　允许匿名使用者可以登录 Vsftp 服务器

```
# Uncomment this if you want the anonymous FTP user to be able to create
# new directories.
anon_mkdir_write_enable=YES
anon_other_write_enable=YES
# Activate directory messages - messages given to remote users when they
# go into a certain directory.
dirmessage_enable=YES
```

图 2-2-3　上传修改文件

【实例三】限制匿名使用者完全无法登录 Vsftp 服务器(图 2-2-4)

vim /etc/vsftpd/vsftpd.conf　　//编辑 vsftpd.conf 文件

修改内容如下：

anonymous_enable＝NO

```
# Allow anonymous FTP? (Beware - allowed by default if you comment this out).
anonymous_enable=NO
#
# Uncomment this to allow local users to log in.
# When SELinux is enforcing check for SE bool ftp_home_dir
local_enable=YES
```

图 2-2-4　限制匿名使用者完全无法登录 Vsftp 服务器

【实例四】限制某些使用者无法登录 Vsftp 服务器

① 限制对象为匿名使用者。如图 2-2-5 所示。

vim /etc/vsftpd/vsftpd.conf　　//编辑 vsftpd.conf 文件

修改内容如下：

deny_email_enable＝YES

bannned_email_file＝/usr/local/etc/vsftpd.banned_emails

```
# You may specify a file of disallowed anonymous e-mail addresses. Apparently
# useful for combatting certain DoS attacks.
deny_email_enable=YES
# (default follows)
banned_email_file=/etc/vsftpd/banned_emails
#
```

图 2-2-5　限制对象为匿名使用者

注：在 email 位置，一行一个 email 地址添加至 vsftpd.banned_emails 文件中。

② 限制对象为本地账户。

方法一：如图 2-2-6 所示。

vim /etc/vsftpd/vsftpd.conf　　//编辑 vsftpd.conf 文件

修改内容如下：

userlist_enable＝YES

userlist_deny＝YES

userlist_file＝/usr/local/etc/vsftpd. user_list

```
# Make sure, that one of the listen options is commented !!
listen_ipv6=YES

pam_service_name=vsftpd
userlist_enable=YES
userlist_deny=YES
userlist_file=/usr/local/etc/vsftpd.user_list
tcp_wrappers=YES
```

图 2-2-6　方法一

注:把限制登录的账号写入文件,一行一个添加至 vsftpd. user_list 文件中。

方法二:如图 2-2-7 所示。

vim /etc/vsftpd/vsftpd. conf　　//编辑 vsftpd. conf 文件

修改内容如下:

check_shell＝YES

注:把限制使用的账户 shell 从/etc/shells 中删除。

```
#anon_upload_enable=YES
check_shell=YES
# Uncomment this if you want the anonymous FTP user to be able to create
# new directories.
```

图 2-2-7　方法二

【实例五】限制使用者只能在自己的根目录下活动(图 2-2-8)

vim /etc/vsftpd/vsftpd. conf　　//编辑 vsftpd. conf 文件

修改内容如下:

chroot_list_enable＝YES

chroot_list_file＝/etc/vsftpd/chroot_list

```
#chroot_local_user=YES
chroot_list_enable=YES
# (default follows)
chroot_list_file=/etc/vsftpd/chroot_list
#
```

图 2-2-8　限制使用者只能在自己的根目录下活动

任务三　Apache服务安全配置

任务描述

　　Apache 服务安全配置包括很多层面,有运行环境、认证与授权设置等。Apache 的一个优势是具有灵活的模块结构,其设计思想也是围绕模块概念展开的。安全模块是 Apache Server 中的极其重要的组成部分。这些安全模块负责提供 Apache Server 的访问控制、认证与授权等一系列至关重要的安全服务。

　　公司机房新添进一批服务器,让所有人都拥有自己的个人网站,要求有关部门对公司服务器进行安全的 Apache 规划,配置高效的 Apache 服务系统,同时还要求 Apache 服务系统具有非常高的安全性能,避免因中断、误差等问题导致工作效率低下。

学习指导

　　1. 了解 Apache 的相关知识。
　　2. 详细了解 Apache 配置文件的内容。
　　3. 详细了解 Apache 的安全设置。
　　4. 了解 Apache 服务的相关配置。

知识链接

1. Apache 简介

　　Apache HTTP Server(简称 Apache)是 Apache 软件基金会的一个开放源代码的 Web 服务器软件,可以在大多数操作系统中运行,由于其具有跨平台和安全性(尽管不断有新的漏洞被发现,但由于其开放源代码的特点,漏洞总能被很快修补,因此综合来说,其安全性还是相当高的)的优势,因此被广泛使用,是最流行的 Web 服务器软件之一。它快速、可靠并且可通过简单的 API 扩充,将 Perl/Python 等解释器编译到服务器中。

2. Apache 特性

　　Apache Web 服务器软件拥有以下特性:

（1）支持最新的 HTTP/1.1 通信协议；

（2）拥有简单而强有力的基于文件的配置过程；

（3）支持通用网关接口；

（4）支持基于 IP 和基于域名的虚拟主机；

（5）支持多种方式的 HTTP 认证；

（6）集成 Perl 处理模块；

（7）集成代理服务器模块；

（8）支持实时监视服务器状态和定制服务器日志；

（9）支持服务器端包含指令(SSI)；

（10）支持安全套接层(SSL)；

（11）提供用户会话过程的跟踪；

（12）支持 FastCGI；

（13）通过第三方模块可以支持 Java Servlets。

3. Apache 服务器文件和目录

（1）Web 站点目录。

➢ /var/www   // Apache Web 站点文件的目录

➢ /var/www/html   // Web 站点的 Web 文件

➢ /var/www/cgi-bin   // CGI 程序文件

➢ /var/www/html/manual   // Apache Web 服务器手册

➢ /var/www/htmll/usage   // webalizer 程序文件

（2）配置文件。

➢ /etc/httpd/conf   /* 基于目录的配置文件,".htaccess"文件包含对它所在目录中文件的访问控制指令 */

➢ /etc/httpd/conf/httpd.conf   // Apache Web 服务器配置文件目录

➢ /etc/httpd/conf/srm.conf   // 主要的 Apache Web 服务器配置文件

➢ /etc/httpd/conf/access.conf   /* 用来处理文档规范,配置文件类型未知的老式配置文件 */

（3）启动脚本。

➢ /etc/rc.d/init.d/httpd   // Web 服务器守护进程的启动脚本

➢ /etc/rc.d/rc3.d/S85httpd   /* 将运行级目录(/etc/rc3.d)连接到目录/etc/rc.d/init.d 中的启动脚本 */

（4）应用文件。

➢ /usr/sbin   // Apache Web 服务器程序文件和应用程序的位置

➢ /usr/doc/   // Apache Web 服务器文档

➢ /var/log/http   // Apache 日志文件的位置

4. Apache 主配置文件详解

Apache 服务器的主配置文件是 httpd.conf,该文件不区分大小写,在该文件中以"♯"开始的行为注释行。除了注释和空行外,其他行指令又分为类似于 Shell 的命令和伪 HTML 标记。httpd. conf 文件主要由全局环境配置、主服务器配置和虚拟主机配置三部分组成。

（1）全局环境配置（Global Environment）：决定 Apache 服务器的全局参数。

➢ ServerTokens OS：在出现错误页时是否显示服务器操作系统的名称，ServerTokens Prod 为不显示。

➢ ServerRoot "/etc/httpd"：用于指定 Apache 的运行目录，服务启动后自动将运行目录改为当前目录，后面使用到的所有相对路径都是相对这个目录的。

➢ PidFile run/httpd. pid：记录 Httpd 守护进程的 PID 号码，这是系统识别一个进程的方法，系统中 Httpd 进程可以有多个，但这个 PID 对应的进程是其他进程的父进程。

➢ Timeout 60：服务器与客户端断开的时间。

➢ KeepAlive Off：是否持续连接（因为每次连接都得三次握手，如果是访问量不大，建议打开此项；如果网站访问量比较大，关闭此项比较好），修改为 KeepAlive On，表示允许程序性联机。

➢ MaxKeepAliveRequests 100：表示一个连接的最大请求数。

➢ KeepAliveTimeout 15：断开连接前的时间。

➢ ＜IfModule prefork. c＞：系统默认的模块，表示为每个访问启动一个进程（即当有多个连接共用一个进程的时候，在同一时刻只能有一个获得服务）。

StartServers 8：开始服务时启动 8 个进程。

MinSpareServers 5：最小空闲 5 个进程。

MaxSpareServers 20：最多空闲 20 个进程。

ServerLimit 256：服务器允许配置进程数的上限。

MaxClients 256：限制同一时刻客户端的最大连接请求数量，超过的要进入等候队列。

MaxRequestsPerChild 4000：每个进程生存期内允许服务的最大请求数量，0 表示永不结束。

＜/IfModule＞

➢ ＜IfModule worker. c＞：为 Apache 配置线程访问，即每对 Web 服务访问启动一个线程，这样内存占用率比较小。

StartServers 2：启动两个 Httpd 进程。

MaxClients 300：最多能同时发起 300 个访问，超过的要进入等待队列，其大小有 ServerLimit 和 ThreadsPerChild 的乘积决定。

MinSpareThreads 25

MaxSpareThreads 75

ThreadsPerChild 25：每个子进程生存期间常驻执行线程数，子线程建立后将不再增加。

MaxRequestsPerChild 0：每个进程启动的最大线程数，如达到限制数时进程将结束，如置为 0 则子线程永不结束。

＜/IfModule＞

➢ Listen 80：监听的端口，如有多块网卡，默认监听所有网卡。

➢ Include conf. d/*. conf：加载的配置文件。

➢ User Apache：启动服务后转换的身份，在启动服务时通常以 root 身份，然后转换身份，这样可以增加系统的安全性。

➢ Group Apache：同上。

（2）主服务器配置（Main Server Configuration）：相当于 Apache 中的默认 Web 站点，如果服务器中只有一个站点，则只需在这里配置即可。

➤ ServerAdmin root@localhost：定义管理员的邮箱。

➤ ServerName www. example. com:80：默认是不需要指定的，服务器通过名字解析过程来获得自己的名字，但如果解析有问题（如反向解析不正确），或者没有 DNS 名字，也可以在这里指定 IP 地址，当这项不正确时服务器不能正常启动。

【例】当启动 Apache 时提示正在启动。

httpd:httpd:apr_sockaddr_info_get() failed forjustin httpd:Could not reliably determine the server's fully qualified domain name, using 127. 0. 0. 1 for ServerName

解决方法就是启动该项并将 www. example. com:80 修改为自己的域名或者直接修改为 localhost。

➤ UseCanonicalName Off：如果客户端提供了主机名和端口，Apache 将使用客户端提供的这些信息来构建自引用 URL（一个指向相同服务器的 URL）。这些值与用于实现基于域名的虚拟主机的值相同，并且对同样的客户端可用。CGI 变量 SERVER_NAME 和 SERVER_PORT 也会由客户端提供的值来构建。

➤ DocumentRoot "/var/www/html"：网页文件存放的目录。

➤ ＜Directory /＞：对根目录的一个权限的设置。

      Options FollowSymLinks

      AllowOverride None

  ＜/Directory＞

＜Directory "/var/www/html"＞：对/var/www/html 目录的一个权限的设置。

      Options Indexes FollowSymLinks：Options 中 Indexes 表示当网页不存在时允许索引显示目录中的文件。FollowSymLinks 确定是否允许访问符号链接文件。

      AllowOverride None：表示不允许这个目录下的访问控制文件来改变这里的配置，也意味着不用查看这个目录下的访问控制文件。若修改为 AllowOverride All，则表示允许. htaccess。

      SymLinksOwnerMatch：表示当符号链接的文件和目标文件为同一用户拥有时才允许访问。

      Order allow,deny：表示对页面的访问控制顺序。后面的一项是默认选项，如"allow,deny"，则默认选项是"deny"。

      Allow from all：表示允许所有的用户。通过和上一项结合可以控制对网站的访问。

  ＜/Directory＞

➤ ＜IfModule mod_userdir. c＞：确定是否允许用户访问其 home 目录。默认是不允许。

      UserDir disabled

  ＜/IfModule＞

➤ DirectoryIndex index. html index. html. var：指定所要访问的主页的默认名字，默认首页文件名为 index. html。

➢ AccessFileName. htaccess：定义每个目录下的访问控制文件名，默认文件名为. htaccess。

➢ ＜Files ～ "^\. ht"＞：控制不让 Web 访问用户查看. htpasswd 和. htaccess 这两个文件。

　　　　Order allow，deny

　　　　Deny from all

　　　　Satisfy All

　　＜/Files＞

➢ TypesConfig /etc/mime. types：用于设置保存不同 MIME 类型数据的文件名。

➢ DefaultType text/plain：默认的网页类型。

➢ ＜IfModule mod_mime_magic. c＞：指定判断文件真实 MIME 类型功能的模块。

　　　　MIMEMagicFile /usr/share/magic. mime

　　　　MIMEMagicFile conf/magic

　　＜/IfModule＞

➢ HostnameLookups Off：确定是否在记录日志的同时记录主机名。这需要服务器来根据需要反向解析域名，增加了服务器的负担，通常不建议开启。

➢ EnableMMAP Off：确定是否允许内存映射。如果 Httpd 在传送过程中需要读取一个文件的内容时，可以根据需要使用内存映射。如果为 On，表示操作系统支持，将使用内存映射。在一些多核处理器的系统上，这可能会降低性能，如果在挂载了 NFS 的 DocumentRoot 上开启此项功能，可能因为分段而造成 Httpd 崩溃。

➢ EnableSendfile Off：这个指令控制 Httpd 是否可以使用操作系统内核的 sendfile 支持来将文件发送到客户端。默认情况下，当处理一个请求并不需要访问文件内部的数据时（比如发送一个静态的文件内容），如果操作系统支持，Apache 将使用 sendfile 将文件内容直接发送到客户端而并不读取文件。

➢ ErrorLog logs/error_log：错误日志存放的位置。

➢ LogLevel warn：Apache 日志的级别。

➢ LogFormat "%h %l %u %t \"%r\" %＞s %b \"%{Referer}i\" \"%{User-Agent}i\"" combined：定义了日志的格式，并用不同的代号表示。

➢ LogFormat "%h %l %u %t \"%r\" %＞s %b" common：同上。

➢ LogFormat "%{Referer}i -＞ %U" referer：同上。

➢ LogFormat "%{User-agent}i" agent：同上。

➢ CustomLog logs/access_log combined：说明日志记录的位置，这里使用了相对路径，所以 ServerRoot 需要指出，日志位置存放在"/etc/httpd/logs"目录下。

➢ ServerSignature On：定义当客户请求的网页不存在或者出现错误时是否提示 Apache 版本的一些信息。

➢ Alias /icons/ "/var/www/icons/"：定义将一些不在 DocumentRoot 下的文件映射到网页根目录中，这也是访问其他目录的一种方法，但在声明时切记目录后面加"/"。

➢ ＜Directory "/var/www/icons"＞：定义对/var/www/icons/的权限，修改为 Options Indexes MultiViews FollowSymLinks，表示不在浏览器上显示树状目录结构。

　　　　Options Indexes MultiViews FollowSymLinks

AllowOverride None

Order allow,deny

Allow from all

</Directory>

➢ <IfModule mod_dav_fs.c>:对 mod_dav_fs.c 模块的管理。

♯ Location of the WebDAV lock database.

DAVLockDB /var/lib/dav/lockdb

</IfModule>

➢ ScriptAlias /cgi-bin/ "/var/www/cgi-bin/":CGI 模块的别名,与 Alias 类似。

➢ <Directory "/var/www/cgi-bin">:对/var/www/cgi-bin 文件夹的管理。

AllowOverride None

Options None

Order allow,deny

Allow from all

</Directory>

➢ ♯ Redirect old-URI new-URL:Redirect 参数是用来重写 URL 的。当浏览器访问服务器上的一个已经不存在的资源时,服务器返回给浏览器新的 URL,告诉浏览器从该 URL 中获取资源。这主要用于原来存在于服务器上的文档改变位置之后,又需要能够使用原 URL 访问到原网页的情况。

➢ AddDefaultCharset UTF-8:默认支持的编码。

➢ ErrorDocument 404 /missing.html:当服务器出现 404 错误时,返回 missing.html 页面。

➢ Alias /error/ "/var/www/error/":为/var/www/error/目录赋值别名/error/。

➢ <Directory "/var/www/error">:对/var/www/error 目录下的网页设定权限及操作。

AllowOverride None

Options IncludesNoExec

AddOutputFilter Includes html

AddHandler type-map var

Order allow,deny

Allow from all

LanguagePriority en es de fr

ForceLanguagePriority Prefer Fallback

</Directory>

（3）虚拟主机配置（Virtual Hosts）:虚拟主机不能与 Main Server（主服务器）共存,当启用了虚拟主机之后,Main Server 就不能使用了。

➢ NameVirtualHost *:80:以下为一个虚拟主机的示例。如果启用虚拟主机的话,必须将前面的注释去掉。

♯<VirtualHost *:80>

♯ServerAdmin webmaster@dummy-host.example.com

　　♯DocumentRoot /www/docs/dummy-host. example. com

　　♯ServerName dummy-host. example. com

　　♯ErrorLog logs/dummy-host. example. com-error_log

　　♯CustomLog logs/dummy-host. example. com-access_log common

　♯</VirtualHost>

5. Httpd 的特性

（1）高度模块化：core＋modules。

➢ DSO(Dynamic Shared Object)：动态共享对象。

➢ MPM(Multipath Processing Modules)：多路处理模块，非一个模块，而是对一种特性的称谓。

➢ prefork：多进程模式，每个进程响应一个请求。一个主进程负责生成 n 个子进程，子进程也称为工作进程，每个子进程处理一个用户请求，即便没有用户请求，也会预先生成多个空闲进程，随时等待请求到达，由于 prefork 使用 select()进行系统调用，所以最大并发数不能超过 1 024。

➢ worker：多进程和多线程混合模式，每个线程响应一个请求。一个主进程生成多个子进程，每个子进程负责生成多个线程，每个线程响应一个用户请求。

➢ event：event-driven(事件驱动模型)，主要目的在于实现单线程响应多个请求。一个主进程生成多个子进程，每个子进程负责生成多个线程，每个线程响应多个用户请求。

（2）各模式的特性。

① prefork 模式可以算是很古老但是非常稳定的 Apache 模式。Apache 在启动时，就预先 fork 一些子进程，然后等待请求进来。之所以这样做，是为了减少频繁创建和销毁进程的开销。每个子进程只有一个线程，在一个时间点内只能处理一个请求。

优点：成熟稳定，兼容所有新老模块。同时，不需要担心线程安全的问题。常用的 mod_php、PHP 的拓展不支持线程安全。

缺点：一个进程相对占用更多的系统资源，消耗更多的内存。而且，它并不擅长处理高并发请求，在这种场景下，它会将请求放进队列中，一直等到有可用进程，请求才会被处理。

② worker 模式使用了多进程和多线程的混合模式。它也预先 fork 了几个子进程（数量比较少），然后每个子进程创建一些线程，同时包括一个监听线程。每个请求过来，会被分配到一个线程来服务。线程比起进程更轻量，因为线程通常会共享父进程的内存空间，因此，内存的占用会减少一些。在高并发的场景下，会比 prefork 有更多的可用线程，因此表现会更优秀一些。

worker 模式使用多线程响应请求，这样存在一个问题，即一个线程崩溃就会影响整个进程。所以 worker 使用的是多进程＋多线程的混合模式，即可以提高并发性，也可以避免一个线程崩溃导致整个 Web 站点崩溃。

优点：占据更少的内存，高并发下表现更优秀。

缺点：必须考虑线程安全的问题，因为多个子线程是共享父进程的内存地址的。如果使用长连接(keep-alive)方式，某个线程会一直被占用，若中间没有任何请求，也需要一直等到超时才会被释放。如果过多的线程被这样占用，会导致在高并发场景下无服务线程可用。该问题在 prefork 模式下,同样会发生。

③ event 模式是在 Apache 2.2 之后当作试验特性引入的,在 Apache 2.4 之后才正式支持。event 模式是为了解决 keep-alive 问题而生的,它和 worker 模式很像,最大的区别在于,它解决了 keep-alive 场景下长期被占用的线程的资源浪费问题(某些线程因为被 keep-alive,空挂在那里等待,中间几乎没有请求过来,甚至等到超时)。event MPM 中,会有一个专门的线程来管理这些 keep-alive 类型的线程,当有真实请求过来时,将请求传递给服务线程,执行完毕后,又允许它释放。这样增强了高并发场景下的请求处理能力。

event MPM 在遇到某些不兼容的模块时会失效,将会回退到 worker 模式,一个工作线程处理一个请求。官方自带的模块,全部是支持 event MPM 的。

6. Apache 服务器的安全特性

(1)采用选择性访问控制和强制性访问控制的安全策略。

从 Apache 或 Web 的角度来讲,自主访问控制(DAC)仍是基于用户名和密码的,强制访问控制(MAC)则是依据发出请求的客户端的 IP 地址或所在的域号来进行界定的。对于 DAC 方式,如果输入错误,那么用户还有机会更正,重新输入正确的密码;如果用户过不了 MAC 关卡,那么用户将被禁止做进一步的操作,除非服务器做出安全策略调整,否则用户的任何努力都将无济于事。

(2)Apache 的安全模块。

① mod_access 模块:能够根据访问者的 IP 地址(或域名,主机名等)来控制对 Apache 服务器的访问,称为基于主机的访问控制。

② mod_auth 模块:用来控制用户和组的认证授权。用户名和口令存于纯文本文件中。mod_auth_db 和 mod_auth_dbm 模块则分别将用户信息(如名称、属组和口令等)存于 Berkeley-DB 及 DBM 型的小型数据库中,便于管理及提高应用效率。

③ mod_auth_digest 模块:采用 MD5 数字签名的方式进行用户认证,但它相应的需要客户端的支持。

④ mod_auth_anon 模块:其功能和 mod_auth 的功能类似,只是它允许匿名登录,将用户输入的 E-mail 地址作为口令。

⑤ SSL:被 Apache 所支持的安全套接字层协议,提供 Internet 上安全交易服务,如电子商务中的一项安全措施。通过对通信字节流的加密来防止敏感信息的泄漏。但是,Apache 的这种支持是建立在对 Apache 的 API 扩展来实现的,相当于一个外部模块,通过与第三方程序的结合提供安全的网上交易支持。

7. Apache 服务器的安全配置

Apache 具有灵活的设置,所有 Apache 的安全特性都要经过周密的设计与规划,进行认真地配置才能够实现。Apache 的安全配置和运行示例如下:

(1)以 Nobody 用户运行。

一般情况下,Apache 是由 Root 来安装和运行的。如果 Apache Server 进程具有 Root 用户特权,那么它将给系统的安全构成很大威胁,应确保 Apache Server 进程以权限尽可能低的用户来运行。通过修改 httpd.conf 文件中的下列选项,以 Nobody 用户运行 Apache 达到相对安全的目的。修改内容如下：

　　User nobody

　　Group♯ -1

　　（2）Server Root 目录的权限。

　　为了确保所有的配置是适当的和安全的，需要严格控制 Apache 主目录的访问权限，使非超级用户不能修改该目录中的内容。Apache 的主目录对应于 Apache Server 配置文件 ht-tpd. conf 的 Server Root 控制项，修改内容如下：

　　Server Root /usr/local/apache

　　（3）SSI 的配置。

　　在配置文件 access. conf 或 httpd. conf 中的缺省 Options 指令处加入 Includes Noexec 选项，用以禁用 Apache Server 中的执行功能，避免用户直接执行 Apache 服务器中的执行程序而造成服务器系统的公开化。修改内容如下：

　　Options Includes Noexec

　　（4）阻止用户修改系统设置。

　　在 Apache 服务器的配置文件中进行以下设置，阻止用户建立、修改. htaccess 文件，防止用户超越能定义的系统安全特性。修改内容如下：

　　AllowOveride None

　　Options None

　　Allow from all

　　然后再分别对特定的目录进行适当的配置。

　　（5）改变 Apache 服务器的缺省访问特性。

　　Apache 的默认设置只能保障一定程度的安全，如果服务器能够通过正常的映射规则找到文件，那么客户端便会获取该文件，如 http：//localhost/～ root/ 将允许用户访问整个文件系统。在服务器文件中加入如下内容：

　　order deny, ellow

　　Deny from all

　　禁止对文件系统的默认访问。

　　（6）CGI 脚本的安全考虑。

　　CGI 脚本是一系列可以通过 Web 服务器来运行的程序。为了保证系统的安全性，应确保 CGI 的作者是可信的。对 CGI 而言，最好将其限制在一个特定的目录下，如 cgi-bin 之下，便于管理；另外应该保证 CGI 目录下的文件是不可写的，避免一些欺骗性的程序驻留或混迹其中；如果能够给用户提供一个安全性良好的 CGI 程序的模块作为参考，也许会减少许多不必要的麻烦和安全隐患；除去 CGI 目录下的所有非业务应用的脚本，以防异常的信息泄漏。

　　以上这些常用举措可以给 Apache Server 一个基本的安全运行环境，显然在具体实施上还要做进一步的细化分解，制定出符合实际应用的安全配置方案。

8. Apache Server 基于主机的访问控制

　　Apache Server 默认情况下的安全配置是拒绝一切访问。假定 Apache Server 内容存放在/usr/local/apache/share 目录下，下面的指令将实现这种设置：

Deny from all

Allow Override None

这样就禁止在任一目录下改变认证和访问控制。同样,还可以用特有的命令 Deny、Allow 指定哪些用户可以访问,哪些用户不能访问,具有一定的灵活性。当 Deny、Allow 一起用时,用命令 Order 决定 Deny 和 Allow 的使用顺序,如下所示:

(1) 拒绝某类地址的用户对服务器的访问权(Deny)。

【例】

Deny from all

Deny from test. cnn. com

Deny from 200. 0. 0. 1

Deny from 10. 10. 10. 0/255. 255. 0. 0

(2) 允许某类地址的用户对服务器的访问权(Allow)。

【例】

Allow from all

Allow from test. cnn. com

Allow from 204. 168. 190. 13

Allow from 10. 10. 10. 0/255. 255. 0. 0

Deny 和 Allow 指令后可以输入多个变量。

(3)简单配置实例。

【例】允许所有的人访问 Apache 服务器,但不希望来自 www. test. com 的任何访问。

Order Allow,Deny

Allow from all

Deny from www. test. com

【例】拒绝所有人访问,但希望允许 test. cnn. com 网站的来访。

Order Deny,Allow

Deny from all

Allow from test. cnn. com

9. Apache Sever 的用户认证与授权

用户认证就是验证用户身份的真实性,即用户账号是否在数据库中及用户账号所对应的密码是否正确;用户授权表示检验有效用户是否被许可访问特定的资源。在 Apache 中,几乎所有的安全模块都兼顾这两个方面。从安全的角度来看,用户的认证和授权相当于选择性访问控制。建立用户的认证授权需要三个步骤:

(1) 建立用户库。

用户名和口令列表需要存放于文件(mod_auth 模块)或数据库(mod_auth_dbm 模块)中。基于安全的原因,该文件不能存放在文档的根目录下。如存放在/usr/local/etc/httpd 目录下的 users 文件,其格式与 UNIX 口令文件格式相似,但口令是以加密的形式存放的。应用程序 htpasswd 可以用来添加或更改程序,如下所示:

htpasswd -c /usr/local/etc/httpd/users martin

-c 表明添加新用户,martin 为新添加的用户名。程序执行过程中,需输入两次口令。用户名和口令添加到 users 文件中。产生的用户文件有如下形式：

martin：WrU808BHQai36

jane：iABCQFQFs40E8M

art：FadHN3W753sSU

第一列是用户名，第二列是用户密码。

（2）配置服务器的保护域。

为了使 Apache 服务器能够利用用户文件中的用户名和口令信息，需要设置保护域（Realm）。一个域实际上是站点的一部分（如一个目录、文档等）或整个站点只供部分用户访问。在相关目录下的.htaccess 文件或 httpd.conf（acces.conf）段中，由 AuthName 来指定被保护层的域。在.htaccess 文件中对用户文件有效用户的授权访问及指定域保护有如下指定：

AuthName "restricted stuff"

Authtype Basic

AuthUserFile /usr/local/etc/httpd/users

Require valid-user

其中，AuthName 指出了保护域的域名（Realm Name）。valid-user 参数意味着 user 文件中的所有用户都是可用的。用户一旦输入了有效的用户/口令，同一个域内的其他资源都可以被该用户访问，同样也可以使两个不同的区域共用同样的用户/口令。

（3）声明服务器用户拥有资源的访问权限。

如果想将某一资源的访问权限授予一组用户，可以将他们的名字都列在 Require 之后。最好的办法是利用组文件。组的概念和标准 UNIX 的组概念类似，一个用户可以属于一个或数个组。这样就可以在配置文件中利用 Require 为组赋予某些权限。如指定了一个组、几个组或一个用户的访问权限：

Require group staff

Require group staff admin

Require user adminuser

需要指出的是，当需要建立大批用户账号时，Apache 服务器若使用用户文件数据库将会极大地降低效率。这种情况下最好采用数据库格式的账号文件，譬如 DBM 格式的数据库文件；还可以根据需要利用 db 格式（mod_auth_db）的数据文件；或者直接利用数据库，如 mSQL（mod_auth_msql）或 DBI 兼容的数据库（mod_auth_dbi）。

任务实施

【实例一】删除默认欢迎页面

rm -f /etc/httpd/conf.d/welcome.conf　　　//删除 welcome.conf 文件

【实例二】禁止 Apache 显示目录

禁止 Apache 显示目录（默认 Apache 在当前目录下没有 index.html 入口就会显示目录，让目录暴露在外面是非常危险的事），如图 2-3-1 所示。

vim /etc/httpd/conf/httpd.conf　　　//编辑主配置文件

修改内容：

Options Indexes FollowSymLinks

修改为：

Options FollowSymLinks

```
# The Options directive is both complicated and important.  Please see
# http://httpd.apache.org/docs/2.4/mod/core.html#options
# for more information.
#
Options  FollowSymLinks

#
# AllowOverride controls what directives may be placed in .htaccess files.
# It can be "All", "None", or any combination of the keywords:
#   Options FileInfo AuthConfig Limit
#
```

图 2-3-1　禁止 Apache 显示目录

注：其实就是将 Indexes 去掉，Indexes 表示若当前目录没有 index.html 就会显示目录结构。

【实例三】配置 Httpd，将服务器名称替换为自己的环境

修改管理员的邮箱地址，如图 2-3-2 所示。

vim /etc/httpd/conf/httpd.conf　　　//编辑主配置文件

修改内容如下：

ServerAdmin root@linux.org　　　　//设置新的管理员邮箱

```
#
# ServerAdmin: Your address, where problems with the server should be
# e-mailed.  This address appears on some server-generated pages, such
# as error documents.  e.g. admin@your-domain.com
#
ServerAdmin root@linux.org

#
```

图 2-3-2　修改管理员的邮箱地址

【实例四】修改域名信息（图 2-3-3）

vim /etc/httpd/conf/httpd.conf　　　//编辑主配置文件

修改内容如下：

ServerName www.linux.org:80　　　//设置域名信息

```
# ServerName gives the name and port that the server uses to identify itself.
# This can often be determined automatically, but we recommend you specify
# it explicitly to prevent problems during startup.
#
# If your host doesn't have a registered DNS name, enter its IP address here.
#
ServerName www.linux.org:80
```

图 2-3-3　修改域名信息

【实例五】设置 www 目录下所有项目都能读取到 .htaccess 文件（图 2-3-4）

vim /etc/httpd/conf/httpd.conf　　　//编辑主配置文件

修改内容如下：

AllowOverride All　　　//将 None 改成 All

```
# AllowOverride controls what directives may be placed in .htaccess files.
# It can be "All", "None", or any combination of the keywords:
#   Options FileInfo AuthConfig Limit
#
AllowOverride All
```

图 2-3-4　设置 www 目录下所有项目都能读取到 .htaccess

【实例六】设置首页运行 index. html index. cgi index. php 的顺序（图 2-3-5）

vim /etc/httpd/conf/httpd. conf　　　　　　　　//编辑主配置文件

修改内容如下：

DirectoryIndex index. html index. cgi index. php　　//按顺序添加首页名称

```
# DirectoryIndex: sets the file that Apache will serve if a directory
# is requested.
#
<IfModule dir_module>
    DirectoryIndex index.html index.cgi index.php
</IfModule>
```

图 2-3-5　设置首页运行 index. html index. cgi index. php 的顺序

【实例七】Apache 使用 SSL 模块配置 Https

步骤 1：安装 OpenSSL，如图 2-3-6 所示。

yum install mod_ssl openssl　　　　//使用 yum 安装 OpenSSL

```
[root@localhost ~]# yum install mod_ssl openssl
已加载插件：fastestmirror
Loading mirror speeds from cached hostfile
 * atomic: atomic.melbourneitmirror.net
 * base: mirror.bit.edu.cn
 * extras: centos.ustc.edu.cn
 * updates: centos.ustc.edu.cn
```

图 2-3-6　安装 OpenSSL

注：安装完毕后，会自动生成 /etc/httpd/conf. d/ssl. conf 文件，下面配置会用到。

步骤 2：生成一个自签名证书，如图 2-3-7 所示。

① 生成 2 048 位的加密私钥。

openssl genrsa -out server. key 2048

② 生成证书签名请求（CSR），这里需要填写许多信息，如国家、省市、公司等。

openssl req -new -key server. key -out server. csr

③ 生成类型为 X509 的自签名证书。有效期设置为 3 650 天，即有效期为 10 年。

openssl x509 -req -days 3650 -in server. csr -signkey server. key -out server. crt

④ 创建证书后，将文件复制到对应的目录。

cp server. crt /etc/pki/tls/certs/

cp server. key /etc/pki/tls/private/

cp server. csr /etc/pki/tls/private/

步骤 3：设置公钥、密钥文件的存储位置，如图 2-3-8 所示。

vim /etc/httpd/conf. d/ssl. conf　　　//编辑主配置文件

```
[root@localhost ~]# openssl genrsa -out server.key 2048
Generating RSA private key, 2048 bit long modulus
..............+++
..........................................................................+++
e is 65537 (0x10001)
[root@localhost ~]# openssl req -new -key server.key -out server.csr
You are about to be asked to enter information that will be incorporated
into your certificate request.
What you are about to enter is what is called a Distinguished Name or a DN.
There are quite a few fields but you can leave some blank
For some fields there will be a default value,
If you enter '.', the field will be left blank.
-----
Country Name (2 letter code) [XX]:cn
State or Province Name (full name) []:beijing
Locality Name (eg, city) [Default City]:beijing
Organization Name (eg, company) [Default Company Ltd]:mimvp.com
Organizational Unit Name (eg, section) []:mimvp
Common Name (eg, your name or your server's hostname) []:mimvp.com
Email Address []:mimvp@mimvp.com

Please enter the following 'extra' attributes
to be sent with your certificate request
A challenge password []:linuxsec
An optional company name []:mimvp
[root@localhost ~]# openssl x509 -req -days 3650 -in server.csr -signkey server.
key -out server.crt
Signature ok
subject=/C=cn/ST=beijing/L=beijing/O=mimvp.com/OU=mimvp/CN=mimvp.com/emailAddres
s=mimvp@mimvp.com
Getting Private key
```

图 2-3-7　生成自签名证书

```
#     Server Certificate:
# Point SSLCertificateFile at a PEM encoded certificate.  If
# the certificate is encrypted, then you will be prompted for a
# pass phrase.  Note that a kill -HUP will prompt again.  A new
# certificate can be generated using the genkey(1) command.
SSLCertificateFile /etc/pki/tls/certs/server.crt

#     Server Private Key:
#   If the key is not combined with the certificate, use this
#   directive to point at the key file.  Keep in mind that if
#   you've both a RSA and a DSA private key you can configure
#   both in parallel (to also allow the use of DSA ciphers, etc.)
SSLCertificateKeyFile /etc/pki/tls/private/server.key
```

图 2-3-8　设置公钥、密钥文件的存储位置

修改内容：

SSLCertificateFile /etc/pki/tls/certs/server.crt

SSLCertificateKeyFile /etc/pki/tls/private/server.key

步骤 4：重新启动 Httpd 服务使更改生效。

systemctl restart httpd　　　　//重启 Httpd 服务

【实例八】虚拟主机使用 Https

Apache Web 服务器可以配置多个 Web 站点。这些站点在 Httpd 的配置文件中以虚拟主机的形式定义。例如，假设 Apache Web 服务器托管站点为 proxy.mimvp.com，网站所有的文件都保存在/var/www/html/virtual-web 目录。对于虚拟主机，典型的 HTTP 配置是这样的。

NameVirtualHost *:80

```
<VirtualHost *:80>
    ServerAdmin email@example.com
    DocumentRoot /var/www/html/virtual-web
    ServerName proxy.mimvp.com
</VirtualHost>
```

参考上面的配置创建 Https 虚拟主机。

```
NameVirtualHost *:443
<VirtualHost *:443>
    SSLEngine on
    SSLCertificateFile /etc/pki/tls/certs/server.crt
    SSLCertificateKeyFile /etc/pki/tls/private/server.key
    <Directory /var/www/html/virtual-web>
        AllowOverride All
    </Directory>
    ServerAdmin email@example.com
    DocumentRoot /var/www/html/virtual-web
    ServerName proxy.mimvp.com
</VirtualHost>
```

按照上面的配置定义每个虚拟主机。添加虚拟主机后,重新启动 Web 服务。现在的虚拟主机就可以使用 Https。

【实例九】强制 Apache Web 服务器始终使用 Https

如果由于某种原因,需要站点的 Web 服务器都只使用 Https,此时就需要将所有 HTTP(端口 80)请求重定向到 Https(端口 443)即可。

(1) 强制主站所有 Web 使用(全局站点)。

如果要强制主站使用 Https,需修改 Httpd 配置文件,重启 Apache 服务器,使配置生效,修改内容如下所示:

```
ServerName www.example.com:80
Redirect permanent / https://www.example.com
```

(2) 强制虚拟主机(单个站点)。

如果要强制单个站点在虚拟主机上使用 Https,对于 HTTP 可以按照下面进行配置,重启 Apache 服务器,使配置生效,修改内容如下所示:

```
<VirtualHost *:80>
    ServerName proxy.mimvp.com
    Redirect permanent / https://www.example.com/
</VirtualHost>
```

注:单个站点全部使用 Https,则 http://www.example.com 会强制重定向跳转到 https://www.example.com。

一般情况下,由于浏览器会自动拦截 Https 未被认证的网址,因此建议同时保留 http://www.example.com 和 https://www.example.com 或者购买权威的认证服务,让用户浏览器信任 Https 浏览访问。

任务四 Samba服务安全配置

任务描述

Samba 是一种自由软件包,功能很简单,用来让基于 UNIX 系统的操作系统与微软 Windows 操作系统的 SMB/CIFS(Server Message Block/Common Internet File System)网络协议做连接。和 Windows 的"网上邻居"原理一样,通过 SMB 协议可以实现资源共享及打印机共享。Samba 是 Windows 与基于 UNIX 系统的 OS(Operating System,操作系统:Windows、Linux、UNIX、Mac 等)之间搭建起的一座桥梁,可以实现资源共享,可以像 FTP 一样使用。利用 Samba 搭建文件服务器,不仅比 Windows 功能强大,而且访问速度更快、更安全。

学习指导

1. 详细解读 Samba 服务配置文件。
2. 了解 Samba 服务的工作原理。
3. 了解 Samba 服务的安全选项配置。

知识链接

1. Samba 概述

Samba 是一套使用 SMB 协议的应用程序,通过支持这个协议,Samba 允许 Linux 服务器与 Windows 系统之间进行通信,使跨平台的互访成为可能。Samba 采用 C/S 模式,其工作机制是让 NetBIOS(Nethork Basic Input/Output System,Windows"网上邻居"的通信协议)和 SMB 协议运行于 TCP/IP 通信协议之上,并且用 NetBEUI 协议让 Windows 通过"网上邻居"浏览 Linux 服务器。

Samba 服务器包括两个后台应用程序:Smbd 和 Nmbd。Smbd 是 Samba 的核心,主要负责建立 Linux Samba 服务器与 Samba 客户机之间的对话,验证用户身份并提供对文件和打印系统的访问;Nmbd 主要负责对外发布 Linux Samba 服务器可以提供的 NetBIOS 名称和浏览服务,使 Windows 用户可以通过"网上邻居"浏览 Linux Samba 服务器中的共享资源。另外 Samba 还包括一些管理工具,如 smb-client、smbmount、testparm、smbpasswd 等程序。

Samba 服务器可实现如下功能：WINS 和 DNS 服务；网络浏览服务；Linux 和 Windows 域之间的认证和授权；UNICODE 字符集和域名映射；满足 CIFS 协议的 UNIX 共享等。

2. Samba 的主要应用

Samba 的主要目的是使 Windows 与 UNIX 这两种不同的平台进行通信。主要应用于：
(1) 共享档案与打印机服务。
(2) 提供身份认证。
(3) 提供 Windows 网络上的主机名称解析。

3. NetBIOS 通信协议

Samba 是架构在 NetBIOS 协议上的。

NetBIOS 是一个让同一局域网内的计算机进行网络连接的通信协议。因此，它是无法跨路由(Router/Gateway)的。

NetBIOS over TCP/IP 将 NetBIOS 协议封装在 TCP/IP 协议中，这样 NetBIOS 就可以跨路由传输了。

4. Samba 的两个进程

Samba 主机使用两个进程来管理两个不同的服务。
(1) smbd：用来处理文件和打印服务请求。
(2) nmbd：用来处理 NetBIOS 名称服务请求和网络浏览功能。

当启动了 Samba 之后，主机系统就会打开 137、138、139 这三个端口，并且同时启动 TCP/UDP 的监听服务。

5. 两种联机模式

两种最常见的局域网联机模式：peer/peer 及 domain model。
(1) peer/peer：局域网内各 PC 之间独立运行，适用于小型网络。
(2) domain model：局域网内各 PC 统一通过 PDC 主机认证(LDAP)，以获取适当的权限，适用于大中型网络。

6. Samba 的几个主要配置文件(/etc/samba)

(1) smb.conf：最主要的配置文件，分为[global]和[Share Definitions]两个部分。
(2) lmhosts：对应 NetBIOS Name 与该主机的 IP，一般 Samba 在启动时就能捕捉到 LAN 中相关计算机 NetBIOS Name 对应的 IP，因此，这个配置文件一般不用设置。
(3) smbpasswd：这个文件默认不存在，它是 Samba 预设的使用者密码对应表。

7. Samba 的几个主要命令

(1) smbpasswd：用来设置 Samba 用户的账号和密码。
(2) smbclient：用来查看其他 Linux 主机的共享。也可以在自己的 Samba 主机上使用，用来查看设置是否成功。
(3) smbmount：用来将 Samba 服务器共享的文档和目录挂载到自己的 Linux 主机上。

（4）testparm：用来检查 smb. conf 是否有错误。

8. 四种安全等级

（1）security＝share：用户访问 Samba 服务器不需要提供用户名和口令，安全性能较低。

（2）security＝user：Samba 服务器默认的安全等级，每一个共享目录只能被一定的用户访问，并由 Samba 服务器负责检查账号和密码的正确性。

（3）security＝server：服务器安全级别，依靠其他 Windows NT/2000 或 Samba 服务器来验证用户的账号和密码，是一种代理验证。此种安全模式下，系统管理员可以把所有的 Windows 用户和口令集中到一个 NT 系统上，使用 Windows NT 进行 Samba 认证，远程服务器可以自动认证全部用户和口令，如果认证失败，Samba 将使用用户级安全模式的方式进行替代。

（4）security＝domain：域安全级别，使用主域控制器（PDC）来完成认证。

9. Samba 服务的配置文件

（1）主配置文件/etc/samba/smb. conf。
（2）密码文件/etc/samba/smbpasswd。
（3）用户映射文件/etc/samba/smbusers
（4）存放在/var/log/samba/目录下的日志文件。

10. Samba 服务主配文件 smb. conf 详解

smb. conf 文件默认存放在/etc/samba 目录中。Samba 服务在启动时会读取 smb. conf 文件中的内容，以决定启动的方式、提供的服务以及相应的权限、共享目录、打印机和机器所属工作组等各选项的设置。

smb. conf 文件分为：全局配置（Global Settings）和共享定义（Share Definitions）两个部分。

➢ 全局配置部分定义的参数用于定义整个 Samba 服务器的总体特性。

➢ 共享定义部分用于定义文件及打印共享。在共享定义部分又分为很多个小节，每一个小节定义一个共享文件或共享打印服务。

（1）全局配置：

➢ workgroup＝WORKGROUP：定义 Samba 服务器所属的工作组或域名。

➢ server string＝Samba Server：指定 Samba 服务器的说明信息。

➢ hosts allow＝192. 168. 1. 192. 168. 2. 127. ：定义可以访问 Samba 服务器的主机、子网或域。

➢ printcap name＝/etc/printcap：定义加载的打印服务配置文件。

➢ load printers＝yes：定义是否允许加载打印配置文件中的所有打印机。

➢ printing＝cups：定义打印系统。

➢ guest account＝pcguest：定义默认的匿名账号。

➢ log file＝/var/log/samba/%m. log：指定日志文件的存放位置。

➢ max log size＝50：指定日志文件的最大存储容量。

➢ security＝user：定义 Samba 服务器的安全级别，取值按照安全性由低到高为：share、user、server 和 domain。

➢ password server＝＜NT-Server-Name＞：定义提供身份验证的服务器。

➢ encryptpasswords＝yes：定义身份验证中传输的密码是否加密。

➢ smb passwd file＝/etc/samba/smbpasswd：定义提供用户身份验证的密码文件。

➢ username map＝/etc/samba/smbusers：指定用户映射文件。

➢ socket options＝TCP_NODELAY SO_RCVBUF＝8192 SO_SNDBUF＝8192：提高服务器的执行效率。

➢ interfaces＝192.168.12.2/24 192.168.13.2/24：指定 Samba 服务器使用的网络接口。

➢ local master＝no：定义是否允许 nmbd 守护进程成为局域网中的主浏览器。

➢ os level＝200：该参数决定 Samba 服务器是否有机会成为本地网域的主浏览器。

➢ domain master＝yes：将 Samba 服务器定义为域的主浏览器。

➢ domain logons＝yes：如果想使 Samba 服务器成为 Windows 等工作站的登录服务器，则使用此选项。

➢ wins support＝yes：定义是否使 Samba 服务器成为网络中的 WINS 服务器。

➢ wins proxy＝yes：定义 Samba 服务器是否成为 WINS 代理。

➢ dns proxy＝no：定义 Samba 服务器是否通过 DNS 的 nslookup 解析主机的 NetBIOS。

（2）共享定义。

①［homes］节。

➢［homes］：定义用户 home 目录共享属性。当使用者以 Samba 使用者身份登录 Samba Server 后，会看到自己的家目录，目录名称是使用者自己的账号。

comment＝Home Directories：对该共享资源的描述性信息。

browseable＝no：指定该共享资源是否可以浏览。

writable＝yes：指定 Samba 客户端在访问该共享资源时，是否可以写入。

②［printers］节。

➢［printers］：定义 Samba 服务器中打印共享资源的属性。

comment＝All Printers：对打印机共享的描述性信息。

path＝/var/spool/samba：指定打印队列的存储位置。

browseable＝no：定义是否可以浏览。

guest ok＝no：定义是否允许 guest 用户访问。

writable＝no：定义是否可以写入。

printable＝yes：定义用户是否可以打印。

③［public］节。

➢［public］：定义 Samba 服务器共享目录。

path＝/usr/somewhere/else/public：定义共享目录的位置。

public＝yes：定义是否允许 guest 用户访问。

only guest＝yes：定义是否只允许 guest 用户访问。

writable＝yes：定义是否可以写入。

printable＝no：定义是否可以打印。

在 smb.conf 文件的共享定义部分除了包含上面的内容之外，还有很多用户自定义的节。除了 homes 节之外，在 Windows 客户端看到的 Samba 共享名称即为节的名称。常见的用于定义共享资源的参数见表 2-4-1。

表 2-4-1　smb.conf 文件中常用的共享资源参数

参　数	说　明	举　例
comment	定义对共享资源的描述信息	comment＝pub share
Path	定义共享资源的路径	path＝share
writeable	定义共享路径是否可以写入	writeable＝yes
browseable	定义共享路径是否可以浏览	browseable＝no
available	定义共享资源是否可用	available＝no
read only	定义共享路径是否只读	read only＝yes
public	定义是否允许 guest 账户访问	public＝yes
guest account	定义匿名访问账号	guest account＝nobody
guest ok	定义是否允许 guest 账号访问	guest ok＝no
guest only	定义是否只允许 guest 账号访问	guest only＝no
read list	定义只读访问控制列表	read list＝user1,@student
write list	定义读写访问用户列表	write list＝user1,@student
valid users	定义允许访问共享资源的用户列表	valid userst＝user1,@student
invalid users	定义不允许访问共享资源的用户列表	invalid userst＝user1,@student

11. smb.conf 的几个常用变量

(1) 客户端变量。

%a　　　　//客户端的体系结构(例如 Samba,NT,Win98,或者 Unknown)

%I　　　　//客户端的 IP 地址(例如:192.168.220.100)

%m　　　　//客户端的 NetBIOS 名

%M　　　　//客户端的 DNS 名

(2) 用户变量。

%g　　　　//%u 的基本组

%G　　　　//%U 的基本组

%H　　　　//%u 的 Home 目录

%u　　　　//当前的 UNIX 用户名

%U　　　　//被请求的客户端用户名(不总是被 Samba 使用)

(3) 共享变量。

%p　　　　//如果和%p 不同,automounter 的路径对应共享的根目录

%P　　　　//当前共享的根目录

%S　　　　//当前共享的名称

(4) 服务器变量。

%d　　　　//当前服务器进程的 ID

%h　　　　//Samba 服务器的 DNS 主机名

%L　　　　//Samba 服务器的 NetBIOS 名

%N　　　　//Home 目录服务器,来自 automount 的映射

%v　　　　//Samba 版本

（5）其他变量。

%R　　　　//经过协商的 SMB 协议

%T　　　　//当前的日期和时间

12. Samba 的工作原理

Samba 服务功能十分强大，这与其通信基于 SMB 协议有关。SMB 不仅提供目录和打印机的共享，还支持认证、权限设置。在早期，SMB 运行于 NBT 协议上，使用 UDP 协议上的137、138 端口及 TCP 协议的 139 端口。后期 SMB 经过开发，可以直接运行于 TCP/IP 协议上，没有额外的 NBT 层，使用 TCP 协议的 445 端口。

13. Samba 的工作流程

当客户端访问服务器时，信息通过 SMB 协议进行传输，其工作流程分为以下几个部分：

（1）协议协商：客户端在访问 Samba 服务器时，发送 negport 指令数据包，告知目标计算机其支持的 SMB 类型。Samba 服务器根据客户端的情况，选择最优的 SMB 类型，并做出回应。

（2）建立连接：当 SMB 类型确认之后，客户端会发送 session setup 数据包，提交账号和密码，请求与 Samba 服务器建立连接。如果客户端通过身份验证，Samba 服务器会对 session setup 报文做出回应，并为用户分配唯一的 uid，在与其客户端通信时使用。

（3）访问共享资源：客户端访问 Samba 共享资源时，会发送 tree connect 指令数据包，通知服务器需要访问的共享资源名。如果设置为允许，Samba 服务器会为每个客户端与共享资源的连接分配 tid，以访问需要的共享资源。

Samba 的主配置文件在/etc/samba/smb.conf，通过修改这个配置文件来实现各种需求。Samba 服务器搭建流程主要分为四步：

（1）编辑主配置文件 smb.conf，指定需要共享的目录，并为共享目录设置共享权限。

（2）在 smb.conf 文件中指定日志文件名称和存放路径。

（3）设置共享目录的本地文件权限。

（4）更新加载配置文件或重新启动 SMB 服务使配置生效。

任务实施

【实例一】指定共享目录新建文件的属性（图 2-4-1）

vim /etc/samba/smb.conf　　　//修改配置文件

在[global]字段中加入以下配置项：

create mask＝0777

force createmode＝0777

security mask＝0777

force security mode＝0777

```
[global]
        workgroup = SAMBA
        security = user

        passdb backend = tdbsam

        printing = cups
        printcap name = cups
        load printers = yes
        cups options = raw
        create mask =0777
        force createmode = 0777
        security mask = 0777
        force security mode = 0777
```

图 2-4-1　指定共享目录新建文件的属性

【实例二】指定共享目录新建目录的属性(图 2-4-2)

vim /etc/samba/smb.conf　　//修改配置文件

在[global]字段中加入以下配置项：

directory mask＝0777

force directorymode＝0777

directorysecurity mask＝0777

force directorysecurity mode＝0777

```
[global]
        workgroup = SAMBA
        security = user

        passdb backend = tdbsam

        printing = cups
        printcap name = cups
        load printers = yes
        cups options = raw
        create mask =0777
        force createmode = 0777
        security mask = 0777
        force security mode = 0777
        directory mask =0777
        force directorymode = 0777
        directorysecurity mask = 0777
        force directorysecurity mode = 0777
```

图 2-4-2　指定共享目录新建目录的属性

【实例三】Samba 匿名共享

步骤 1：修改配置文件。

vim /etc/samba/smb.conf　　//修改配置文件

添加内容：

[anonymous]

　　path＝/samba/anonymous

　　browsable＝yes

　　writable＝yes

　　guest ok＝yes

　　read only＝no

步骤 2：创建匿名共享目录，然后重启服务。

mkdir -p /samba/anonymous　　　　//创建文件夹

systemctl restart smb. service　　　　//重启 Samba 服务

步骤 3：设定匿名用户权限，并修改共享目录的属主和属组。

chmod -R 0755 anonymous/　　　　　　//修改共享目录权限

chown -R nobody：nobody anonymous/　　//修改共享目录的属主和属组

【实例四】创建基于认证的 Samba 服务器

步骤 1：创建用户组 SAMBA 和该组的用户 sam，如图 2-4-3 所示。

```
[ root@localhost /] # groupadd SAMBA
[ root@localhost /] # useradd sam - G SAMBA
[ root@localhost /] # smbpasswd - a sam
New SMB password:
Retype new SMB password:
Added user sam.
```

图 2-4-3　创建用户组 SAMBA 和该组的用户 sam

步骤 2：在 Samba 目录下创建一个新目录 share，并设定目录权限。

mkdir -p /samba/share　　　　　　　　//创建目录

chmod -R 0777　/samba/ share　　　　//修改目录权限

chcon -t samba_share_t /samba/ share　　//修改 SELinux，将 Samba 目录共享给其他用户

步骤 3：编辑配置文件。

vim /etc/samba/smb. conf　　　　　　//修改配置文件

添加内容：

［lian］

　　path＝/samba/lian

　　valid users＝@SAMBA

　　browsable＝yes

　　writable＝yes

　　guest ok＝yes

步骤 4：重启服务并进行测试，如图 2-4-4 所示。

```
[ root@localhost /] # systemctl restart smb.service
[ root@localhost /] # testparm
Load smb config files from /etc/samba/smb.conf
rlimit_max: increasing rlimit_max (1024) to minimum Windows limit (16384)
Processing section "[Anonymous]"
Processing section "[lian]"
Processing section "[homes]"
Processing section "[printers]"
Processing section "[print$]"
Loaded services file OK.
Server role: ROLE_STANDALONE
```

图 2-4-4　重启服务并进行测试

systemctl restart smb. service　　　　//重启 Samba 服务

testparm　　　　　　　　　　　　　//测试 Samba 的设置是否正确

【实例五】实现不同的用户访问同一个共享目录具有不同的权限

某公司有 5 大部门，分别为人事行政部（HR&Admin Dept）、财务部（Financial Management Dept）、技术支持部（Technical Support Dept）、项目部（Project Dept）、客服部（Customer Service Dept）。需要在公司 Samba 服务上为每个部门配置共享目录，要求如下：

➢ 各部门的目录只有本部门员工有权访问。

➢ 各部门之间交流性质的文件放到共享目录中。

➢ 每个部门都有一个管理本部门文件夹的管理员账号和一个只能新建和查看文件的普通用户权限的账号。

➢ 共享目录中分为存放工具的目录和存放各部门共享文件的目录。

➢ 对于各部门自己的目录，各部门管理员具有完全控制权限，而各部门普通用户可以在该部门目录下新建文件及目录，并且对于自己新建的文件及目录有完全控制权限，对于管理员新建及上传的文件和目录只能查看，不能更改和删除。不是本部门用户不能访问本部门目录。

➢ 对于公用目录中的各部门共享目录，各部门管理员具有完全控制权限，而各部门普通用户可以在该部门目录下新建文件及目录，并且对于自己新建的文件及目录有完全控制权限，对于管理员新建及上传的文件和目录只能查看，不能更改和删除。本部门用户（包括管理员和普通用户）在访问其他部门的共享目录时，只能查看，不能修改、删除、新建。对于存放工具的目录，只有管理员具有完全控制权限，其他用户只能查看。

步骤 1：实施规划。

（1）在系统分区时单独划分一个分区 company，在该分区有以下几个目录：HR、FM、TS、PRO、CS 和 SHARE，分别对应人事行政部、财务部、技术支持部、项目部、客服部和共享目录。在 SHARE 下又有以下几个目录：HR、FM、TS、PRO、CS 和 TOOLS，分别对应人事行政部、财务部、技术支持部、项目部、客服部和工具目录。

（2）各部门对应的目录由各部门自己管理，TOOLS 目录由管理员维护。

HR 管理员账号：hradmin；普通用户账号：hruser。

FM 管理员账号：fmadmin；普通用户账号：fmuser。

TS 管理员账号：tsadmin；普通用户账号：tsuser。

PRO 管理员账号：proadmin；普通用户账号：prouser。

CS 管理员账号：csadmin；普通用户账号：csuser。

TOOLS 管理员账号：admin。

步骤 2：创建用户（以 hradmin 为例）。

（1）创建系统账户。

useradd -r -s /sbin/nologin hradmin　　　//添加用户 hradmin

（2）建立 SMB 账户，如图 2-4-5 所示。

smbpasswd -a hradmin　　　//建立 SMB 账户，并设定密码

```
[root@localhost ~]# smbpasswd -a hradmin
New SMB password:
Retype new SMB password:
Added user hradmin.
```

图 2-4-5　建立 Smb 账户

步骤 3：创建目录，如图 2-4-6 所示。

```
[root@localhost /]# mkdir company
[root@localhost /]# cd company/
[root@localhost company]# mkdir HR FM TS PRO CS SHARE
[root@localhost company]# cd SHARE/
[root@localhost SHARE]# mkdir HR FM TS PRO CS TOOLS
```

图 2-4-6　创建目录

步骤 4:修改共享目录属性,如图 2-4-7 所示。

```
[root@localhost company]# cd SHARE/
[root@localhost SHARE]# chown hradmin.hradmin HR&& chown fmadmin.fmadmin FM && c
hown tsadmin.tsadmin TS && chown proadmin.proadmin PRO && chown csadmin.csadmin
CS && chown admin.admin TOOLS &&chmod 1775 HR FM TS PRO CS
[root@localhost SHARE]#
```

图 2-4-7　修改共享目录属性

步骤 5:配置 Samba 主配置文件。

vim /etc/samba/smb.conf　　　//修改配置文件

添加内容如下:

[HR]

comment=This is a directory of HR.

path=/company/HR/

public=no

admin users=hradmin

valid users=@hradmin

writable=yes

create mask=0750

directory mask=0750

[FM]

comment=This is a directory of FM.

path=/company/FM/

public=no

admin users=fmadmin

valid users=@fmadmin

writable=yes

create mask=0750

directory mask=0750

[TS]

comment=This is a directory of TS.

path=/company/TS/

public=no

admin users=tsadmin

valid users=@tsadmin

writable=yes

create mask=0750

directory mask＝0750

［PRO］

comment＝This is a PRO directory.

path＝/company/PRO/

public＝no

admin users＝proadmin

valid users＝@proadmin

writable＝yes

create mask＝0750

directory mask＝0750

［CS］

comment＝This is a directory of CS.

path＝/company/CS/

public＝no

admin users＝csadmin

valid users＝@csadmin

writable＝yes

create mask＝0750

directory mask＝0750

［SHARE］

comment＝This is a share directory.

path＝/company/SHARE/

public＝no

valid users＝admin,@hradmin,@fmadmin,@tsadmin,@proadmin,@csadmin

writable＝yes

create mask＝0755

directory mask＝0755

第三篇

Linux防火墙安全配置

Linux FANGHUOQIANG ANQUAN PEIZHI

任务一　防火墙的基本配置

任务描述

　　企业网一般将防火墙作为第一道防线，对于企业内部的信息资源，防火墙具有很好的保护作用。入侵者必须首先穿越防火墙的安全防线，才能接触目标计算机。作为管理员要在原有的基础上进行安全的防火墙设置，有效避免安全隐患等问题，才能保证企业数据的安全，所谓防火墙，指的是一个由软件和硬件设备组合而成、在内部网和外部网之间、专用网和公共网之间构造的保护屏障，使 Internet 与 Intranet 之间建立起一个安全网关，从而保护内部网免受非法用户的侵入。防火墙主要由服务访问规则、验证工具、包过滤和应用网关 4 个部分组成。该计算机流入流出的所有网络通信和数据包均要经过此防火墙。

学习指导

1. 详细了解防火墙的相关配置。
2. 详细解读相关安全配置方法。
3. 详细解读 Firewalld 防火墙的基础知识。
4. 了解 Firewalld 防火墙的配置。
5. 了解 Firewalld 防火墙相关命令的使用。

知识链接

1. Linux 防火墙概述

　　防火墙是指设置在不同网络或网络安全域之间的一系列部件的组合，它能增强机构内部网络的安全性，通过访问控制机制，确定哪些内部服务允许外部访问，以及允许哪些外部请求访问内部服务。它可以根据网络传输的类型决定 IP 包是否可以传进或传出内部网。

　　防火墙通过审查经过的每一个数据包，判断它是否有相匹配的过滤规则，根据规则的先后顺序进行一一比较，直到满足其中的一条规则为止，然后依据控制机制做出相应的动作。如果都不满足，则将数据包丢弃，从而保护网络的安全。

　　Linux 系统的防火墙功能是由内核实现的。在 2.4 版及以后的内核中，包过滤机制是

netfilter，CentOS 6 管理工具是 Iptables，CentOS 7 管理工具是 Firewalld。Firewalld 是 Linux 新一代的防火墙工具，它提供了支持网络/防火墙区域（zone）定义网络链接以及接口安全等级的动态防火墙管理。

netfilter 位于 Linux 内核中的包过滤防火墙功能体系，称为 Linux 防火墙"内核态"。firewall-cmd 位于/bin/firewall-cmd，是用来管理防火墙的命令工具，为防火墙体系提供过滤规则与策略，决定如何过滤或处理到达防火墙主机的数据包，称为 Linux 防火墙的"用户态"。习惯上，上述两种称呼都可以代表 Linux 防火墙。

2. Linux 防火墙框架

（1）netfilter 框架。

Linux 内核包含了一个强大的网络子系统，名为 netfilter，它可以为 Iptables 内核防火墙模块提供有状态或无状态的包过滤服务，如 NAT、IP 伪装等，也可以因高级路由或连接状态管理的需要而修改 IP 头信息。而 Firewalld 可以动态管理防火墙，将 netfilter 的过滤功能集于一身，它也支持并允许服务或者应用程序直接添加防火墙规则的接口，netfilter 所处的位置如图 3-1-1 所示。

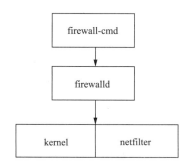

图 3-1-1　netfilter 在防火墙中的位置

虽然防火墙模块构建在 Linux 内核，并且要对流经 IP 层的数据包进行处理，但它并没有改变 IP 协议栈的代码，而是通过 netfilter 模块将防火墙的功能引入 IP 层，从而实现防火墙代码和 IP 协议栈代码的完全分离。netfilter 模块的结构如图 3-1-2 所示。

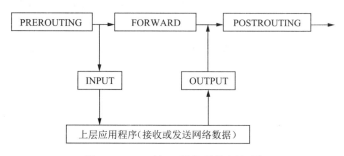

图 3-1-2　netfilter 模块结构框架图

本机进程产生的数据包要先经过 OUTPUT 处理后再进行路由选择处理，然后经过 POSTROUTING 处理后再发送到网络。数据包从左边进入 IP 协议栈，进行 IP 校验以后，数据包被 PREROUTING 处理，然后就进入路由模块，由其决定该数据包是转发出去还是送给本机。若该数据包是送给本机的，则通过 INPUT 处理后传递给本机的上层协议；若该数据包应该被转发,则它先由 FORWARD 处理,再由 POSTROUTING 处理后才能传输到网络。

Firewalld 动态管理防火墙,不需要重启,整个防火墙便可应用更改,因而也就没有必要重载所有内核防火墙模块。不过,要使用 Firewalld,就要求防火墙的所有变更都要通过 Firewalld 守护进程来实现,以确保守护进程中的状态和内核中的防火墙是一致的。另外,Firewalld 无法解析由 Iptables 和 Iptables 命令行工具添加的防火墙规则。Firewalld 防火墙堆栈示意图如图 3-1-3 所示。

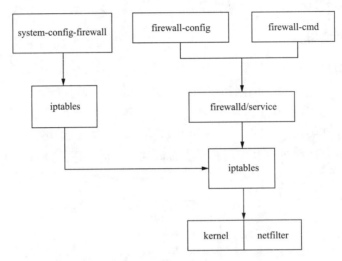

图 3-1-3 Firewalld 防火墙堆栈

3. Firewalld 防火墙管理

Firewalld 提供了支持网络/防火墙区域定义网络链接以及接口安全等级的动态防火墙管理工具。Firewalld 通过将网络划分成不同的区域,制定出不同区域之间的访问控制策略来控制不同区域间传送的数据流。它支持 IPv4、IPv6 防火墙设置以及以太网桥接,并且拥有运行时配置和永久配置选项;也支持允许服务或者应用程序直接添加防火墙规则的接口。以前的 system-config-firewall/lokkit 防火墙模型是静态的,每次修改都要求防火墙完全重启,这个过程包括内核 netfilter 防火墙模块的卸载和新配置所需模块的装载等。而模块的卸载将会破坏状态防火墙和确立的连接。

守护进程通过 D-BUS 提供当前激活的防火墙设置信息,也通过 D-BUS 接收使用 Policy-Kit 认证方式做的更改。应用程序、守护进程和用户可以通过 D-BUS 请求启用一个防火墙特性。特性可以是预定义的防火墙功能,如服务、端口和协议的组合、端口/数据报转发、伪装、ICMP 拦截或自定义规则等。该功能可以启用确定的一段时间,也可以再次停用。

4. Firewalld 区域管理

网络区域定义了网络连接的可信等级。这是一个一对多的关系,意味着一次连接可以仅仅是一个区域的一部分,而一个区域可以用于很多连接。一个 IP 可以看作是一个区域,一个网段可以看作是一个区域,局域网、互联网都可以看作是一个区域。

➢ 预定义的服务:服务是端口和/或协议入口的组合。备选内容包括 netfilter 助手模块以及 IPv4、IPv6 地址。

➢ 端口和协议：定义了 TCP 或 UDP 端口，端口可以是一个端口或者端口范围。

➢ ICMP 阻塞：可以选择 Internet 控制报文协议的报文。这些报文可以是信息请求，也可以是对信息请求或错误条件创建的响应。

➢ 伪装：私有网络地址可以被映射到公开的 IP 地址。这是一次正规的地址转换。

➢ 端口转发：端口可以映射到另一个端口以及/或者其他主机。

现网应用中，假设互联网是不可信任的区域，而内部网络是高度信任的区域。为避免安全策略中禁止的一些通信，它在信任度不同的区域有各自基本的控制任务。

典型的区域包括互联网（一个没有信任的区域）和一个内部网络（一个高信任的区域）。最终目标是在不同信任力度的区域，通过安全政策的运行和连通性模型之间，根据最少特权原则提供连通性。例如，公共 WiFi 网络连接不应该信任，而家庭有线网络连接就应该完全信任。网络安全模型可以在安装、初次启动和首次建立网络连接时选择初始化。该模型描述了主机所联的整个网络环境的可信级别，并定义了新连接的处理方式。在/etc/firewalld/的区域设定中，定义了一系列可以被快速执行到网络接口的预设定。Firewalld 提供的区域按照从不信任到信任的顺序排序，有以下几种不同的初始化区域：

➢ drop（丢弃）：任何接收的网络数据包都被丢弃，没有任何回复。仅能有发送出去的网络连接。

➢ block（限制）：任何接收的网络连接，都被 IPv4 的 icmp-host-prohibited 信息和 IPv6 的 icmp6-adm-prohibited 信息拒绝。

➢ public（公共）：该区域是系统默认区域，在公共区域内使用，不能相信网络内的其他计算机不会对此计算机造成危害，只能接收经过选取的连接。

➢ external（外部）：特别是为路由器启用了伪装功能的外部网。不能信任来自网络的其他计算，不能相信它们不会对计算机造成危害，只能接收经过选择的连接。

➢ dmz（非军事区）：用于非军事区内的计算机，此区域内可公开访问，可以有限地进入内部网络，仅仅接收经过选择的连接。

➢ work（工作）：用于工作区。可以基本相信网络内的其他计算机不会危害此计算机。仅仅接收经过选择的连接。

➢ home（家庭）：用于家庭网络。可以基本信任网络内的其他计算机不会危害此计算机。仅仅接收经过选择的连接。

➢ internal（内部）：用于内部网络。可以基本信任网络内的其他计算机不会威胁此计算机。仅仅接收经过选择的连接。

➢ trusted（信任）：可接受所有的网络连接。

配置或者增加区域：可以使用任何一种 Firewalld 配置工具来配置或者增加区域，以及修改配置。配置工具有 firewall-config 图形界面工具、firewall-cmd 命令行工具，以及 D-BUS 接口。也可以在配置文件目录中创建或者拷贝区域文件。@PREFIX@/lib/firewalld/zones 被用于默认和备用配置，/etc/firewalld/zones 被用于用户创建和自定义配置文件。

修改区域：区域设置以"ZONE＝"选项存储在网络连接的 ifcfg 文件中。如果这个选项缺失或者为空，Firewalld 将使用配置的默认区域。如果这个连接受 NetworkManager 控制，也可以使用 nm-connection-editor 来修改区域。

由 NetworkManager 控制的网络连接：防火墙不能通过 NetworkManager 显示的名称来配置网络连接，只能配置网络接口。因此在网络连接之前，NetworkManager 将配置文件所需连接对应的网络接口告诉 Firewalld。如果在配置文件中没有配置区域,接口将配置到 Firewalld 的默认区域。如果网络连接使用了不止一个接口,所有的接口都会应用到 Firewalld。接口名称的改变也将由 NetworkManager 控制并应用到 Firewalld。如果一个接口断开了,NetworkManager 也将告诉 Firewalld 从区域中删除该接口。当 Firewalld 由 Systemd 或者 init 脚本启动或者重启后,Firewalld 将通知 NetworkManager 把网络连接增加到区域。

5."守护进程"

应用程序、守护进程和用户可以通过 D-BUS 请求启用一个防火墙特性。特性可以是预定义的防火墙功能,如服务、端口和协议的组合,端口/数据报转发,伪装,ICMP 拦截或自定义规则等。该功能可以启用确定的一段时间也可以再次停用。

通过所谓的直接接口,其他的服务(如 libvirt)能够通过 Iptables 变元(arguments)和参数(parameters)增加自己的规则。

Amanda、FTP、Samba 和 TFTP 服务的 netfilter 防火墙助手也被"守护进程"解决了,只要它们还作为预定义服务的一部分。附加助手的装载不作为当前接口的一部分。由于一些助手只有在由模块控制的所有连接都关闭后才可装载,因而跟踪连接信息很重要,需要列入考虑范围。

6.静态防火墙

system-config-firewall/lokkit 的静态防火墙模型实际上仍然可用并将继续提供,但却不能与"守护进程"同时使用。用户或者管理员可以根据需要选用任意方案。

在软件安装初次启动或者首次联网时,将会出现一个选择器。通过它可以选择要使用的防火墙方案。其他的解决方案将保持完整,可以通过更换模式启用。Firewalld 独立于 system-config-firewall,二者不能同时使用。

7. Linux 防火墙的基本配置与管理

CentOS 7 使用 firewall-config 图形界面来管理防火墙策略,也可以使用 firewall-cmd 命令行工具进行管理。firewall-cmd 支持全部的防火墙特性,对于状态和查询模式,命令只返回状态,没有其他输出。另外还可以通过编辑/etc/firewalld/中的配置文件来管理 Firewalld 的策略。

(1) firewall-cmd 命令行工具。

firewall-cmd 支持防火墙的所有特性,管理员可以用它来改变系统或用户策略,通过 firewall-cmd,用户可以配置防火墙允许通过的服务、端口、伪装、端口转发、ICMP 过滤器和调整区域设置等功能。

firewall-cmd 工具支持运行时和永久设置两种策略管理方式,需要分别设置。

➤ 处理运行时区域,运行时模式下对区域进行的修改不是永久有效的,但是即时生效,重新加载或者重启系统后修改将失效。

➤ 处理永久区域,永久选项不直接影响运行时的状态,这些选项仅在重载或者重启系统时可用。

防火墙的启动与关闭:

➤ 启动防火墙:systemctl start firewalld。

➤ 查询防火墙状态：systemctl status firewalld。

➤ 开机启动防火墙：systemctl enable firewalld。

➤ 停止防火墙：systemctl stop firewalld。

➤ 开机关闭防火墙：systemctl disable firewalld。

防火墙管理命令格式如下：

firewall-cmd［Options...］

firewall-cmd 支持上百个参数，表 3-1-1 为常用 Options 说明。

表 3-1-1　firewall-cmd 命令参数

firewall-cmd 命令	说　明
--permanent	处理永久区域选项，需要是永久设置的第一个参数
--get-default-zone	查询当前默认区域
--set-default-zone＝＜ZONE＞	设置默认区域，会更改运行时和永久配置
--get-zones	列出所有可用区域
--get-active-zones	列出正在使用的所有区域（具有关联的接口或来源）机器接口和源信息
--add-source＝＜CIDR＞［--zone＝＜ZONE＞］	将来自 IP 地址或网络/子网掩码＜CIDR＞的所有流量路由到指定区域
--remove-source＝＜CIDR＞［--zone＝＜ZONE＞］	从指定区域中删除用于路由来自 IP 地址或网络/子网掩码＜CIDR＞的所有流量的规则
--add-interface＝＜INTERFACE＞［--zone＝＜ZONE＞］	将来自＜INTERFACE＞的所有流量路由到指定区域
--change-interface＝＜INTERFACE＞［--zone＝＜ZONE＞］	将接口与＜ZONE＞而非其当前区域关联
--list-all［--zone＝＜ZONE＞］	列出＜ZONE＞的所有已配置接口、来源、服务和端口
--list-all-zones	检索所有区域的所有信息（接口、来源、端口、服务等）
--add-service＝＜SERVICE＞［--zone＝＜ZONE＞］	允许到＜SERVICE＞端口的流量
--add-port＝＜PORT/PROTOCOL＞［--zone＝＜ZONE＞］	允许到＜PORT/PROTOCOL＞端口的流量
--remove-service＝＜SERVICE＞［--zone＝＜ZONE＞］	从区域允许列表中删除＜SERVICE＞端口
--remove-port＝＜PORT/PROTOCOL＞［--zone＝＜ZONE＞］	从区域允许列表中删除＜PORT/PROTOCOL＞端口
--reload	丢弃运行时配置，并应用永久配置

（2）firewall-config 图形工具。

firewall-config 支持防火墙的所有特性，管理员可以用它来改变系统或用户策略，通过

firewall-config,用户可以配置防火墙允许通过的服务、端口、伪装、端口转发和 ICMP 过滤器和调整区域设置等功能,以使防火墙设置更加自由、安全和强健。

firewall-config 工作界面如图 3-1-4 所示。

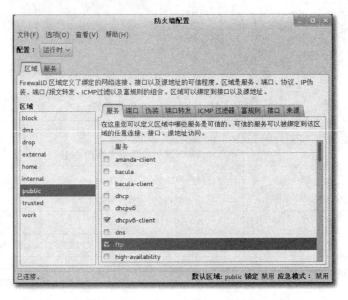

图 3-1-4　firewall-config 工作界面

firewall-config 工作界面分为三个部分:上面是主菜单,中间是配置选项卡,包括区域、服务设置选项卡,底部是状态栏,状态栏从左到右依次是连接状态、默认区域、锁定状态、应急模式。

在左下方角落寻找"已连接"字符,这标志着 firewall-config 工具已经连接到用户区后台程序 Firewalld。

① firewall-config 主菜单。

firewall-config 主菜单包括四个选项:文件、选项、查看、帮助。其中"选项"子菜单是最主要的,它包括以下几个部分:

➢ 重载防火墙:重载防火墙规则。所有现在运行的配置规则如果没有在永久配置中操作,那么系统重载后会丢失。

➢ 更改连接区域:更改网络连接的默认区域。

➢ 改变默认区域:更改网络连接的所属区域和接口。

➢ 应急模式:应急模式意味着丢弃所有的数据包。

➢ 锁定:锁定可以对防火墙配置进行加锁,只允许白名单上的应用程序进行改动。锁定特性为 Firewalld 增加了锁定本地应用或者服务的简单配置方式。它是一种轻量级的应用程序策略。

② firewall-config 配置选项卡。

firewall-config 配置选项卡包括"运行时"和"永久"。

➢ 运行时:"运行时"配置为当前使用的配置规则。

➢ 永久:"永久"配置规则在系统或者服务重启时使用。

③ firewall-config 区域选项卡。

"区域"选项卡是一个主要设置界面,firewalld 提供了 10 种预定义的区域,区域配置选项和通用配置信息可以在 firewall.zone(5)的手册中查到。

"区域"选项卡有 8 个子选项卡,分别是"服务""端口""伪装""端口转发""ICMP 过滤器""富规则""接口""来源",如图 3-1-5 所示。

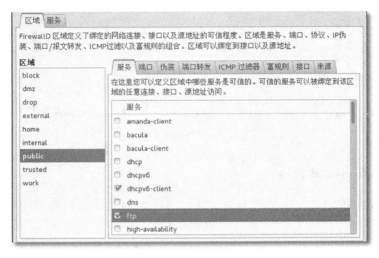

图 3-1-5 "区域"选项卡

> 服务:定义区域中哪些服务是可信的。

> 端口:定义区域中允许访问的主机或网络访问的附加端口或端口范围。

> 伪装:NAT 伪装,是否启用 IP 转发,是地址转发的一种,仅支持 IPv4。

> 端口转发:NAT 转发,将指向单个端口的流量转发到相同计算机上的不同端口,或者转发到不同计算机上的端口。

> ICMP 过滤器:设置可通过的 ICMP 数据包类型。

> 富规则:一种表达性语言,可表达 firewalld 基本语法中未涵盖的自定义防火墙规则,可用于表达基本的允许/拒绝规则,可用于配置记录(面向 syslog 和 auditd)及端口转发、伪装和速率限制。

> 接口:增加入口到区域。

> 来源:绑定来源地址或范围。

④ firewall-config 服务选项卡。

"服务"选项卡预定义了几十种重要服务,可通过命令 firewall-cmd --get-services 查询,服务是端口、协议、模块和目标地址的集合,该选项卡配置只能在永久配置视图中修改服务,不能在运行时配置中修改。

"服务"选项卡下包含"端口和协议""模块""目标地址"3 个子选项卡,如图 3-1-6 所示。

> 端口和协议:定义需要被所有主机或网络访问的额外端口或端口区间。

> 模块:添加网络过滤辅助模块。

> 目标地址:如果指定了目标地址,服务项目将仅限于目标地址和类型。

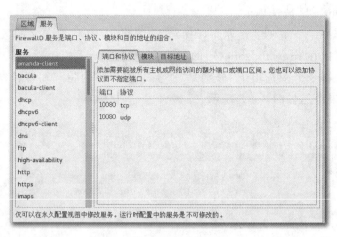

图 3-1-6 "服务"选项卡

8. 当前的 Firewalld 特性

（1）D-BUS 接口：D-BUS 接口提供防火墙状态信息，使防火墙的启用、停用或查询设置成为可能。

（2）区域：网络或者防火墙区域定义了连接的可信程度。Firewalld 提供了几种预定义的区域。区域配置选项和通用配置信息可以在 firewall.zone(5)手册中查到。

（3）服务：服务可以是一系列本地端口、目的以及附加信息，也可以是服务启动时自动增加的防火墙助手模块。预定义服务的使用使启用和禁用对服务的访问变得更加简单。服务配置选项和通用文件信息在 firewalld.service(5)手册中有描述。

（4）ICMP 类型：Internet 控制报文协议（ICMP）被用以交换报文和互联网协议（IP）的错误报文。在 Firewalld 中可以使用 ICMP 类型来限制报文交换。ICMP 类型配置选项和通用文件信息可以参阅 firewalld.icmptype(5)手册。

（5）直接接口：直接接口主要用于为服务或者应用程序增加特定的防火墙规则。这些规则并非永久有效，并且在收到 Firewalld 通过 D-Bus 传递的启动、重启、重载信号后需要重新应用。

（6）运行时配置：运行时配置并非永久有效，在重新加载时可以被恢复，而系统或者服务重启、停止时，这些选项将会丢失。

（7）永久配置：永久配置存储在配置文件中，每次机器重启或者服务重启、重新加载时将自动恢复。

（8）托盘小程序：托盘小程序 firewall-applet 为用户显示防火墙状态和存在的问题。它也可以用来配置用户允许修改的设置。

（9）图形化配置工具：firewall daemon 主要的配置工具是 firewall-config。它支持防火墙的所有特性（除了由服务/应用程序增加规则使用的直接接口）。管理员也可以用它来改变系统或用户策略。

（10）命令行客户端：firewall-cmd 是命令行下提供大部分图形工具配置特性的工具。

（11）对于 ebtables 的支持：要满足 libvirt daemon 的全部需求，在内核 netfilter 级上防止 ip＊tables 和 ebtables 间的访问问题，ebtables 支持是需要的。由于这些命令是访问相同结构的，因而不能同时使用。

（12）/usr/lib/firewalld 中的默认/备用配置：该目录包含了由 Firewalld 提供的默认以及备用的 ICMP 类型、服务、区域配置。由 Firewalld 软件包提供的这些文件不能被修改，即使修改也会随着 Firewalld 软件包的更新被重置。其他的 ICMP 类型、服务、区域配置可以通过软件包或者创建文件的方式提供。

（13）/etc/firewalld 中的系统配置设置：存储在此的系统或者用户配置文件可以是系统管理员通过配置接口定制的，也可以是手动定制的。这些文件将重载默认配置文件。为了手动修改预定义的 ICMP 类型、区域或者服务，从默认配置目录将配置拷贝到相应的系统配置目录，然后根据需求进行修改。如果加载了默认和备用配置的区域，在/etc/firewalld 下的对应文件将被重命名为＜file＞.old，然后启用备用配置。

9. 用户策略支持

管理员可以规定哪些用户可以使用用户交互模式和限制防火墙可用特性。

拥有一个端口独立的元数据信息（由 Lennart Poettering 提议）是很好的。应用程序或服务的端口是动态的，因而端口本身并不能描述使用情况，所以对/etc/services 的端口和协议静态分配模型来说不是好的解决方案，也没有反映当前使用情况。

元数据信息可以用来为防火墙制定简单的规则。下面是一些例子：

➢ 允许外部访问文件共享应用程序或服务；

➢ 允许外部访问音乐共享应用程序或服务；

➢ 允许外部访问全部共享应用程序或服务；

➢ 允许外部访问 torrent 文件共享应用程序或服务；

➢ 允许外部访问 HTTP 网络服务。

这里的元数据信息不只有特定应用程序，还可以是一组使用情况。例如，组"全部共享"或者组"文件共享"可以对应于全部共享或文件共享程序。

这里是在防火墙中获取元数据信息的两种可能途径：

（1）第一种是添加到 netfilter（内核空间）。好处是每个人都可以使用它，但也有一定的使用限制。还要考虑用户或系统空间的具体信息，所有这些都需要在内核层面实现。

（2）第二种是添加到 firewall daemon 中。这些抽象的规则可以和具体信息（如网络连接可信级，作为具体要分享的用户描述，管理员禁止完全共享的应归则等）一起使用。

第二种解决方案的好处是不需要为新的元数据组和纳入改变（可信级、用户偏好或管理员规则等）重新编译内核。这些抽象规则的添加使得 firewall daemon 更加自由。即使是新的安全级也不需要更新内核即可轻松添加。

10. sysctl 的错误设置

在实际应用中，对 sysctl 的设置经常出现错误。

一个例子是 rc.sysinit 正运行时，而提供设置的模块在启动时没有装载或者重新装载该模块时会发生问题。

另一个例子是 net.ipv4.ip_forward，防火墙设置. libvirt 和用户/管理员更改都需要它。如果有两个应用程序或守护进程，只在需要时开启 ip_forwarding，之后可能其中一个在不知道的情况下关掉服务，而另一个正需要它，此时就不得不重启它。

sysctl daemon 可以通过对设置使用内部计数来解决上面的问题。此时，当请求者不再需要时,它就会再次回到之前的设置状态或者是直接关闭它。

11. Iptables Service 与 Firewalld 的区别

Iptables service 和 Firewalld 之间最本质的区别是:

(1) Iptables service 在/etc/sysconfig/iptables 中储存配置,而 Firewalld 将配置储存在/usr/lib/firewalld/和/etc/firewalld/中的各种 XML 文件中。要注意,当 Firewalld 在 Linux 上安装失败时,/etc/sysconfig/iptables 文件就不存在。

(2) 使用 Iptables service,每一个单独更改意味着清除所有的旧规则和从/etc/sysconfig/iptables 中读取所有新的规则;而使用 Firewalld 却不会再创建任何新的规则,仅仅运行规则中的不同之处。因此,Firewalld 可以在运行时间内改变设置而不丢失现行连接。

任务实施

【实例一】防火墙查询

① firewall-cmd --state   //获取 Firewalld 状态

② firewall-cmd --get-services   //获取支持服务列表(Firewalld 内置服务支持)

支持服务列表:

amanda-client bacula bacula-client dhcp dhcpv6 dhcpv6-client dns ftp high-availability http https imaps ipp ipp-client ipsec kerberos kpasswd ldap ldaps libvirt libvirt-tls mdns mountd ms-wbt mysql nfs ntp openvpn pmcd pmproxy pmwebapi pmwebapis pop3s postgresql proxy-dhcp radius rpc-bind samba samba-client smtp ssh telnet tftp tftp-client transmission-client vnc-server wbem-https

③ firewall-cmd --get-zones   //获取支持的区域列表,如图 3-1-7 所示

```
[root@localhost ~]# firewall-cmd --get-zones
work drop internal external trusted home dmz public block
```

图 3-1-7 获取支持的区域列表

④ firewall-cmd --list-all-zones   //列出全部启用的区域的特性,如图 3-1-8 所示

```
[root@localhost ~]# firewall-cmd --list-all-zones
work
  target: default
  icmp-block-inversion: no
  interfaces:
  sources:
  services: dhcpv6-client ssh
  ports:
  protocols:
  masquerade: no
  forward-ports:
  sourceports:
  icmp-blocks:
  rich rules:
```

图 3-1-8 列出全部启用的区域的特性

⑤ firewall-cmd --list-services   //显示防火墙当前服务

【实例二】运行时区域策略设置示例（注：以下示例不加 **zone** 的为默认区域 **public**）

① firewall-cmd --add-service＝ssh　　　　　　　// 允许 SSH 服务通过

② firewall-cmd --remove-service＝ssh　　　　　// 禁止 SSH 服务通过

③ firewall-cmd --add-service＝samba --timeout＝600　　// 临时允许 Samba 服务通过 600 s

④ firewall-cmd --add-service＝http --zone＝work　　// 允许 HTTP 服务通过 work 区域

⑤ firewall-cmd --zone＝work --add-service＝http　　// 从 work 区域打开 HTTP 服务

⑥ firewall-cmd --zone＝internal --add-port＝443/tcp　　/*打开 443/tcp 端口在内部区域（internal）*/

⑦ firewall-cmd --zone＝internal --remove-port＝443/tcp　　/* 关闭 443/tcp 端口在内部区域（internal）*/

⑧ firewall-cmd --add-interface＝eth0　　　　// 打开网卡 eth0

⑨ firewall-cmd --remove-interface＝eth0　　// 关闭网卡 eth0

【实例三】永久区域策略设置示例（注：以下示例不加 **zone** 的为默认区域 **public**，永久设置均需重新加载防火墙策略或重启系统）

① firewall-cmd -reload　　　　　　　　　　// 重新加载防火墙策略

② firewall-cmd --permanent --add-service＝ftp　　// 永久允许 FTP 服务通过

③ firewall-cmd --permanent --remove-service＝ftp　　// 永久禁止 FTP 服务通过

④ firewall-cmd --permanent --add-service＝http --zone＝external　　/*永久允许 HTTP 服务通过 external 区域 */

⑤ firewall-cmd --permanent --zone＝work --remove-service＝http　　/* 永久从 work 区域移除 HTTP 服务 */

⑥ firewall-cmd --permanent --zone＝internal --add-port＝111/tcp　　/* 打开 111/tcp 端口在内部区域（internal）*/

⑦ firewall-cmd --permanent --zone＝internal --remove-port＝111/tcp　　/* 关闭 111/tcp 端口在内部区域（internal）*/

⑧ firewall-cmd -permanent --add-interface＝eth0　　// 永久打开网卡 eth0

⑨ firewall-cmd --permanent --remove-interface＝eth0　　// 永久关闭网卡 eth0

【实例四】使用 **Firewall** 图形工具配置，在 **work** 区域永久开启 **Https** 服务

步骤 1：将配置选项卡设置为"永久"，如图 3-1-9 所示。

图 3-1-9　将配置选项卡设置为"永久"

步骤2：在区域选项卡中选择"work"区域，如图3-1-10所示。

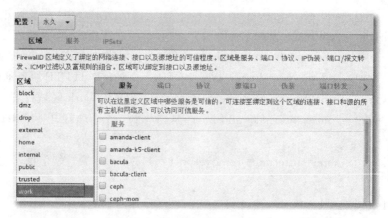

图3-1-10　在区域选项卡中选择"work"区域

步骤3：然后选择"服务"子选项卡，如图3-1-11所示。

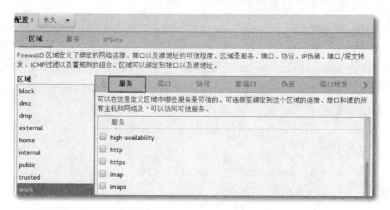

图3-1-11　选择"服务"子选项卡

步骤4：选中"https"服务，如图3-1-12所示。

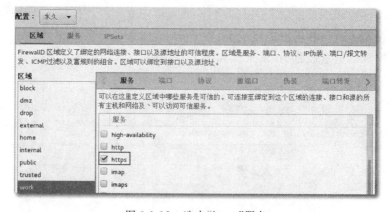

图3-1-12　选中"https"服务

步骤5:在"选项"中选择"重载防火墙",使之永久生效,结束配置,如图 3-1-13 所示。

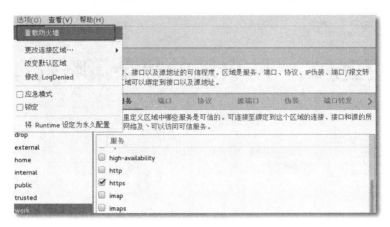

图 3-1-13 重载防火墙

任务二 防火墙的复杂策略管理

任务描述

NAT(Network Address Translation,网络地址转换)是一项非常重要的 Internet 技术,它可以让内网众多计算机访问 Internet 时,共用一个公网地址,从而解决了 Internet 地址不足的问题,并对公网隐藏了内网的计算机,提高了安全性能。防火墙可以实现 NAT 功能,并制定相应的策略,保护服务器。

学习指导

1. 详细了解 NAT 的概念。
2. 详细了解 NAT 的工作过程。
3. 详细解读 Firewalld 防火墙的基础知识。
4. 了解 Firewalld 防火墙 NAT 的配置。
5. 了解 Firewalld 防火墙未来的发展及特性。

知识链接

1. NAT 的概念

NAT 是 1994 年提出的,当专用网内部的一些主机已经被分配了本地 IP 地址(即仅在本专用网内使用的专用地址),但现在又想和 Internet 上的主机通信(并不需要加密)时,可使用 NAT 方法。

NAT 并不是一种网络协议,而是一种过程,它将一组 IP 地址映射到另一组 IP 地址,而且对用户是透明的。NAT 通常用于将内部的私有 IP 地址翻译成合法的公网 IP 地址,从而使内网中的计算机共享公网 IP 地址,节省了 IP 地址资源。可以这样说,正是由于 NAT 技术的出现,才使得 IPv4 的地址至今还足够使用。因此,在 IPv6 广泛使用前,NAT 技术仍然会被广泛应用。

NAT 不仅能解决 IP 地址不足的问题,还能有效地避免来自网络外部的攻击,隐藏并保护网络内部的计算机。

（1）宽带分享：这是 NAT 主机的最大功能。

（2）安全防护：NAT 内的 PC 联机到 Internet 上时，显示的 IP 是 NAT 主机的公共 IP，所以 Client 端的 PC 具有一定的安全性，外界在进行端口扫描（portscan）时，就侦测不到源 Client 端的 PC。

2. NAT 的工作原理

装有 NAT 软件的主机叫作 NAT 服务器，NAT 需要在专用网连接到 NAT 服务器。NAT 服务器一般位于内网的出口处，至少需要有两个网络接口，一个设置为内网 IP，一个设置为外网合法 IP。NAT 服务器改变外出数据包的源 IP 地址后，需要在 NAT 地址映射表中登记相应的条目，以便回复的数据包能返回到正确的内网计算机。

当然，从 Internet 回复的数据包也并不是直接发送给内网的，而是发给了 NAT 服务器中具有合法 IP 地址的那个网络接口。NAT 服务器收到回复的数据包后，根据内部保存的 NAT 地址映射表，找到该数据包是属于哪个内网 IP 的，然后再把数据包的目的 IP 转换回来，还原成原来的那个内网地址，最后再通过内网接口路由出去。

以上地址转换过程对用户来说是透明的，内网计算机并不知道自己发送出去的数据包在传输过程中被修改过，只知道自己发送出去的数据包能得到正确的响应数据包，与正常情况没有什么区别。

另外，通过 NAT 转换还可以保护内网中的计算机免受来自 Internet 的攻击。因为外网的计算机不能直接发送数据包给使用保留地址的内网计算机，只能发给 NAT 服务器的外网接口。在内网计算机没有主动与外网计算机联系的情况下，在 NAT 服务器的 NAT 地址映射表中是无法找到相应条目的，因此也就无法把该数据包的目的 IP 转换成内网 IP。

注：有些情况下，数据包还可能会经过多次的地址转换。

3. NAT 的实现方式

NAT 的实现方式有三种，即静态转换（Static NAT）、动态转换（Dynamic NAT）和端口多路复用（Port address Translation，PAT）。

（1）静态转换：指将内部网络的私有 IP 地址转换为公有 IP 地址，IP 地址是一对一的，是一成不变的，某个私有 IP 地址只转换为某个公有 IP 地址。借助于静态转换，可以实现外部网络对内部网络中某些特定设备（如服务器）的访问。

（2）动态转换：指将内部网络的私有 IP 地址转换为公用 IP 地址时，IP 地址是不确定的，是随机的，所有被授权访问 Internet 的私有 IP 地址可随机转换为任何指定的合法 IP 地址。也就是说，只要指定哪些内部地址可以进行转换，以及用哪些合法地址可作为外部地址时，就可以进行动态转换。动态转换可以使用多个合法外部地址集。当 ISP 提供的合法 IP 地址略少于网络内部的计算机数量时，可以采用动态转换的方式。

（3）端口多路复用：指改变外出数据包的源端口并进行端口转换，即端口多路复用。采用端口多路复用方式，内部网络的所有主机均可共享一个合法外部 IP 地址，实现对 Internet 的访问，从而可以最大限度地节约 IP 地址资源。同时，又可隐藏网络内部的所有主机，有效避免来自 Internet 的攻击。因此，目前网络中应用最多的就是端口多路复用方式。端口 NAT 分为两种，一种是本地主机内端口转换，另一种是本地主机与其他主机进行端口转发。

4.正在开发的特性

（1）富语言：富语言特性提供了一种不需要了解 iptables 语法的，通过高级语言配置复杂 IPv4 和 IPv6 防火墙规则的机制。Fedora 19 提供了带有 D-BUS 和命令行支持的富语言特性第 2 个里程碑版本，第 3 个里程碑版本也将提供对于图形界面 firewall-config 下的支持。

（2）锁定：锁定特性为 Firewalld 增加了锁定本地应用或者服务配置的简单配置方式。它是一种轻量级的应用程序策略。Fedora 19 提供了锁定特性的第 2 个里程碑版本，带有 D-BUS 和命令行支持。第 3 个里程碑版本也将提供图形界面 firewall-config 下的支持。

（3）永久直接规则：这项特性处于早期状态。它将提供保存直接规则和直接链的功能。通过规则不属于该特性。更多关于直接规则的信息请参阅 Direct options。

（4）从 ip＊tables 和 ebtables 服务迁移：这项特性处于早期状态。它将尽可能提供由 iptables、ip6tables 和 ebtables 服务配置转换为永久直接规则的脚本。此特性在由 Firewalld 提供的直接链集成方面可能存在局限性。此特性需要大量复杂防火墙配置的迁移测试。

5.计划和提议功能

（1）防火墙抽象模型：在 ip＊tables 和 ebtables 防火墙规则之上添加抽象层，使添加规则更简单、直观。需要抽象层功能强大，但又不能太复杂，并不是一项简单的任务。为此，不得不开发一种防火墙语言，使防火墙规则拥有固定的位置，可以查询端口的访问状态、访问策略等普通信息和一些其他可能的防火墙特性。

（2）对于 conntrack 的支持：要终止禁用特性已确立的连接需要 conntrack。不过，一些情况下终止连接可能是不好的，如为建立有限时间内的连续性外部连接而启用的防火墙服务。

（3）用户交互模型：这是防火墙中用户或者管理员可以启用的一种特殊模式。应用程序所有要更改防火墙的请求将定向给用户知晓，以便确认和否认。为一个连接的授权设置一个时间限制，并限制其所连主机、网络或连接是可行的。配置可以保存以便将来不需要通知便可应用相同行为。该模式的另一个特性是，管理和应用程序发起的请求具有相同功能的预选服务和端口的外部连接尝试。服务和端口的限制也会限制发送给用户的请求数量。

任务实施

使用 firewall-config 为一个特定端口转发入站网络流量或"packets"到一个内部地址或者替代端口，首先激活伪装 IP 地址，然后选择端口转发标签。

【实例一】本地主机内端口转发（SSH）

某公司系统管理员，在做服务器管理时都是通过 SSH 远程访问的方式进行管理的，该服务器 IP 地址为 192.168.0.28，由于 SSH 服务默认使用 22 号端口，大家都知道比较危险，所以要求禁用 22 号端口，通过访问该 IP 地址的 8384 号端口访问 SSH 服务。

分析：根据案例需求，该主机防火墙需要将默认开启的 SSH 服务禁用，并开放 8384 端口，当访问 192.168.0.28 时，提示无法访问，而访问 192.168.0.28:8384 时，能够远程登录服务器。

步骤 1：实现 PC 与 192.168.0.28 正常通信，如图 3-2-1 所示。

```
[root@localhost ~]# ping 192.168.0.28
PING 192.168.0.28 (192.168.0.28) 56(84) bytes of data.
64 bytes from 192.168.0.28: icmp_seq=1 ttl=64 time=2.68 ms
64 bytes from 192.168.0.28: icmp_seq=2 ttl=64 time=5.06 ms
64 bytes from 192.168.0.28: icmp_seq=3 ttl=64 time=11.6 ms
^C
--- 192.168.0.28 ping statistics ---
4 packets transmitted, 3 received, 25% packet loss, time 3008ms
rtt min/avg/max/mdev = 2.684/6.479/11.687/3.809 ms
```

图 3-2-1　实现 PC 与 192.168.0.28 正常通信

步骤 2：设置防火墙，使 192.168.0.28 服务器不能被 SSH 连接访问，如图 3-2-2 所示。需要在防火墙中将 SSH 服务禁用（即禁用 22/tcp 端口），并开启 8384/tcp 端口，如图 3-2-3 所示。

```
[root@localhost ~]# firewall-cmd --permanent --remove-service=ssh
success
[root@localhost ~]# firewall-cmd --permanent --add-port=8384/tcp
success
[root@localhost ~]# firewall-cmd --reload
success
```

图 3-2-2　设置防火墙

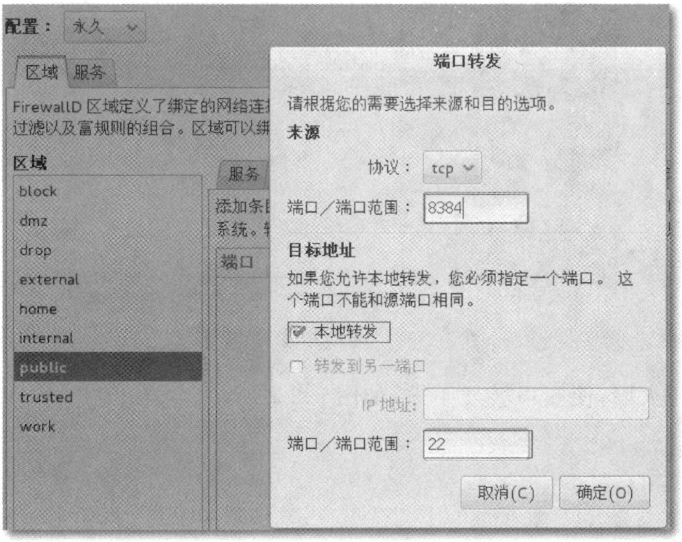

图 3-2-3　开启 8384/tcp 端口

步骤 3：验证远程连接 192.168.0.28:22，出现如下提示连接错误，如图 3-2-4 所示。

```
[root@agent ~]# ssh 192.168.0.28
ssh: connect to host 192.168.0.28 port 22: No route to host
```

图 3-2-4　提示连接错误

步骤 4：服务端使用 firewall-config 工具，在图形界面永久开启 IP 伪装（注意重载防火墙），用于支持端口转发的配置，如图 3-2-5 所示。

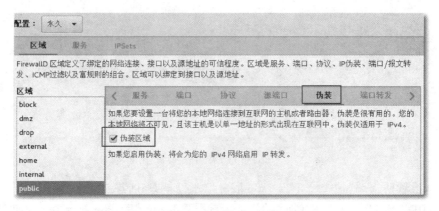

图 3-2-5　开启 IP 伪装

步骤 5：选择"端口转发"选项卡，单击"添加"按钮，弹出设置页面，来源处协议选择"tcp"，端口/端口范围为"8384"，目标地址处选择"本地转发"，端口/端口范围为"22"，单击"确定"按钮，如图 3-2-6 所示。

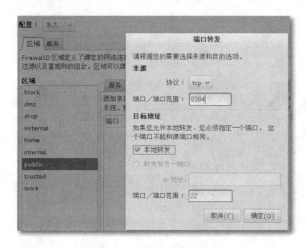

图 3-2-6　"端口转发"选项卡

步骤 6：重载防火墙，使端口转发生效，如图 3-2-7 所示。

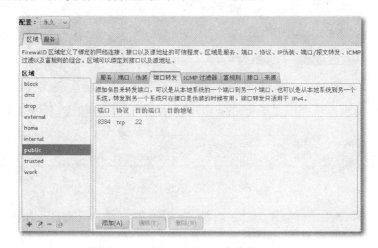

图 3-2-7　重载防火墙，使端口转发生效

步骤7:在 PC 端输入 SSH 访问地址 192.168.0.28,端口为 8384 端口,验证登录情况,如图 3-2-8 所示。

```
[root@localhost ~]# ssh 192.168.0.28 -p 8384
root@192.168.0.28's password:
Last login: Fri Jan 5 06:02:28 2018
```

图 3-2-8　验证登录情况

【实例二】本地主机与其他主机进行端口转发(HTTP)

某公司内网主机 172.25.0.11 为外网提供 Web 服务,因此,需要开放 80 端口,假设外网地址为 172.25.0.10(为了方便实现,省略了内网与外网之间的设备,现网中,该地址为公网地址),在这种情况下,应该怎么做?

分析:由于私网地址不能用于外网通信,只能通过私网转外网的方式实现与外部的通信,所以我们需要将外网主机 172.25.0.10 的 80 端口映射给 172.25.0.11 的 80 端口。

注意:现网应用中,1 对 1 的转换没有任何意义,所以一般来说,我们会将多个私网地址转成一个公网地址,例如内网 10.0.0.1 使用 80 端口提供 HTTP 服务、10.0.0.2 使用 21 端口提供 FTP 服务,只有一个外网地址 111.111.111.111,完全可以将 111.111.111.111 的 80 端口映射给 10.0.0.1 的 80 端口、将 111.111.111.111 的 21 端口映射给 10.0.0.2 的 21 端口,两台内网服务器共用一个公网 IP 地址,实现单一外网 IP 地址访问多个内网服务。

步骤1:实现客户端 PC 与外网主机 192.168.0.28 通信,如图 3-2-9 所示。

```
[root@localhost ~]# ping 192.168.0.28
PING 192.168.0.28 (192.168.0.28) 56(84) bytes of data.
64 bytes from 192.168.0.28: icmp_seq=1 ttl=64 time=7.54 ms
64 bytes from 192.168.0.28: icmp_seq=2 ttl=64 time=2.88 ms
^C
--- 192.168.0.28 ping statistics ---
2 packets transmitted, 2 received, 0% packet loss, time 1002ms
rtt min/avg/max/mdev = 2.882/5.211/7.541/2.330 ms
```

图 3-2-9　实现客户端 PC 与外网主机 192.168.0.28 通信

步骤2:实现外网主机 192.168.0.28 和内网主机 192.168.0.29 通信,如果这两个地址无法正常通信,则再做地址转发的时候会失败,如图 3-2-10 所示。

```
[root@localhost ~]# ping 192.168.0.29
PING 192.168.0.29 (192.168.0.29) 56(84) bytes of data.
64 bytes from 192.168.0.29: icmp_seq=1 ttl=64 time=4.51 ms
64 bytes from 192.168.0.29: icmp_seq=2 ttl=64 time=9.93 ms
64 bytes from 192.168.0.29: icmp_seq=3 ttl=64 time=5.96 ms
^C
--- 192.168.0.29 ping statistics ---
3 packets transmitted, 3 received, 0% packet loss, time 2003ms
rtt min/avg/max/mdev = 4.511/6.801/9.931/2.291 ms
```

图 3-2-10　实现外网主机 192.168.0.28 和内网主机 192.168.0.29 通信

步骤3:配置外网 192.168.0.28 主机防火墙,开放 80/tcp 端口,如图 3-2-11 所示。

```
[root@localhost ~]# firewall-cmd --permanent --add-port=80/tcp
success
[root@localhost ~]# firewall-cmd --reload
success
```

图 3-2-11　配置外网 192.168.0.28 主机防火墙

步骤4:配置外网主机防火墙,在"伪装"选项卡永久开启 IP 伪装,并且在"端口转发"选项卡将 80/tcp 端口映射给 192.168.0.29 内网 80/tcp 端口,如图 3-2-12 所示。

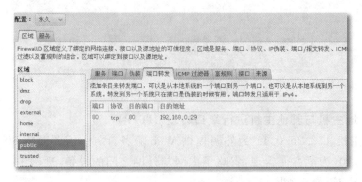

图 3-2-12　配置外网主机防火墙

步骤 5:配置 192.168.0.29 服务器端,搭建 Httpd 服务,并且防火墙开启 80/tcp 端口或 Httpd 服务,如图 3-2-13 所示。

echo "hello world" > /var/www/html/index.html　　　//编辑网站默认页面

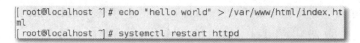

图 3-2-13　配置 192.168.0.29 服务器端

步骤 6:客户端 PC 访问 192.168.0.28:80 进行验证,如图 3-2-14 所示。

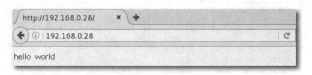

图 3-2-14　验证

192.168.0.28 并没有搭建 Httpd 服务,但是却能够访问 192.168.0.29 搭建的 Httpd 主页,证明 NAT 转发没问题,顺利完成。

## 第四篇

Linux日常安全运维

Linux RICHANG ANQUAN YUNWEI

任务一　OPenVAS部署

任务描述

OpenVAS 包括一个中央服务器和一个图形化的前端。这个服务器准许用户运行几种不同的网络漏洞测试程序(以 Nessus 攻击脚本语言编写),而且 OpenVAS 可以经常对其进行更新。所以公司要求搭建 OpenVAS 系统。

学习指导

1. 了解 OpenVAS 的基础知识。
2. 详细解读 OpenVAS 的工作原理。
3. 详细解读 OpenVAS 的安装部署流程。
4. 学习并了解如何使用 OpenVAS。

知识链接

1. OpenVAS 基础

OpenVAS(Open Vulnerability Assessment System)是开放式漏洞评估系统,其核心部分是一个服务器。该服务器包括一套网络漏洞测试程序,可以检测远程系统和应用程序中的安全问题。OpenVAS 不同于传统的漏洞扫描软件,所有的 OpenVAS 软件都是免费的,而且还采用了 Nessus(一款强大的网络扫描工具)较早版本的一些开放插件。虽然 Nessus 很强大,但是该工具不开源,而且免费版的功能又比较局限。

2. 服务器层组件(建议都安装)

(1) openvas-scanner(扫描器):负责调用各种漏洞检测插件,完成实际的扫描操作。

(2) openvas-manager(管理器):负责分配扫描任务,并根据扫描结果生成评估报告。

(3) openvas-administrator(管理者):负责管理配置信息,用户授权等相关工作。

3. 客户层组件(任选其一即可)

(1) openvas-cli(命令行接口):负责提供从命令行访问 OpenVAS 服务层程序。

(2) greenbone-security-assistant(安装助手):负责提供访问 OpenVAS 服务层的 Web 接口,便于通过浏览器来执行扫描任务,是使用最简便的客户层组件。

(3) Greenbone-Desktop-Suite(桌面套件):负责提供访问 OpenVAS 服务层的图形程序界面,主要允许在 Windows 客户机中使用。

除了上述各工作组件以外,还有一个核心环节,那就是漏洞测试插件更新。OpenVAS 系统的插件来源有两个途径:

➤ 官方提供的 NVT 免费插件。

➤ Greenbone Sec 公司提供的商业插件。

任务实施

【实例一】安装 OpenVAS

步骤 1:安装所必需的包。

yum install wget bzip2 texlive net-tools alien -y　　　//使用 yum 命令安装所必需的包

步骤 2:安装 Atomicorp repo 源。

wget -q -O -http://www.atomicorp.com/installers/atomic | sh　　　/* 使用 wget 命令从指定的 URL 安装 Atomicorp repo 源 */

步骤 3:安装 OpenVAS。

yum install openvas -y　　　//使用 yum 安装 OpenVAS

步骤 4:配置并启动 Redis 服务,如图 4-1-1 所示。

vim /etc/redis.conf　　　/* 使用 vim 修改/etc/redis.conf 文件,找到 unixsocket /tmp/redis.sock 和 unixsocketperm 700 两项,将前面的 # 号去掉,如果没有那两项,则自己手动添加 */

systemctl enable redis && systemctl restart redis　　　/* 设置 redis 服务开机启动并重新启动 redis 服务 */

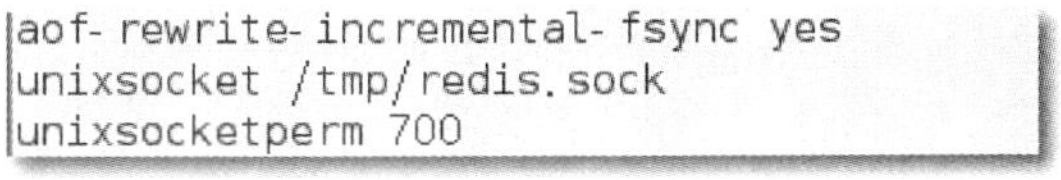

```
aof-rewrite-incremental-fsync yes
unixsocket /tmp/redis.sock
unixsocketperm 700
```

图 4-1-1　配置并启动 redis 服务

步骤 5:配置 OpenVAS 服务。

openvas-setup　　　//配置 OpenVAS 服务

步骤 6:安装完成,通过浏览器访问 https://127.0.0.1:9392,如图 4-1-2 所示。

图 4-1-2　安装完成

【实例二】OpenVAS 的简单操作

步骤 1：添加扫描目标。

单击菜单栏"Configuration"下的"Targets"选项，单击左侧的"■"按钮，在弹出的对话框中设置要添加的目标主机名、IP 地址等相关信息，然后单击右下方的"Create"按钮，即可成功添加扫描目标，如图 4-1-3 所示。

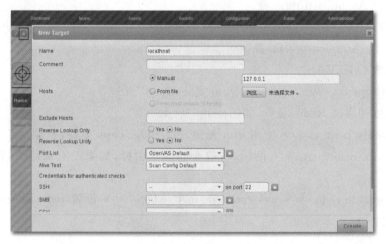

图 4-1-3　添加扫描目标

步骤 2：创建扫描任务。

单击菜单栏"Scans"下的"Tasks"选项，再单击左侧的"■"按钮，在弹出的对话框中设置任务名称，扫描目标使用上步添加的扫描目标，扫描配置使用默认的"Full and fast"即可，设置完成后单击右下方的"Create"按钮，如图 4-1-4 所示。

步骤 3：开始扫描。

单击菜单栏"Scans"下的"Tasks"选项，在页面下方可以看到新建的扫描任务，单击右侧的开始按钮，开始扫描，如图 4-1-5 所示。

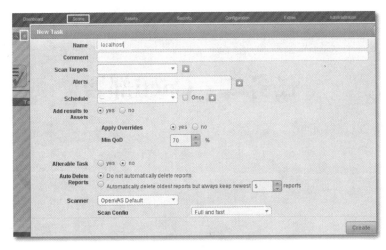

图 4-1-4　创建扫描任务

图 4-1-5　开始扫描

步骤 4：完成扫描，查看扫描结果。

从图 4-1-6 中可以看到扫描出 5 个高级漏洞，10 个中级风险漏洞，1 个低级风险漏洞以及 34 个日志。

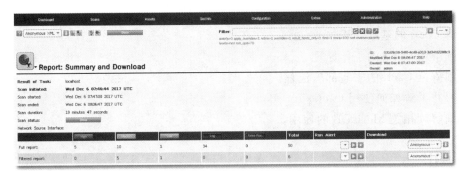

图 4-1-6　查看扫描结果

任务描述

Cacti 通过 snmpget 来获取数据,使用 RRDtool 绘制图形。RRDtool 的界面简单易操作。而且完全不需要了解 RRDtool 复杂的参数,就能轻易地绘出漂亮的图形。它提供了非常强大的数据和用户管理功能,可以为每一个用户指定可以查看的树状结构 host 和图形,还可以与 LDAP 结合进行用户验证,同时也能自己增加模板,添加自定义的 snmp_query 和 script。Cacti 功能完善,界面友好。可以说,Cacti 将 RRDtool 的所有缺点都补足了。管理员可以部署 Cacti 系统来完成公司批量管理的任务。

学习指导

1. 了解 Cacti 的基础知识。
2. 详细解读 Cacti 的工作原理。
3. 详细解读 Cacti 的安装部署流程。
4. 学习并了解如何使用 Cacti。
5. 详细解读相关 MariaDB 的使用。

知识链接

1. 什么是网络管理软件

在计算机网络的质量体系中,网络管理是其中一个关键环节,正如一个管家对于大家庭生活的重要性,网络管理的质量也会直接影响网络的运行质量。

网络管理软件的功能可以归纳为三个部分:体系结构、核心服务和应用程序。

常见的网络管理软件按照性质来分,可以分为开源的管理软件与不开源的管理软件。

(1) 开源的管理软件有 Nagios,Cacti,Zenoss core,OpenNMS 等。

(2) 非开源的管理软件有 Solarwinds 等。

2. Cacti 介绍

Cacti 是一款优秀的开源监控软件，使用 PHP 实现，主要特点是使用 SNMP 服务获取数据，然后用 RRDtool 存储和更新数据，当用户查看数据时，RRDtool 生成图表呈现给用户。在 CentOS 7 后，默认数据库为 MariaDB，其为 MySQL 的一个分支，用其存储变量并进行调用。MariaDB 数据库并不存储 SNMP 捕获到的数据，SNMP 捕获到的数据存在于 RRDtool 生成的 rrd 文件中，这些文件位于 Cacti 目录下的 rra 目录中。

Cacti 是用 PHP 语言编写的一个软件，它的运行需要 Web 服务器（如 Apache）及 PHP 环境的支持。同时，Cacti 还需要 MySQL 配合 PHP 程序存储一些变量数据，并对变量数据进行调用，如主机名、主机 IP、SNMP 团体名、端口号、模板信息等。

RRDtool 对主机负载、网络流量等信息的统计需要通过 SNMP 协议实现。RRDtool 对数据的更新和存储就是对 rrd 文件的处理，rrd 文件是大小固定的归档文件（Round Robin Archive），它能够存储的数据数在创建时就已经定义。Cacti 架构如图 4-2-1 所示。

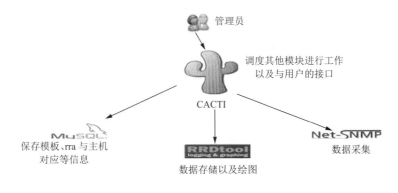

图 4-2-1　Cacti 架构

3. RRDtool 介绍

RRDtool 是指 Round Robin Database 工具（环状数据库）。Round Robin 是一种处理定量数据以及当前元素指针的技术。想象一个周边标有点的圆环，这些点就是时间存储的位置。从圆心画一条到圆周的某个点的箭头，这就是指针。就像我们在一个圆环上一样，没有起点和终点，你可以一直走下去。经过一段时间，所有可用的位置都会被用过，该循环过程会自动重用原来的位置。这样，数据集不会增大，并且不需要维护。RRDtool 用于处理 RRD 数据库，包括向 RRD 数据库存储数据、从 RRD 数据库中提取数据。

4. RRDtool 的作用

RRDtool 源自 MRTG（多路由器流量绘图器）。MRTG 是由一个大学连接到互联网链路的使用率的小脚本开始的，后来被当作绘制其他数据源的工具使用，包括温度、速度、电压、输出量等。

可以使用 RRDtool 来存储和处理通过 SNMP 收集到的数据，这些数据很可能是某个网络或计算机接收或发送的字节数（比特数）。也可以用来显示潮水的波浪、阳光射线、电力消耗、展会的参观人员、机场附近噪音等级、室外气温、电冰箱的温度，以及任何可以想象的东西。

这些应用只需要一个度量数据,以及能够将这些数据提供给 RRDtool 的感应器就可以。RRDtool 可以用来创建数据库、存储数据、提取数据、生成用于在 Web 浏览器中显示的 PNG 格式的图像。这些 PNG 图像源于收集的数据,它可以是网络平均使用率、峰值。

5. Cacti 的工作流程

Cacti 的工作流程如图 4-2-2 所示。

(1) SNMP 协议收集远程服务器的数据。

(2) 将 SNMP 收集的数据内容保存到 rrd 数据库中。

(3) 用户查看某台设备上的流量或其他状态信息。

(4) 在 MySQL 数据库中查找该设备对应的 rra 数据库文件的名称。

(5) 通过 RRDtool 命令进行绘图即可。

(6) 将图形返回给用户。

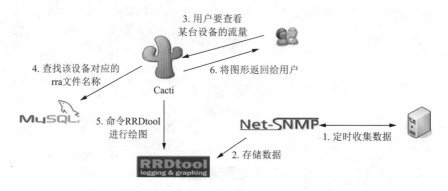

图 4-2-2　Cacti 的工作流程

6. Cacti 的应用场景

(1) 网络设备。

➢ 接口流量(进与出的带宽);

➢ 监控 CPU 的负载、内存等;

➢ 温度等。

(2) 主机系统。

➢ 网络接口流量(进与出的带宽);

➢ 监控 CPU 的负载、内存等;

➢ 监控磁盘的空间进程数等。

(3) Cacti 常见的监测对象。

➢ 服务器资源:CPU、内存、磁盘、进程、连接数等;

➢ 服务器类型:Web、Mail、FTP、数据库、中间件;

➢ 网络接口:流量、转发速度、丢包率;

➢ 网络设备性能、配置文件(对比与备份)、路由数;

➢ 安全设备性能、连接数、攻击数;

➢ 设备运行状态:风扇、电源、温度;

➢ 机房运行环境：电流、电压、温湿度。

7. Cacti 的优势

（1）基于 RRDtool，使效率提高。

Cacti 基于 RRDtool 存储监控数据，在查询指定时间段的监控数据时不用浏览整个数据文件，和 MRTG（一个监控网络链路流量负载的工具软件）的文本 log 相比更高效。监控曲线图片的生成并不像 MRTG 那样需要和数据收集同步并定时生成，而是通过 RRDtool 提供的图片生成工具及 PHP 脚本来生成动态 Web 图片。

（2）监控项目曲线图多样化。

RRDtool 的图片生成工具提供了多种参数，这样可以动态设置更多样式的曲线图，也可以将若干监控项目集中显示在一张图片中，如果我们要同时显示 HTTP/FTP/DNS 多种协议的流量时就可以派上用场了。当然，其他如颜色、曲线样式、图片大小格式、说明文字等都可以定制产生。

（3）定时时间段的曲线图生成，突破了 MRTG 中日、周、月、年的固定模式。

（4）基于 Web 配置与监控，操作简单。

Cacti 是一种 Web 方式的软件，监控项目的新建、配置、管理、监控都是基于 Web 方式来操作的，这对于使用者来说是非常舒服的。

8. Cacti 的缺点

（1）不支持报警功能。

（2）监控有限，若要添加自定义图表比较麻烦。

（3）没有专用客户端。

任务实施

【实例一】Cacti 安装

步骤 1：安装相关软件包。

Cacti 的运行是基于 LAMP 环境的，由于我们在前面已经安装过 LAMP 环境，这里就不再赘述，首先安装 Cacti 的相关软件包。

yum install -y gcc php-mysql php-snmp rrdtool net-snmp net-snmp-utils ntp　　/* 使用 yum 来安装相关的软件包 */

步骤 2：配置并启动 NTP 服务，修改 PHP 的时区，如图 4-2-3 所示。

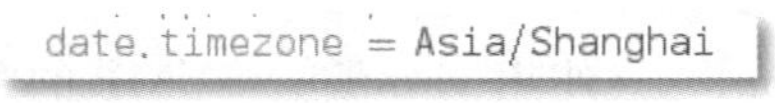

```
date.timezone = Asia/Shanghai
```

图 4-2-3　修改 PHP 的时区

vim /etc/php.ini　　/* 使用 vim 打开 PHP 的配置文件，找到"date. timezone＝"这一行，去掉前面的注释符号";"，并在后面加上"Asia/Shanghai" */

systemctl enble ntpd. service　　//令 NTP 服务开机运行

systemctl start ntpd. service　　//开启 NTP 服务

步骤 3：下载 Cacti。

wget http://www.cacti.net/downloads/cacti-0.8.8h.tar.gz　　　//使用 wget 下载 Cacti

tar zxvf cacti-0.8.8h.tar.gz　　　　//解压下载的包

mv cacti-0.8.8h /var/www/html/　　　//将解压的包移动到/var/www/html/目录

cd /var/www/html　　　　//进入 html 目录

mv cacti-0.8.8h cacti　　　//将 cacti-0.8.8h 重命名为 cacti

步骤 4：配置 MariaDB，并为 Cacti 创建数据库，如图 4-2-4 所示。

systemctl start mariadb.service　　　//启动 MariaDB 服务

mysqladmin --user＝root -p create cacti　　　//创建 Cacti 数据库

shell> mysql -uroot -p mysql　　　//进入 MySQL 数据库

MariaDB [mysql]> grant all on cacti.* to cacti@localhost identified by 'cacti';　　　/* 创建数据库用户名为 cacti，密码为 cacti 的用户 */

MariaDB [mysql]> flush privileges;　　　//刷新系统授权表

```
MariaDB [mysql] > grant all on cacti.* to cacti@localhost identified by 'cacti';
Query OK, O rows affected (0.07 sec)

MariaDB [mysql] > flush privileges;
Query OK, O rows affected (0.04 sec)
```

图 4-2-4　创建数据库

mysql -ucacti -pcacti cacti ＜ /var/www/html/Cacti/Cacti.sql　　　/* 将 Cacti 的表内容导入创建的数据库 cacti 中 */

步骤 5：修改 Cacti 配置文件，如图 4-2-5 所示。

vim /var/www/html/Cacti/include/config.php

vim /var/www/html/Cacti/include/global.php　　　/* 使用 vim 编辑 Cacti 配置文件 config.php，将" $database_username"和" $database_password"两项参数的值修改为新建数据库用户的用户名和密码 */

```
$database_type = "mysql";
$database_default = "cacti";
$database_hostname = "localhost";
$database_username = "cacti";
$database_password = "cacti";
$database_port = "3306";
$database_ssl = false;
```

图 4-2-5　修改 Cacti 配置文件

步骤 6：修改 SNMP 配置，如图 4-2-6～图 4-2-8 所示。

vim /etc/snmp/snmpd.conf　　　//使用 vim 编辑 SNMP 的配置文件

将第 41 行里的"default"修改为监控服务器的 IP，本实例监控本机地址。

```
41 com2sec notConfigUser 127.0.0.1          public
```

图 4-2-6　41 行内容

将 62 行里的"systemview"修改为"all"，允许访问所有信息。

```
62 access  notConfigGroup ""        any       noauth   exact  systemview none
     none
```

图 4-2-7　62 行内容

将 85 行的注释符号删除,此行的意思为可以查看.1 节点下所有设备的信息。

```
85 view all     included  .1                          80
```

图 4-2-8　85 行内容

systemctl restart httppd. service 　　//重启 Apache 服务

systemctl enable snmpd. service 　　//令 SNMP 服务开机自启动

systemctl start snmpd. service 　　//启动 SNMP 服务

步骤 7:配置计划任务,如图 4-2-9 所示。

vim /etc/crontab 　　/* 使用 vim 编辑 crontab,添加命令 */ 1 * * * * php /var/www/html/cacti/poller. php >/dev/null,令 poller. php 程序每隔一分钟执行一次 */

systemctl restart crontab. service 　　//重启 cron 服务,cron 服务是一个定时执行的服务

```
*/1 * * * * php /var/www/html/cacti/poller.php >/dev/null
```

图 4-2-9　配置计划任务

步骤 8:在 Web 页面进行 Cacti 的安装操作。

① 输入网址 127.0.0.1/cacti/install/进行访问,单击"Next",如图 4-2-10 所示。

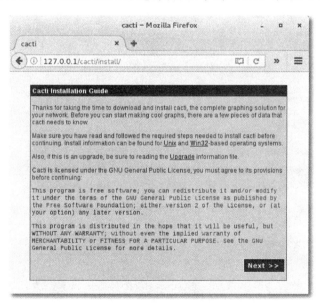

图 4-2-10　输入网址

② 可以看到 Cacti 数据库的相关信息,单击"Next",如图 4-2-11 所示。

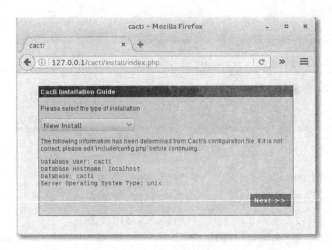

图 4-2-11　Cacti 数据库的相关信息

③ 检查相关软件包是否安装，单击"Finish"按钮，如图 4-2-12 所示。

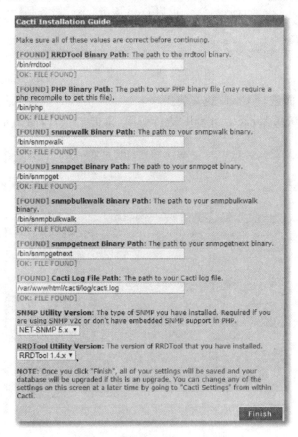

图 4-2-12　检查相关软件包是否安装

④ 进入登录页面，默认用户名为"admin"，密码为"admin"，如图 4-2-13 所示，第一次登录会提示修改密码。

图 4-2-13 输入用户名和密码

⑤ Cacti 安装完成,如图 4-2-14 所示。

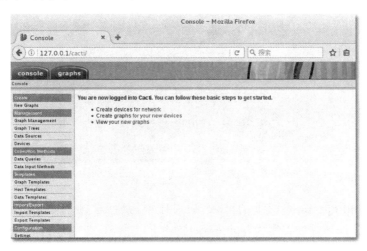

图 4-2-14 安装完成

步骤 9:轮询插件 Spine 的安装。

由于 Cacti 默认的采集器是单线程的 cmd. php,效率比较低下,而 Spine 采集器采用的是多线程,更适用于大规模的监控。下面我们就开始安装 Spine 的轮询插件。

① Spine 的下载安装,如图 4-2-15 所示。

wget http:∥www. cacti. net/downloads/spine/cacti-spine-0. 8. 8h. tar. gz   /∗ 使用wget 下载 Spine 的源代码 ∗/

tar zxvf cacti-spine-0. 8. 8h. tar. gz   ∥解压下载的压缩包

cd cacti-spine-0. 8. 8h   ∥切换到 cacti-spine-0. 8. 8h 目录

. /configure && make && make install   ∥对 Spine 配置并进行编译安装

cp -rf /usr/local/spine/etc/spine. conf. dist /etc/spine. conf   ∥建立 Spine 的配置文件

vim /etc/spine. conf   /∗ 使用 vim 编辑 Spine 配置文件,修改配置文件中的数据库信息,与 Cacti 的数据库信息一致 ∗/

/usr/local/spine/bin/spine   ∥测试 Spine 是否安装成功,图中没有报错说明安装成功

```
[root@localhost ~]# /usr/local/spine/bin/spine
SPINE: Using spine config file [/etc/spine.conf]
SPINE: Version 0.8.8h starting
SPINE: Time: 0.2961 s, Threads: 5, Hosts: 2
```

图 4-2-15　Spine 的下载安装

② 在 Web 页面设置 Spine 路径。

输入地址 127.0.0.1/cacti 进入 Cacti 的 Web 页面。单击左侧"Configuration"栏下的"Settings"按钮，然后单击"Paths"按钮，找到"Spine Poller File Path"一栏，设置路径为"/usr/local/spine/bin/spine"，并单击右下角的"Save"按钮进行保存，如图 4-2-16 所示。

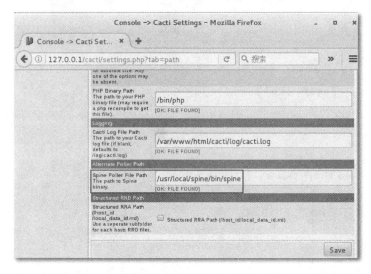

图 4-2-16　设置 Spine 路径

单击左侧"Configuration"栏下的"Settings"标签，然后单击"Poller"标签，找到"Poller Type"一栏，选择轮询插件的类型为"spine"，如图 4-2-17 所示，在"Poller Interval"和"Cron Interval"栏选择"Every Minute"，单击右下角的"Save"按钮完成在 Web 页面的配置。

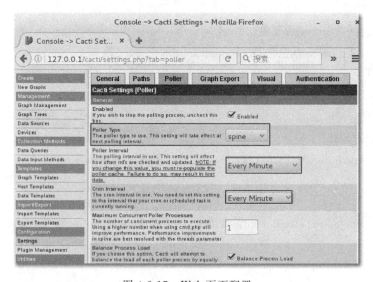

图 4-2-17　Web 页面配置

步骤10：在本地机器验证 Cacti 是否正常运行。

在浏览器上输入地址 127.0.0.1/cacti，进入 Cacti 的 Web 页面。单击左侧菜单栏中的"Devices"查看本地设备，可以看到本地设备"Localhost"，如图 4-2-18 所示。

图 4-2-18　验证 Cacti 是否正常运行

单击顶部的"Graphs"按钮，可以查看监控本机的图像，从图 4-2-19 中可以看到监控的数据正常显示，说明 Cacti 运行正常。

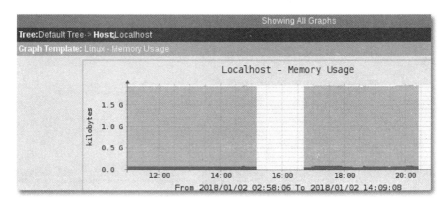

图 4-2-19　查看监控数据是否正常

【实例二】Cacti 的功能应用

步骤1：登录 Cacti，可以看到"console"和"graphs"两个选项卡，在"console"选项卡下可以对 Cacti 进行一些简单的配置，在"graphs"选项卡下可以查看被监控主机的图像。

步骤2：在"console"下的"Create"标签里有一个"New Graphs"选项，通过它我们可以直接为被监控的主机创建图像，如图 4-2-20 所示。

图 4-2-20　为被监控的主机创建图像

步骤3：在"Management"标签下可以看到"Graph Management""Graph Trees""Data sources""Devices""Notification List"选项。"Graph Management"可以对监控的图像进行复制、删除等操作。"Devices"可以对主机进行创建、删除等操作，还可以查看被监控主机的详细信息。

步骤4：在"Template"标签下可以看到"Graph Templates""Host Templates""Data Templates"选项。"Graph Templates"描述了生成的一张图像应该是什么样子,包括使用哪些数据模板、展示哪些元素、是否使用CDEF进行计算汇总。"Host Templates"定义了监控哪种类型的设备,"Data Templates"用于描述Cacti将数据存储于rrd文件中的方式。

步骤5:在"Configuration"标签下可以看到"Settings"和"Plugin Management"选项。"Settings"可以对Cacti进行相关的设置,比如对相应文件路径的设置、轮询的设置、电子邮件的设置、SNMP的设置。"Plugin Management"用于对插件进行管理。

步骤6:在"Utilities"标签下可以看到"System Management""User Management""Logout User"选项,"System Management"可以查看Cacti的日志文件和用户登录日志,也可以查看轮询缓存和SNMP缓存,"User Management"可以对Cacti的用户进行添加删除等管理,"Logout User"表示注销用户。

【实例三】使用 Cacti 监测 Linux 客户端

步骤1:在客户端安装SNMP。

yum -y install net-snmp   //使用yum安装SNMP

步骤2:修改SNMP配置。如图4-2-21～图4-2-23所示。

vim /etc/snmp/snmpd.conf   //使用vim编辑SNMP配置文件

将第41行的"default"修改为监控服务器的IP。

```
41 com2sec notConfigUser  192.168.0.28          public
```

图 4-2-21   修改 41 行

将62行的"systemview"修改为"all",允许访问所有信息。

```
62 access  notConfigGroup ""          any          noauth     exact  all none none
```

图 4-2-22   修改 62 行

将85行的注释符号删除,此行为可以查看.1节点下所有设备的信息。

```
85 view all    included  .1                                                    80
```

图 4-2-23   修改 85 行

systemctl enable snmpd. service   //令SNMP服务开机自启动

systemctl start snmpd. service   //启动SNMP服务

步骤3:配置防火墙规则。

firewall-cmd --zone=public --add-port=161/udp --permanent

firewall-cmd --zone=public --add-port=162/udp --permanent   /* 在防火墙上开启SNMP端口,或使用systemctl stop firewalld. service直接关闭防火墙 */

步骤4:在Cacti服务端添加新主机。

在浏览器上输入地址127.0.0.1/cacti,访问Cacti的Web页面。单击左侧菜单栏中的"Devices"链接,在新打开的页面单击"Add"链接,添加新主机,如图4-2-24所示。

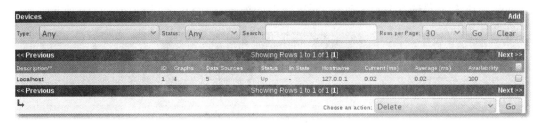

图 4-2-24　在 Cacti 服务端添加新主机

在新建主机的"Description"栏中添加对监控主机的描述,在"Hostname"栏中添加监控主机的 IP 或主机名,在"Host Template"栏中选择适合的主机模板,这里选择"Generic SNMP-enabled Host","Number of Collection Threads"一栏选择默认即可,如图 4-2-25 所示。

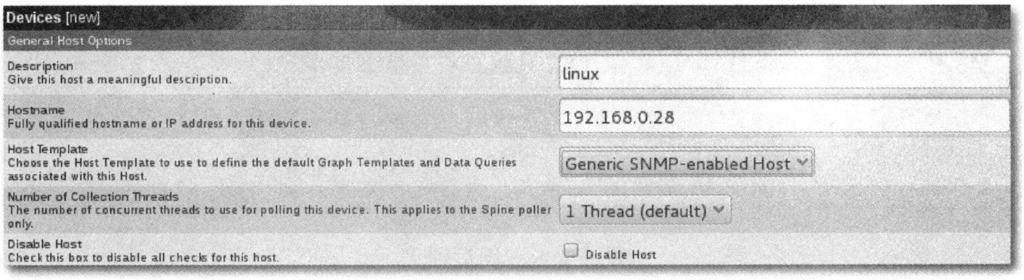

图 4-2-25　添加对监控主机的描述

在"Downed Device Detection"栏中选择"SNMP Uptime",在"SNMP Version"栏中选择SNMP 的版本,我们选择"Version 2",其他选择默认即可,如图 4-2-26 所示。

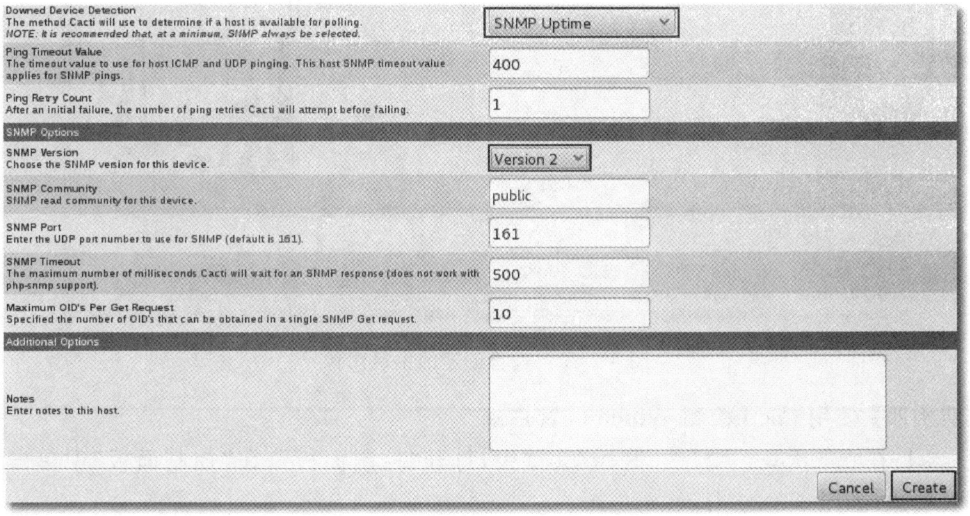

图 4-2-26　选择运行时间及版本

步骤 5:为监控主机添加图形。

单击左侧菜单栏中的"Devices"链接,打开新添加的监控主机,在页面下方关联监控图表模板,选择"Unix - Load Average",单击"Add"按钮添加图表模板,在页面右上角单击"Create Graphs for this Host"链接为这个主机创建图形,在"Add Graph Templete"下选择"Unix-Load

Average",单击右下角的"Create"按钮,完成图形的创建,如图 4-2-27 和图 4-2-28 所示。

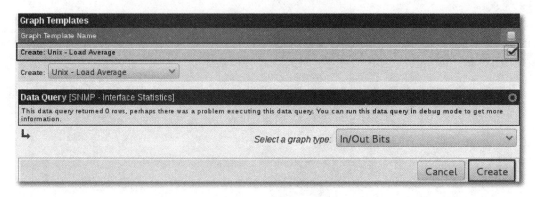

图 4-2-27　选择模板

图 4-2-28　图形创建

步骤 6:查看被监控主机的图像。

单击顶部的"Graphs"按钮,可以查看我们创建的主机图像,如图 4-2-29 所示。

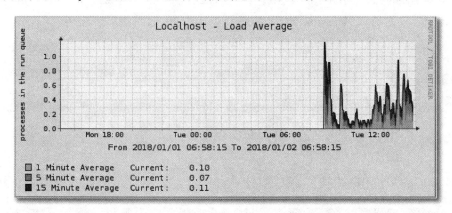

图 4-2-29　查看创建的主机图像

【实例四】使用 Cacti 检测 Windows 客户端

步骤 1:在 Windows 主机的"开始"菜单中,打开"控制面板",在"控制面板"中单击"程序和功能"按钮,如图 4-2-30 所示。

步骤 2:单击左侧的"打开或关闭 Windows 功能",在新打开的面板中找到"简单网络管理协议(SNMP)",并勾选上,单击"确定"按钮,如图 4-2-31 所示。

图 4-2-30　程序和功能

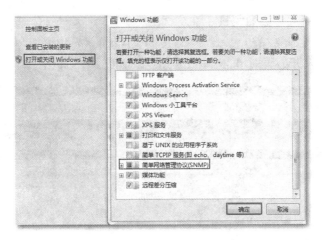

图 4-2-31　勾选"简单网络管理协议（SNMP）"

步骤 3：单击"开始"菜单的"运行"按钮，打开"运行"对话框，在"打开"框中输入"services.msc"，单击"确定"按钮，进入 Windows 的服务，如图 4-2-32 所示。

图 4-2-32　"运行"对话框

步骤 4：找到名称为"SNMP Services"的服务，并双击打开它，在"安全"选项卡下添加社区名"public"，并选择"接受来自任何主机的 SNMP 数据包（C）"，单击右下角的"应用"按钮，如图 4-2-33 所示。

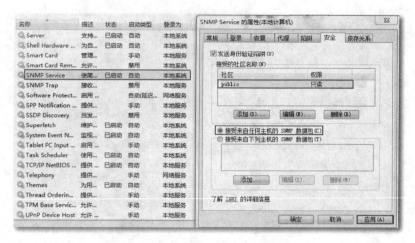

图 4-2-33 "SNMP Services"服务

步骤 5：在 Cacti 服务端添加主机。

在浏览器中输入地址 127.0.0.1/cacti，访问 Cacti 的 Web 页面。单击左侧菜单栏中的"Devices"链接，在新打开的页面单击"Add"链接，添加新主机，如图 4-2-34 所示。

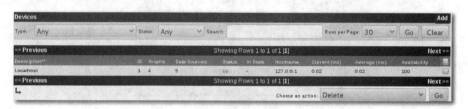

图 4-2-34 添加新主机

在新建主机的"Description"栏中添加对监控主机的描述，在"Hostname"栏中添加监控主机的 IP 或主机名，在"Host Template"栏中选择合适的主机模板，这里选择"Windows 7/10 Host"，"Number of Collection Threads"一栏选择默认即可，如图 4-2-35 所示。

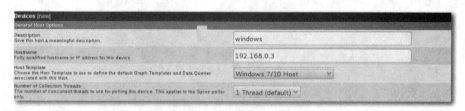

图 4-2-35 添加对监控主机的描述

在"Downed Device Detection"栏中选择"SNMP Uptime"，在"SNMP Version"栏中选择 SNMP 版本，我们选择"Version 2"，其他项我们选择默认即可，如图 4-2-36 所示。

步骤 6：为监控主机添加图形。

单击左侧菜单栏中的"Devices"链接，打开我们新添加的监控主机，在页面下方的"Associated Graph Templates"栏下选择"Host MIB - Processes"，单击右下角的"Add"按钮，如图 4-2-37 所示，并在页面下方单击"Save"保存，在页面右上角单击"Create Graphs for this Host"链接为这个主机创建图形，在"Graph Templetes"下选择"Host MIB -Processes"，如图 4-2-38 所示，单击右下角的"Create"按钮，完成图形的创建。

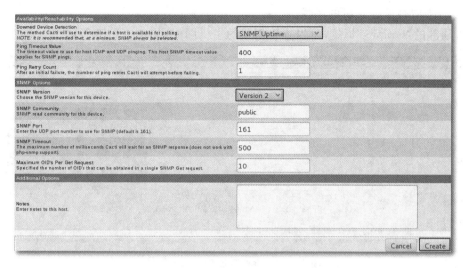

图 4-2-36　设置选项

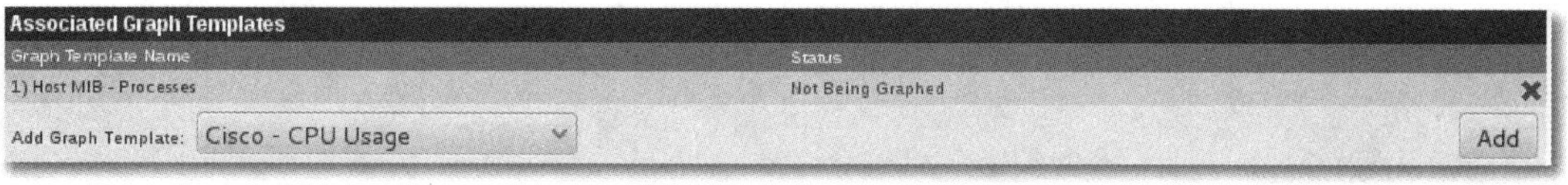

图 4-2-37　选择"Host MIB -Processes"

图 4-2-38　图形创建

步骤 7：将新创建的图像添加到默认的图像树中。

在左侧菜单栏"Management"中单击"Graph Trees"链接，在新页面单击"Default Tree"链接，单击右侧的"Add"，在默认树中添加图像，在"Tree Item Type"栏中选择"Host"，在"Host"栏中选择要添加的主机"windows（192.168.0.3）"，在"Graph Grouping Style"中选择"Graph Template"，单击右下角的"Create"按钮完成创建，如图 4-2-39 所示。

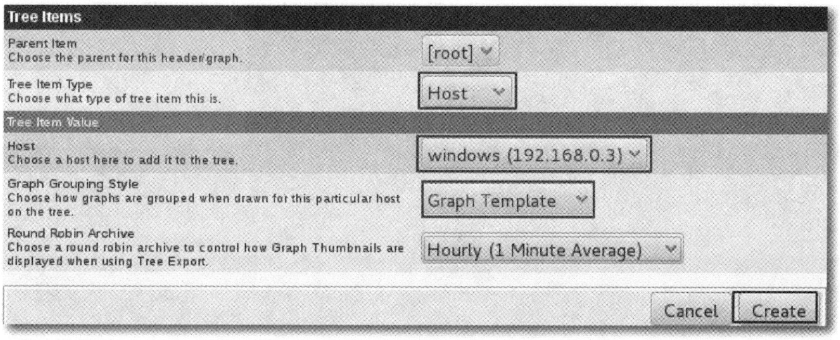

图 4-2-39　将新创建的图像添加到默认的图像树中

步骤8:查看被监控主机的图像。

单击顶部的"Graphs"标签,可以查看创建的主机图像,如图4-2-40所示。

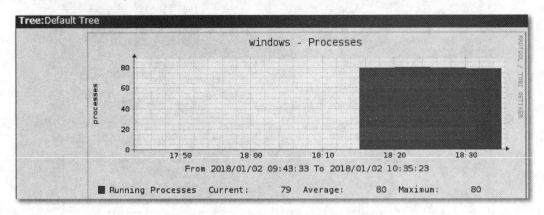

图 4-2-40　查看被监控主机的图像

任务三　Zabbix部署

任务描述

在企业网络环境中,对于整个网络的日常监控是必不可少的。作为系统管理员需要实时了解业务的运行状态,并且将数据以图表的形式直观地展示出来,当服务出现故障时,可以根据事先定义好的规则自动执行相应脚本,从而实现自动恢复、转移等功能。系统管理员可以通过部署 Zabbix 等工具来完成网络监视等特定任务。

学习指导

1. 了解 Zabbix 的基础知识。
2. 详细解读 Zabbix 的工作原理。
3. 详细解读 Zabbix 的安装部署流程。
4. 学习并了解如何使用 Zabbix。

知识链接

1. Zabbix 简介

Zabbix 是一个基于 Web 界面的提供分布式系统监视以及网络监视功能的企业级的开源解决方案。

Zabbix 能监视各种网络参数,保证服务器系统的安全运营,并提供灵活的通知机制,让系统管理员能快速定位并解决存在的各种问题。

Zabbix 由 Zabbix Server 与可选组件 Zabbix Agent 两部分构成。

Zabbix Server 可以通过 SNMP、Zabbix Agent、ping、端口监视等方法提供对远程服务器/网络状态的监视、数据收集等功能,它可以运行在 Linux、Solaris、HP-UX、AIX、Free BSD、Open BSD、OS X 等平台上。

Zabbix Agent 需要安装在被监视的目标服务器上,主要完成对硬件信息或与操作系统有关的内存、CPU 等信息的收集,它可以运行在 Linux、Solaris、HP-UX、AIX、Free BSD、Open BSD、OS X、Tru64/OSF1、Windows NT 4.0 等系统之上。

Zabbix Server可以单独监视远程服务器的服务状态,也可以与Zabbix Agent配合;可以轮询Zabbix Agent主动接收监视数据(Agent方式),也可以被动接收Zabbix Agent发送的数据(trapping方式)。

另外,Zabbix Server还支持SNMP(v1,v2),可以与SNMP软件(如net-snmp)等配合使用。

2. Zabbix的主要特点

(1) 安装与配置简单,学习成本低。

(2) 支持多语言(包括中文)。

(3) 免费开源。

(4) 自动发现服务器与网络设备。

(5) 分布式监视以及Web集中管理功能。

(6) 可以无agent监视。

(7) 用户安全认证和柔软的授权方式。

(8) 通过Web界面设置或查看监视结果。

(9) E-mail等通知功能等。

3. Zabbix的常用名词

(1) 主机(host):要监控的网络设备,可由IP或DNS名称指定。

(2) 主机组(host group):主机的逻辑容器,可以包含主机和模板,但同一个组内的主机和模板不能互相链接,主机组通常在给用户或用户组指派监控权限时使用。

(3) 监控项(item):一个特定监控指标的相关数据,这些数据来自被监控对象;因此item是Zabbix进行数据收集的核心,没有item将没有数据;相对某监控对象来说,每个item都由"key"进行标识。

(4) 触发器(trigger):一个表达式,用于评估某监控对象的某特定item内所接收的数据是否在合理范围内,即阈值;接收的数据量大于阈值时,触发器状态将从"OK"转换成"Problm",当数据量再次恢复到合理范围时,其状态将会由"Problem"转换回"OK"。

(5) 事件(event):即发生的一个值得关注的事情,例如触发器的状态转变,新的agent或重新上线的agent的自动注册等。

(6) 动作(action):指对于特定事件事先定义的处理方法,包含操作(如发送通知)和条件(何时执行操作)。

(7) 报警升级(escalation):发送警报或执行远程命令的自定义方案,如每隔5分钟发送一次警报,共发送5次等。

(8) 媒介(media):发送通知的手段或通道,如E-mail、Jabber或SMS等有关开发API的组件。

(9) 通知(notification):通过选定的媒介向用户发送的有关某事件的信息。

(10) 远程命令(remote command):预定义的命令,可在被监控主机处于某特定条件下时自动执行。

(11) 模板(template):用于快速定义被监控主机的预设条目集合,通常包含item、trigger、graph、screen、application以及low-level discovery rule;模板可以直接链接至单个主机。

（12）应用场景（application）：一组 item 的组合。

（13）Web 场景（Web scennario）：用于检测 Web 站点可用性的一个或多个 HTTP 请求。

（14）前端（frontend）：Zabbix 的 Web 接口。

4. Zabbix 架构

Zabbix 是一款强大的开源分布式监控系统，能够将 SNMP、JMX、Zabbix Agent 提供的数据通过 Web GUI 的方式进行展示。Zabbix 有四个组件：Zabbix-Server，Zabbix-Proxy，Zabbix-Agent，Zabbix-Web。

（1）Zabbix-Server：服务端，用 C 语言编写，获取 Zabbix-Agent 端的数据并存储在数据库中。

（2）Zabbix-Proxy：代理服务端收集数据并保存在本地的数据库中，定期将数据提交给 Zabbix-Server。

（3）Zabbix-Agent：客户端，用 C 语言编写，收集定义的 item 数据，定期发送给服务端，在有些工作模式下，服务器也可以进行主动收集。

（4）Zabbix-Web：Web-GUI 结构，可以运行在任意主机中，连接 Zabbix-Server 并将数据库中的内容在前端展示。

任务实施

【实例一】Zabbix 的安装配置

步骤 1：本次安装采用 docker 安装，先下载 docker 环境。

```
curl -sSL https://get.daocloud.io/docker | sh        //使用一键安装命令安装 docker
```

步骤 2：安装 MySQL 容器环境。

```
docker run --name mysql-server -t \
        -e MYSQL_DATABASE="zabbix" \
        -e MYSQL_USER="zabbix" \
        -e MYSQL_PASSWORD="zabbix_pwd" \
        -e MYSQL_ROOT_PASSWORD="root_pwd" \
        --network=zabbix-net \
        -d mysql:8.0 \
        --character-set-server=utf8 --collation-server=utf8_bin \
        --default-authentication-plugin=mysql_native_password
        //使用 MySQL 8.0 来存储数据
```

步骤 3：安装 Zabbix-Server。

```
docker run --name zabbix-server-mysql -t \
        -e DB_SERVER_HOST="mysql-server" \
        -e MYSQL_DATABASE="zabbix" \
        -e MYSQL_USER="zabbix" \
        -e MYSQL_PASSWORD="zabbix_pwd" \
        -e MYSQL_ROOT_PASSWORD="root_pwd" \
```

```
        -e ZBX_JAVAGATEWAY="zabbix-java-gateway" \
        --network=zabbix-net \
        -p 10051:10051 \
        -d zabbix/zabbix-server-mysql:alpine-5.0-latest
```

步骤4：安装 Zabbix-Web。

```
docker run --name zabbix-web-nginx-mysql -t \
        -e ZBX_SERVER_HOST="zabbix-server-mysql" \
        -e DB_SERVER_HOST="mysql-server" \
        -e MYSQL_DATABASE="zabbix" \
        -e MYSQL_USER="zabbix" \
        -e MYSQL_PASSWORD="zabbix_pwd" \
        -e MYSQL_ROOT_PASSWORD="root_pwd" \
        --network=zabbix-net \
        -p 80:8080 \
        -d zabbix/zabbix-web-nginx-mysql:alpine-5.0-latest
```

步骤5：安装 Zabbix-Agent。

rpm-Uvh https://repo.zabbix.com/zabbix/5.0/rhel/7/x86_64/zabbix-release-5.0-1.el7.noarch.rpm   //安装 RPM 包

yum install Zabbix-agent-y   //使用 yum 安装 Zabbix-Agent

步骤6：修改 Zabbix-Agent 的配置文件。

vim /etcZabbix/Zabbix_agentd.conf   //使用 vim 编辑 Zabbix_Agent 的配置文件

修改以下参数：

➢ Server 对应着 Zabbix-Agent 的被动模式，被动模式指服务端主动从客户端采集数据。

➢ ServerActive 对应着 Zabbix_Agent 的主动模式，主动模式指 Zabbix 客户端主动发送数据给服务端。

➢ Server 和 ServerActive 的参数修改为服务端的 IP 地址。

➢ Hostname 的参数修改为客户端的主机名。

修改内容如下：

Server=192.168.0.28

ServerActive=192.168.0.28

Hostname=node1

步骤9：启动 Zabbix-Agent 的服务。

systemctl start Zabbix-agent   //启动 Zabbix-Agent 服务

systemctl enable Zabbix-agent   //令 Zabbix-Agent 服务开机自启

【实例二】Zabbix 的基本操作

步骤1：在浏览器中输入地址"127.0.0.1/Zabbix/index.php"，Zabbix 的默认用户名为"admin"，密码为"Zabbix"。单击"Sign in"按钮，登录 Zabbix，如图 4-3-1 所示。

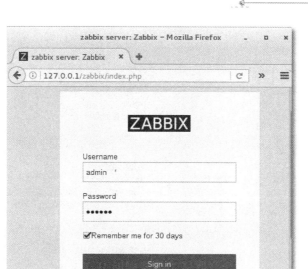

图 4-3-1　登录 Zabbix

步骤 2：为方便操作，可以设置页面的语言为中文，单击左下角的"User settings"菜单，在"Language"栏中找到"Chinese(zh_CN)"并选中，再单击下方的"Update"按钮，更新配置，即可完成修改，如图 4-3-2 所示。

图 4-3-2　设置语言

步骤 3：创建主机。

① 主机即 Zabbix 要监控的对象，这里我们选择监控本机，单击一级菜单栏中的"配置"按钮，再单击二级菜单栏中的"主机"按钮，然后再单击右上角的"创建主机"按钮，开始创建主机，

如图 4-3-3 所示。

图 4-3-3 创建主机

② 在新打开的页面中填写相关信息,"主机名称"填写需要监控主机的主机名,这里填写"node1","可见的名称"为 Web 界面能看到的名字,如图 4-3-4 所示。还需要把主机添加到群组中,将类别相同的主机放在一个组中可以方便管理,每台主机都必须选择一个群组,之后还要填写监控主机的 IP 地址,或者可以选择 DNS 解析的地址,完成后单击下方的"添加"按钮,即可完成将主机添加到群组中。

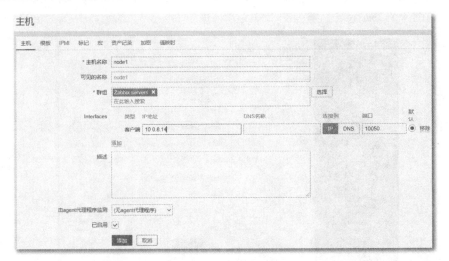

图 4-3-4 填写相关信息

步骤 4:创建监控项。

① 创建完主机之后,还需要定义 Zabbix 监控的内容,在所要监控的主机后面单击"监控项"来查看 Zabbix 监控的内容,如图 4-3-5 所示。

② 在新打开的页面中单击右上角的"创建监控项"按钮,开始创建监控项。以监控客户端是否可达为例,在监控项的名称栏中填写"ping agent",监控的类型选择"Zabbix 客户端",如图 4-3-6 所示,通过不同的键值可以调用不同的命令,Zabbix 可以使用一些自带的键值来实现管理员经常用到的监控需求,当然也可以自定义一些键值来满足监控需求。单击"键值"栏的"选择"按钮打开"标准检测器",如图 4-3-7 所示,来查找监控客户端可达性对应的键值。"信息类型"选择"数字(无正负)",数据类型为"十进制数字"。

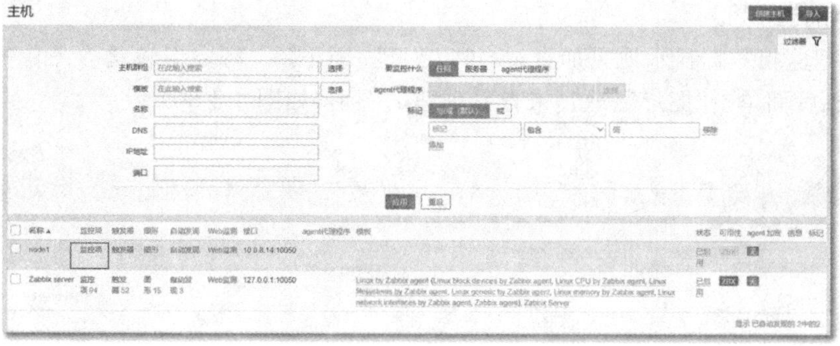

图 4-3-5　定义 Zabbix 监控的内容

图 4-3-6　监控项

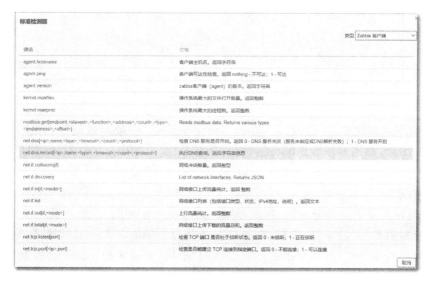

图 4-3-7　标准检测器

步骤5：创建图形。

① 为了把监控数据显示地更加直观，可以创建一个图形，将数据转化为图像的形式，在所要监控的主机后面单击"图形"按钮，来查看创建的图形，如图4-3-8所示。

图 4-3-8　创建图形

② 在新打开的页面中单击"创建图形"，开始图形的创建，在页面的下方需要添加一个监控项，把之前创建的监控项添加上，单击"添加"按钮，图形的名称跟监控项对应就好，即可完成图形的创建，如图4-3-9所示。

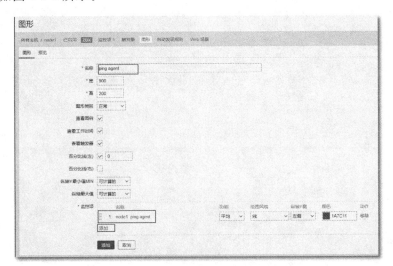

图 4-3-9　完成创建

③ 单击一级菜单栏中的"监测"，再单击二级菜单栏中的"最新数据"，点击"图形"即可查看刚刚创建的图形，如果监控客户端可达，将返回数字"1"，由图4-3-10可知，客户端一直处于可达状态。

步骤6：创建触发器。

① 触发器相当于一个报警装置，当监控项的值超出正常范围时，触发器就会被触发，在所要监控的主机后面单击"触发器"按钮，在新打开的页面中单击右上角的"创建触发器"，触发器的名称与监控项对应即可，可以单击表达式右侧的"添加"按钮来配置触发器的表达式，表达式可定义触发器的内容，如图4-3-11所示。

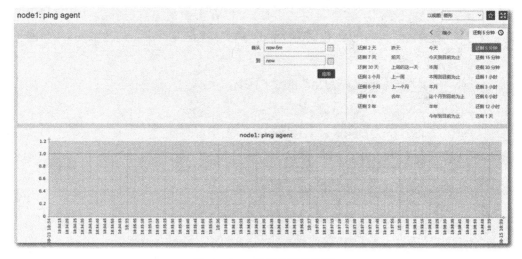

图 4-3-10　查看创建的图形

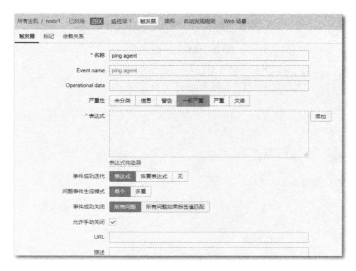

图 4-3-11　创建触发器

② 进入配置表达式页面,首先单击监控项右侧的"选择"按钮选择一个监控项,选择上一步创建的监控项,"功能"栏里有许多功能可以选择,比如定义最近 1 分钟内监控到的值不为 1,可以选择"last()-最后(最近)的 T 值",因为定义的是最近 1 分钟内监控到的值不为 1,N 的值为 1。单击下方的"插入"按钮添加表达式,如图 4-3-12 所示。

图 4-3-12　配置表达式页面

③ 当触发器状态改变时会产生相应的事件，可以在页面的下方选择事件的严重性，这里选择"一般严重"，选择下方的"已启用"选项，单击"添加"按钮即可成功创建触发器，如图 4-3-13 所示。

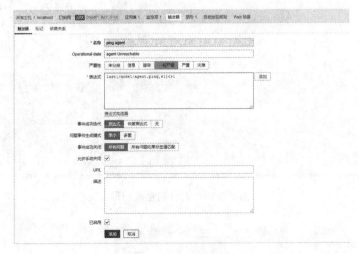

图 4-3-13　创建成功

任务四　Ansible部署

任务描述

　　企业的系统管理员,由于日常维护需要,要经常安装操作系统,对系统参数进行配置和优化,对企业工作人员进行授权和定期更新公钥,对软件包进行升级,添加和配置某个服务。这些日常烦琐的任务不但单调、重复,也容易出错。为了提高效率,可以使用 Ansible 等自动化配置管理工具来进行系统的统一部署管理。

学习指导

　　1.了解 Ansible 的基础知识。
　　2.详细解读 Ansible 的工作原理。
　　3.详细解读 Ansible 的安装部署流程。
　　4.学习并了解如何使用 Ansible。
　　5.详细解读相关 Playbook 的使用。

知识链接

1. Ansible 介绍

　　Ansible 是一款可为跨平台计算机提供简单但功能强大的自动化运维工具。系统管理专业人员将其用于应用程序部署、工作站和服务器更新、云供应、配置管理、服务编排等。Ansible 不依赖于代理软件,也没有额外的安全基础设施,因此易于部署。

　　虽然 Ansible 可能处于自动化、系统管理和 DevOps 的最前沿,但它对日常用户也很有用。Ansible 不仅可以一次配置一台计算机,还可以一次配置整个计算机网络,并且使用它不需要任何编程技能。为 Ansible 编写的说明可读性很强。无论是计算机新手还是专家,Ansible 文件都很容易理解。

2. Pupput 的特性

　　(1) 轻量级,无须在被管控主机上安装任何客户端,只需在操作机上进行一次更新即可。

（2）无服务器端，使用时直接运行命令即可。

（3）基于模块工作，可使用任意语言开发模块。

（4）使用 yaml 语言定制剧本 Playbook。

（5）基于 SSH 工作。

（6）可实现多级指挥。

（7）使用 Python 语言编写，维护更简单，ruby 语法过于复杂。

3. Ansible 的工作原理

在 Ansible 中，有控制节点和受管节点两类计算机，控制节点是一台运行 Ansible 的计算机，必须至少有一个控制节点，但也可能存在备用控制节点。受管节点是由控制节点管理的任何设备。

Ansible 的工作方式是连接到网络上的节点（客户端、服务器或任何正在配置的节点），然后向该节点发送一个名为 Ansible 模块的小程序。Ansible 通过 SSH 执行这些模块，并在完成后删除它们。此交互的唯一要求是 Ansible 控制节点具有对托管节点的登录访问权限。SSH 密钥是提供访问权限最常见的方式，但也支持其他形式的身份验证。

4. 配置文件详解

［root@Puppetmaster ～］# vim /etc/Puppet/Puppet.conf

［defaults］　---＞通用默认配置

some basic default values...

inventory＝/etc/ansible/hosts　　/* 这个是默认库文件位置、脚本，或者存放可通信主机的目录 */

#library＝/usr/share/my_modules/　　//Ansible 默认搜寻模块的位置

remote_tmp＝$ HOME/.ansible/tmp　　/* Ansible 通过远程传输模块到远程主机，然后远程执行，执行后再清理现场。在有些场景下，你也许想像更换补丁一样使用默认路径 */

pattern＝ *　　/* 如果没有提供"hosts"节点，这是 Playbook 要通信的默认主机组，默认值是对所有主机通信 */

forks＝5　　//在与主机通信时的默认并行进程数，默认是 5

poll_interval＝15　　/* 当具体的 poll interval 没有定义时，隔多少时间回查一下这些任务的状态，默认值是 15 s */

sudo_user＝root　　//sudo 使用的默认用户，默认是 root

#ask_sudo_pass＝True　　/* 用来控制 Ansible Playbook 在执行 sudo 之前是否询问 sudo 密码，默认为 no */

#ask_pass＝True　　//控制 Ansible Playbook 是否会自动默认弹出密码

transport＝smart　　/* 通信机制，默认值为 smart。如果本地系统支持 ControlPersist 技术的话，将会使用（基于 OpenSSH）"SSH"，如果不支持将使用"paramiko"，其他传输选项包括"local""chroot""jail"等 */

＃remote_port＝22　　　//远程 SSH 端口，默认是 22

module_lang＝C　　　　//模块和系统之间通信的计算机语言，默认是 C 语言

＃ plays will gather facts by default, which contain information about

＃ the remote system.

＃

＃ smart - gather by default, but don't regather if already gathered

＃ implicit - gather by default, turn off with gather_facts:False

＃ explicit - do not gather by default, must say gather_facts:True

gathering＝implicit　　　/* 控制默认 facts 收集（远程系统变量），默认值为"implicit"，每一次 play、facts 都会被收集 */

＃ additional paths to search for roles in，colon separated

＃roles_path＝/etc/ansible/roles　　　/* roles 路径指的是"roles/"下的额外目录，用于 playbook 搜索 Ansible roles */

＃ uncomment this to disable SSH key host checking

＃host_key_checking＝False　　　//检查主机密钥

＃ change this for alternative sudo implementations

sudo_exe＝sudo　　　/* 如果在其他远程主机上使用另一种方式执行 sudo 操作，可以使用该参数进行更换 */

＃ what flags to pass to sudo　　　//传递 sudo 之外的参数

＃sudo_flags=-H

＃ SSH timeout　　　　　　//SSH 超时时间

timeout＝10

＃ default user to use for playbooks if user is not specified

＃ (/usr/bin/ansible will use current user as default)

＃remote_user＝root　　　/* 使用/usr/bin/ansible-playbook 链接的默认用户名，如果不指定，会使用当前登录的用户名 */

＃ logging is off by default unless this path is defined

＃ if so defined，consider logrotate

＃log_path＝/var/log/ansible.log　　　//日志文件存放路径

＃ default module name for /usr/bin/ansible

＃module_name＝command ansible　　　//命令执行默认的模块

＃ use this shell for commands executed under sudo

＃ you may need to change this to bin/bash in rare instances

if sudo is constrained

#executable＝/bin/sh   /* 在 sudo 环境下产生一个 Shell 交互接口. 用户只在/bin/bash 的或者 sudo 限制的一些场景中需要修改 */

if inventory variables overlap, does the higher precedence one win

or are hash values merged together?   The default is 'replace' but

this can also be set to 'merge'.

#hash_behaviour＝replace   //特定的优先级覆盖变量

list any Jinja2 extensions to enable here：

#jinja2_extensions＝jinja2. ext. do, jinja2. ext. i18n   //允许开启 Jinja2 拓展模块

if set，always use this private key file for authentication，same as

if passing --private-key to ansible or ansible-playbook

private_key_file＝/path/to/file 私钥文件存储位置

format of string {{ ansible_managed }} available within Jinja2

templates indicates to users editing templates files will be replaced.

replacing {file}, {host} and {uid} and strftime codes with proper values.

ansible_managed＝Ansible managed:{file} modified on ％Y-％m-％d ％H:％M:％S by {uid} on {host}   /* 这个设置可以告知用户，Ansible 修改了一个文件，并且手动写入的内容可能已经被覆盖 */

by default，ansible-playbook will display "Skipping [host]" if it determines a task

should not be run on a host.   Set this to "False" if you don't want to see these "Skipping"

messages. NOTE:the task header will still be shown regardless of whether or not the

task is skipped.

#display_skipped_hosts＝True   //显示任何跳过任务的状态 ，默认是显示

by default (as of 1. 3), Ansible will raise errors when attempting to dereference

Jinja2 variables that are not set in templates or action lines. Uncomment this line

to revert the behavior to pre-1. 3.

#error_on_undefined_vars＝False   /* 如果所引用的变量名错误的话，将会导致 Ansible 在执行步骤上失败 */

by default (as of 1. 6), Ansible may display warnings based on the configuration of the

system running ansible itself. This may include warnings about 3rd party packages or

other conditions that should be resolved if possible.

to disable these warnings, set the following value to False:

#system_warnings＝True   //允许禁用系统运行 Ansible 相关的潜在问题警告

\# by default (as of 1.4), Ansible may display deprecation warnings for language

\# features that should no longer be used and will be removed in future versions.

\# to disable these warnings, set the following value to False:

\# deprecation_warnings＝True　　　/* 允许在 Ansible Playbook 输出结果中禁用"不建议使用"警告 */

\# (as of 1.8), Ansible can optionally warn when usage of the shell and

\# command module appear to be simplified by using a default Ansible module

\# instead. These warnings can be silenced by adjusting the following

\# setting or adding warn＝yes or warn＝no to the end of the command line

\# parameter string. This will for example suggest using the git module

\# instead of shelling out to the git command.

\# command_warnings＝False　　　/* 当 shell 和命令行模块被默认模块简化时，Ansible 将默认发出警告 */

\# set plugin path directories here, separate with colons

action_plugins＝/usr/share/ansible_plugins/action_plugins

callback_plugins＝/usr/share/ansible_plugins/callback_plugins

connection_plugins＝/usr/share/ansible_plugins/connection_plugins

lookup_plugins＝/usr/share/ansible_plugins/lookup_plugins

vars_plugins＝/usr/share/ansible_plugins/vars_plugins

filter_plugins＝/usr/share/ansible_plugins/filter_plugins

\# by default callbacks are not loaded for /bin/ansible, enable this if you

\# want, for example, a notification or logging callback to also apply to

\# /bin/ansible runs

\# bin_ansible_callbacks＝False　　　/* 用来控制 callbacks 插件是否在运行 /usr/bin/ansible 的时候被加载，这个模块将用于命令行的日志系统，发出通知等特性 */

\# don't like cows? that's unfortunate.

\# set to 1 if you don't want cowsay support or export ANSIBLE_NOCOWS＝1

\# nocows＝1　　　//默认 Ansible 可以调用一些 cowsay 的特性，开启/禁用 0/1

\# don't like colors either?

\# set to 1 if you don't want colors, or export ANSIBLE_NOCOLOR＝1

\# nocolor＝1　　　//输出带上颜色区别，开启(0)/关闭(1)

\# the CA certificate path used for validating SSL certs. This path

\# should exist on the controlling node, not the target nodes

\# common locations:

\# RHEL/CentOS:/etc/pki/tls/certs/ca-bundle.crt

\# Fedora:/etc/pki/ca-trust/extracted/pem/tls-ca-bundle.pem

\# Ubuntu:/usr/share/ca-certificates/cacert.org/cacert.org.crt

5. Ansible Playbook 简介

Playbook 与 ad-hoc 相比,是一种完全不同的运用 Ansible 的方式,类似于 saltstack 的 state 状态文件。ad-hoc 无法持久使用,Playbook 可以持久使用。

Ansible Playbook 是自动化任务的蓝图,这些任务是在人工参与有限或没有人工参与的情况下执行的复杂 IT 操作。Ansible Playbook 在一组组或分类的主机上执行,它们共同构成了 Ansible 清单。

Ansible Playbook 本质上是框架,是预先编写的代码,开发人员可以临时使用或作为起始模板。Ansible Playbook 经常用于自动化 IT 基础设施。

Ansible Playbook 可帮助 IT 人员对应用程序、服务、服务器节点或其他设备进行编程,减少从头开始创建所有内容的麻烦。并且 Ansible 剧本以及其中的条件、变量和任务可以被无限期地保存、共享或重用。

6. Ansible Playbook 基本结构

target 部分用于指定执行 Playbook 任务时面向的目标主机和远程用户。

```
---
- hosts：webservers
  remote_user:root
```

远程用户也可以在特定的 task 中额外进行定义:

```
---
- hosts:webservers
  remote_user:root
  tasks:
    - name:test connection
      ping:
      remote_user:yourname
```

variable 部分用于定义变量,作用域为当前 play。

```
vars：
    http_port:80
    max_clients:200
```

通过 vars_files 定义变量:

```
vars_files:
  conf/country-AU. yml
  conf/datacenter-SYD. yml
  conf/cluster-mysql. yml
```

交互式地从用户输入中获取变量的值,如将用户的输入赋值给变量 https_passphrase。

```
vars_prompt:
  - name：https_passphrase
    prompt:Key Passphrase
```

private:yes

task 部分包含了一系列我们希望在目标机器上执行的动作。

tasks:

- name:ensure apache is at the latest version

　　yum:

　　　　name:httpd

　　　　state:latest

handler 与 ask 有着相同的语法和类似的功能。但是 handler 只可以在特定的条件下由 task 调用后执行。

如配置文件替换成功后触发重启服务的动作：

tasks:

　- name:copy the DHCP config

　　copy:

　　　　src:dhcp/dhcpd. conf

　　　　dest:/etc/dhcp/dhcpd. conf

　　notify:restart dhcp

handlers:

- name:restart dhcp

　service:

　　　name:dhcpd

　　　state:restarted

7. Playbook 模块

bash 无论在命令行上执行，还是在 bash 脚本中，都需要调用 cd、ls、copy、yum 等命令；module 就是 Ansible 的"命令"，module 是 Ansible 命令行和脚本中都需要调用的。常用的 Ansible module 有 yum、copy、template 等。

在 bash 中调用命令时可以跟不同的参数，每个命令的参数都是该命令自定义的；同样，Ansible 中调用 module 也可以跟不同的参数，每个 module 的参数也都是由 module 自定义的。

像 Linux 中的命令一样，Ansible 的 module 既可以在命令行上调用，也可以用在 Ansible 的脚本 Playbook 中。

每个 module 的参数和状态的判断都取决于该 module 的具体实现，所以在使用前都需要查阅该 module 对应的文档。

可以通过文档查看具体的用法，文档查看地址为 http:// docs. ansible. com/ansible/list_of_all_modules. html。

通过命令 ansible-doc 也可以查看 module 的用法。

Ansible 提供一些常用功能的 module，也提供详细的 API，用户可以使用编程语言 Python 自己编写 module。

template 模块一般用于定义配置文件的主体框架，并为 Ansible 中的变量预留好位置以便在需要时渲染。类似于 Flask 应用依据模板文件动态地生成 HTML 文档。

其模板功能由 Jinja2 提供，支持条件语句、for 循环和宏等高级语法。

```
{% for ip in ansible_all_ipv4_addresses %}
    {{ ip }};
{% endfor %}


tasks:
- name:write the pache config file
  template:
      src:/srv/httpd.j2
      dest:/etc/httpd.conf
```

pause 模块会将执行中的 Playbook 暂停一段时间。比如部署了一个新版本的 Web 应用，需要用户手动确认一切正常才能继续执行后面的任务。

```
---
- hosts:localhost
  tasks:
  - name:wait on user input
    pause:
        prompt:"Warning! Press ENTER to continue or CTRL-C to quit."
  - name:timed wait
    pause:
        seconds:30
```

wait_for 等待某个特定的 TCP 端口可以被远程主机访问连通。

```
---
- hosts:webapps
  tasks:
  - name:Install Tomcat
    yum:
        name:tomcat7
        state:latest

  - name:Start Tomcat
    service:
    name:tomcat7
        state:started

  - name:Wait for Tomcat to start
    wait_for:
port:8080
```

```
        state:started
```

group_by 模块可以在 task 中基于收集的 facts 信息动态地对 hosts 进行分组。

```
---
- name:Create operating system group
  hosts:all
  tasks:
      - group_by:key＝os_{{ ansible_distribution }}

- name:Run on CentOS hosts only
  hosts:os_CentOS
  tasks:
    - name:Install Apache
      yum:name＝httpd state＝latest

- name:Run on Ubuntu hosts only
  hosts:os_Ubuntu
  tasks:
    - name:Install Apache
      apt:pkg＝apache2 state＝latest
```

任务实施

【实例一】Ansible 的安装配置

步骤 1：对 Ansible 服务端进行初始化配置。

① 设置 Ansible 服务端的主机名。

hostnamectl set-hostname master

② 设置 Ansible 服务端的 hosts 文件。

vim /etc/hosts 　　　//使用 vim 编辑 hosts 文件

添加如下内容：

10.0.8.14 master

步骤 2：使用 yum 安装 Ansible，如图 4-4-1 所示。

yum install ansible -y

查看 Ansible 版本：

ansible --version

```
ansible 2.9.23
  config file = /etc/ansible/ansible.cfg
  configured module search path = [u'/root/.ansible/plugins/modules', u'/usr/share/ansible/plugins/modules']
  ansible python module location = /usr/lib/python2.7/site-packages/ansible
  executable location = /usr/bin/ansible
  python version = 2.7.5 (default, Apr  2 2020, 13:16:51) [GCC 4.8.5 20150623 (Red Hat 4.8.5-39)]
```

图 4-4-1　使用 yum 安装 Ansible

步骤3：添加被管理节点信息。

vim /etc/puppetlabs/puppet/puppet.conf   //使用 vim 修改 Puppet 服务端的配置文件

[product]   //定义主机组

10.0.8.14   //定义主机组中被管节点的主机

[product:vars]   //定义主机组变量

ansible_user＝root   //定义主机组中的用户名

ansible_password＝qwe@123..asd   //定义主机组中的用户名密码

【实例二】Ansible 的基本操作

通过两个小例子来简单了解一下 Ansible。

【例】使用 Ansible 新建一个 admin 用户。

步骤1：首先我们在客户端验证一下 admin 用户是否存在。

cat /etc/passwd |grep admin   //查看 passwd 文件中是否含有 admin 用户

步骤2：在 Ansible 服务端编写一个 Playbook，使其在客户端执行。

vim /opt/adduser.yaml   /* 使用 vim 在此目录下新建并编辑一个 Playbook，文件格式为 yaml */

添加如下内容：

```
---
- name:add user
    hosts:master

    tasks:
     - name:adduser
        user:
```

             name:admin   //要创建的用户名

             append:yes   //配合 groups 使用，在原有附加组的基础上追加组，append＝yes

             groups:wheel   //指定用户的附属组

             password: 6QVeFBmCt.kiwWy2J$duqoYbbXRl7J4HYKRB4SagnBxO GoGCW5.cbsEzgqxOK7aH359.s.C35htpdEIUUEhpjxwEt5E.wfgL7bcB6WI   /*指定用户的密码，需要是加密后的字符串，相当于/etc/shadow 文件中的第 2 列 */

             state:present   //用户是否应该存在，新建用户是 present

             shell:/bin/bash   //定义登录的 shell，默认为/bin/bash

步骤3：执行 Ansible Playbook，查看是否创建用户，如图 4-4-2 所示。

ansible-playbook adduser.yaml   //从图中可以看出已经有一个改变

cat /etc/passwd |grep admin   /*通过此命令可以验证一下客户端是否创建了 admin 用户，如图 4-4-3 所示 */

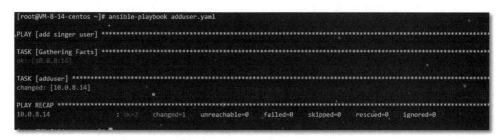

图 4-4-2　查看是否创建用户

```
[root@VM-8-14-centos ~]# cat /etc/passwd|grep admin
admin:x:1001:1001::/home/admin:/bin/bash
[root@VM-8-14-centos ~]#
```

图 4-4-3　验证

【例】在/tmp/file 目录下创建一个 ad. txt 文件，并设置其权限。

步骤 1：创建 playbook 文件。

vim /opt/adduser. yaml 　　　//使用 vim 在此目录下新建并编辑一个 playbook 文件

添加以下内容：

```
---
- name：add user
  hosts：master

  tasks：
    - name：Creates directory
      file：
        path：/opt/directory      //指定创建的目录
        state：directory          //定义创建的是文件还是目录
        owner：admin              //定义文件的属主
        group：admin              //定义文件的属组
        mode：0775                //定义创建文件的权限
        recurse：yes              //递归创建目录
```

步骤 2：执行 Ansible Playbook，查看目录是否创建。

puppet agent --test --server master. puppet 　　　/*在客户端使用此命令主动同步 Puppet 服务端，从图中可以看到文件已经创建，如图 4-4-4 所示 */

```
[root@VM-8-14-centos ~]# ansible-playbook adddire.yaml

PLAY [add user] ***************************************************

TASK [Gathering Facts] *******************************************
ok: [10.0.8.14]

TASK [Creates directory] *****************************************
changed: [10.0.8.14]

PLAY RECAP *******************************************************
10.0.8.14          : ok=2    changed=1    unreachable=0    failed=0    skipped=0    rescued=0    ignored=0
```

图 4-4-4　查看目录是否创建

Ls　-l /opt/　　　//查看创建的目录，图 4-4-5 中可以看到目录已经创建

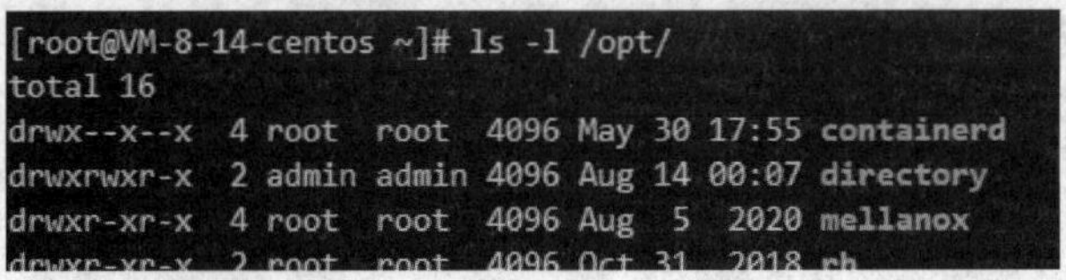

```
[root@VM-8-14-centos ~]# ls -l /opt/
total 16
drwx--x--x  4 root   root   4096 May 30 17:55 containerd
drwxrwxr-x  2 admin  admin  4096 Aug 14 00:07 directory
drwxr-xr-x  4 root   root   4096 Aug 5  2020 mellanox
drwxr-xr-x  2 root   root   4096 Oct 31 2018 rh
```

图 4-4-5　查看创建的目录

参 考 文 献

[1] 任利军,王海荣,员志超等.Linux 系统管理(第 2 版)[M].北京:人民邮电出版社,2018.

[2] 钱峰,许斗.Linux 网络操作系统配置与管理[M].北京:高等教育出版社,2015.

[3] 何绍华,臧玮,孟学奇.Linux 操作系统(第 3 版)[M].北京:人民邮电出版社,2017.

[4] 潘军,杨雨锋.Red Hat Enterprise Linux 6 服务器配置与管理[M].大连:东软电子出版社,2017.

[5] Scott Mann,Ellen L. Mitchell,Mitchell Krell.Linux 系统安全[M].电子工业出版社,2004.

[6] 葛伟,汤金艳.浅谈 LINUX 系统安全[J].经营管理者,2011(10X):307.

[7] 陈华.浅谈 Linux 系统安全加固的几个方面[J].信息与电脑:理论版,2011(11):49—50.

[8] 白书弟,王玉,马宁.Linux 系统网络安全浅析[J].科技信息,2009(34):539.

[9] 李成友.加强 LINUX 系统网络服务安全的措施[J].网络安全技术与应用,2008(5):28—29.

[10] 罗俊.Linux 操作系统的安全性增强与实现[D].电子科技大学,2005.